2023

Hauptschulabschluss

Original-Prüfungsaufgaben und Training

Nordrhein-Westfalen

Mathematik 10. Klasse

LÖSUNGEN

STARK

17. neu bearbeitete und ergänzte Auflage
www.stark-verlag.de

Inhalt

Training Grundwissen

Original-Prüfungsaufgaben

Wegen des Corona-Virus wurden 2020 die Zentralen Prüfungen in Klasse 10 ersetzt durch Prüfungsarbeiten, die dezentral von den Lehrkräften erstellt wurden. Für 2020 können daher keine Original-Aufgaben und Lösungen dazu abgedruckt werden.

Sobald die Original-Prüfungsaufgaben 2022 freigegeben sind, kannst du die Lösungen als PDF auf der Plattform MyStark herunterladen. Den Zugangscode findest du auf der Umschlaginnenseite.

Autoren:
Martin Fetzer, Walter Modschiedler, Walter Modschiedler jun.

Vorwort

Liebe Schülerin, lieber Schüler,

dieses Buch ist das Lösungsbuch zu dem Band *Hauptschulabschluss, Nordrhein-Westfalen, Mathematik 10. Klasse* (Titel-Nummer C0530A).

Anhand der ausführlichen Lösungen kannst du überprüfen, ob du die Aufgaben im Trainingsteil und die Original-Prüfungsaufgaben richtig gelöst hast. Versuche aber stets, jede Aufgabe zunächst alleine zu rechnen und sieh nicht gleich in diesem Buch nach. Nur wenn du dich selbst anstrengst, bleibt der Stoff auch im Gedächtnis und du lernst dazu. Solltest du jedoch allein nicht weiterkommen, kann ein Blick in die Lösung hilfreich sein, da dort wichtige Hinweise und Tipps zur Bearbeitung der Aufgaben gegeben werden.
Zum Schluss solltest du deine Ergebnisse auf jeden Fall mit der Lösung im Buch vergleichen und gegebenenfalls nach Rechenfehlern und Verbesserungsmöglichkeiten deines Ansatzes suchen.

Arbeitest du alle Aufgaben auf diese Weise Schritt für Schritt durch, bist du bestens auf die Prüfung vorbereitet!

Viel Erfolg in der Prüfung!

1 Grundlagen des Rechnens

1

a) $4 \cdot (3+5) = 4 \cdot 8 = 32$

b) $(2{,}5 - 0{,}5) \cdot 14 = 2 \cdot 14 = 28$

c) $18 : (29 - 23) = 18 : 6 = 3$

d) $2 + 3 \cdot 14 + 8 + 22 \cdot 5 = 2 + 42 + 8 + 110 = 162$

e) $(53 + 28) : 9 - 5 = 81 : 9 - 5 = 9 - 5 = 4$

f) $41 + (2 + 11) \cdot 2 = 41 + 13 \cdot 2 = 41 + 26 = 67$

2

a) $785 + 698 \approx 790 + 700 = 1\,490$
genaues Ergebnis: 1 483

b) $569{,}55 - 178{,}65 \approx 570 - 180 = 390$
genaues Ergebnis: 390,9

c) $67 \cdot 23 \approx 70 \cdot 20 = 1\,400$
genaues Ergebnis: 1 541

d) $8{,}37 : 1{,}85 \approx 8 : 2 = 4$
genaues Ergebnis: 4,524…

3

Überschlag: $800 + 60\,000 = 60\,800$
Genaues Ergebnis: $750 + 64\,999 = 65\,749$

749 würde man auf 700 abrunden.
65 000 würde man auf 70 000 aufrunden.

4

$2{,}10\ € + 2 \cdot 1{,}19\ € + 5 \cdot 0{,}85\ € + 3 \cdot 2{,}49\ € \approx 2\ € + 2\ € + 5\ € + 6\ € = 15\ €$
Das Geld reicht noch für ein großes Eis.

5

a)

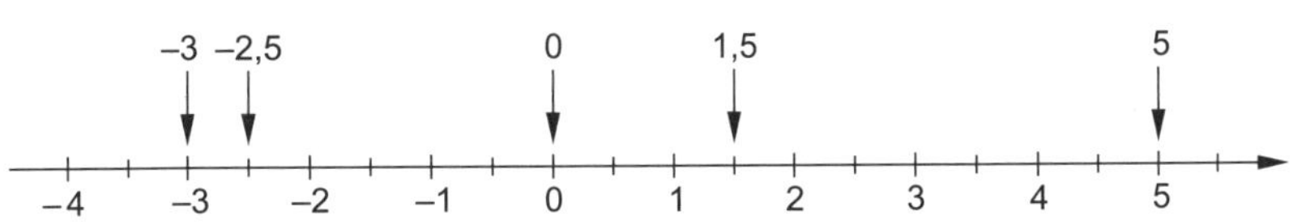

b)

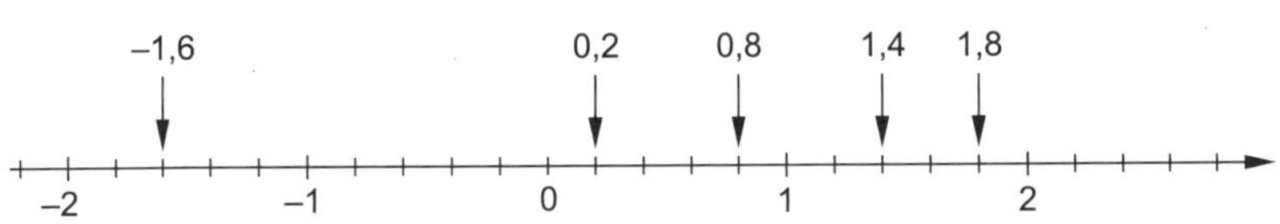

c)

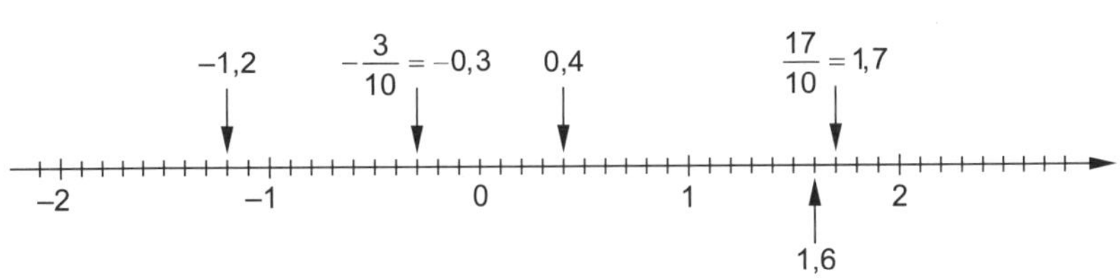

d)

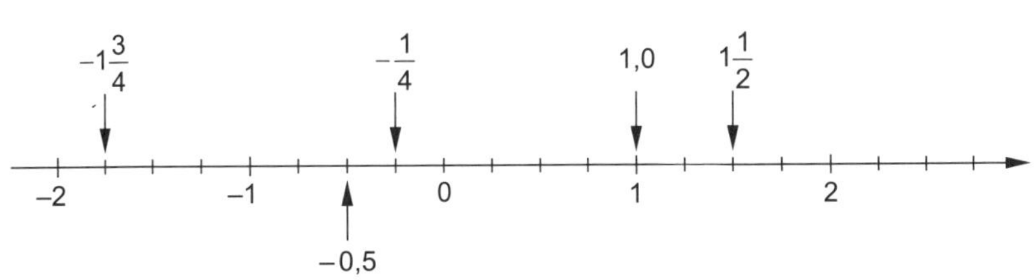

6

a) $\frac{5}{10} = 0{,}5$

$-4 < -2 < \frac{5}{10} < 2{,}5 < 3$

b) $-1{,}4 < -0{,}58 < 0{,}28 < 1{,}9 < 6$

c) $\frac{3}{4} = 0{,}75; \ -\frac{1}{10} = -0{,}1$

$-0{,}2 < -\frac{1}{10} < 0{,}5 < \frac{3}{4} < 1{,}2$

7

	Darstellung	Sprechweise	Bruch	Hundertstelbruch	Dezimalbruch	Prozentsatz
a)	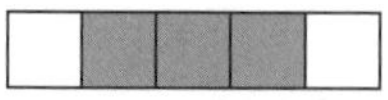	3 Teile von 5 Teilen	$\frac{3}{5}$	$\frac{60}{100}$	0,6	60 %
b)	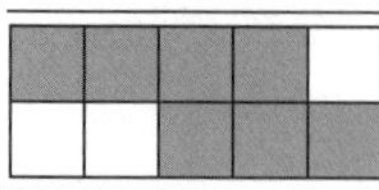	7 Teile von 10 Teilen	$\frac{7}{10}$	$\frac{70}{100}$	0,7	70 %
c)	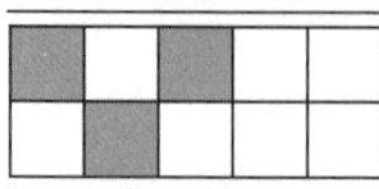	3 Teile von 10 Teilen	$\frac{3}{10}$	$\frac{30}{100}$	0,3	30 %
d)	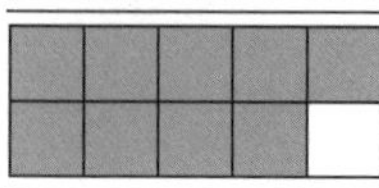	9 Teile von 10 Teilen	$\frac{9}{10}$	$\frac{90}{100}$	0,9	90 %
e)	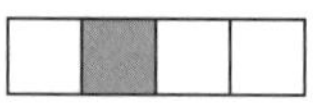	1 Teil von 4 Teilen	$\frac{1}{4}$	$\frac{25}{100}$	0,25	25 %
f)	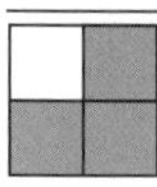	3 Teile von 4 Teilen	$\frac{3}{4}$	$\frac{75}{100}$	0,75	75 %

8 Achte beim Zeichnen darauf, dass alle Teile gleich groß sind. Wichtig ist dann nicht, welche Teile du ausmalst, sondern die Anzahl der gefärbten Teile ist entscheidend.

a) 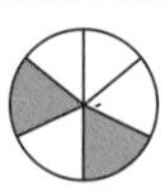

b) 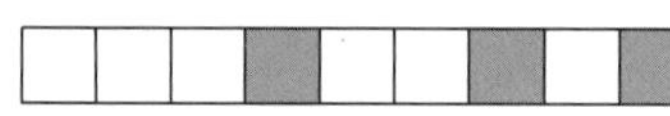

c) 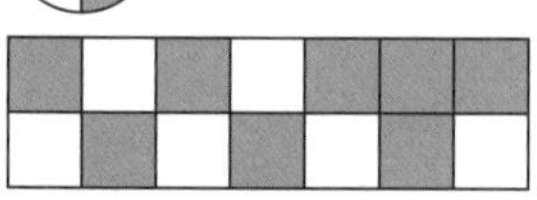

d) 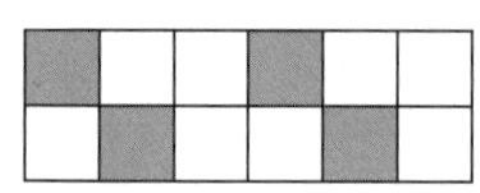

e) 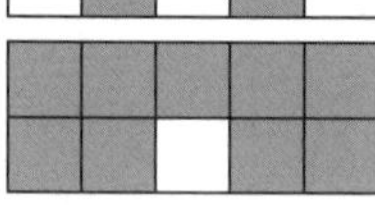

f) 

9

a) $0{,}45 = \frac{45}{100} = \frac{9}{20}$

b) $0{,}82 = \frac{82}{100} = \frac{41}{50}$

c) $0{,}32 = \frac{32}{100} = \frac{8}{25}$

d) $0{,}22 = \frac{22}{100} = \frac{11}{50}$

e) $0{,}15 = \frac{15}{100} = \frac{3}{20}$

f) $0{,}08 = \frac{8}{100} = \frac{2}{25}$

10

a) 3 Teile von 8 Teilen: $\frac{3}{8} = 37{,}5\ \%$

b) 4 Teile von 8 Teilen: $\frac{4}{8} = 50\ \%$

c) 3 Teile von 10 Teilen: $\frac{3}{10} = 30\ \%$

d) 4 Teile von 6 Teilen: $\frac{4}{6} \approx 66{,}7\ \%$

11

a) rot: 50 % von 40 Kästchen → 20 Kästchen
grün: 10 % von 40 Kästchen → 4 Kästchen
blau: 15 % von 40 Kästchen → 6 Kästchen
gelb: 25 % von 40 Kästchen → 10 Kästchen

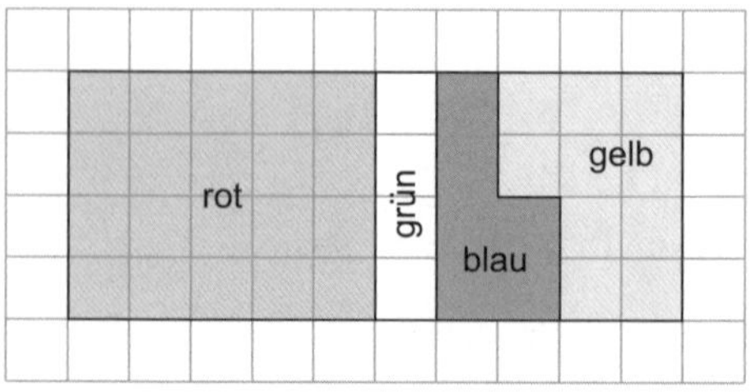

b) rot: 50 % von 20 Kästchen → 10 Kästchen
grün: 10 % von 20 Kästchen → 2 Kästchen
blau: 15 % von 20 Kästchen → 3 Kästchen
gelb: 25 % von 20 Kästchen → 5 Kästchen

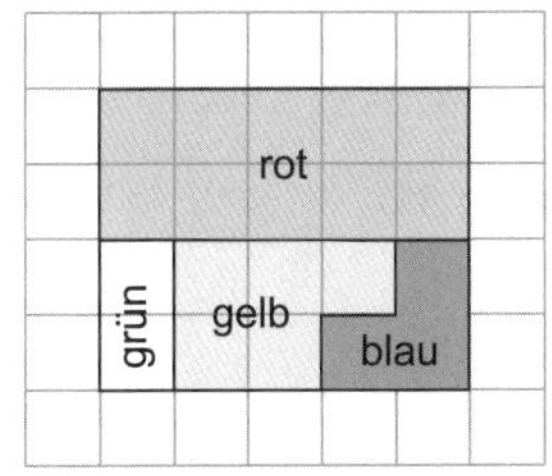

c) rot: 50 % von 10 Kästchen → 5 Kästchen
grün: 10 % von 10 Kästchen → 1 Kästchen
blau: 15 % von 10 Kästchen → 1,5 Kästchen
gelb: 25 % von 10 Kästchen → 2,5 Kästchen

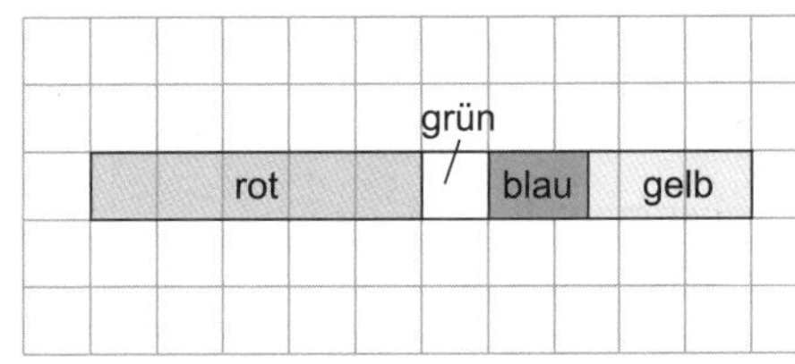

d) rot: 50 % von 360° → 180°
grün: 10 % von 360° → 36°
blau: 15 % von 360° → 54°
gelb: 25 % von 360° → 90°

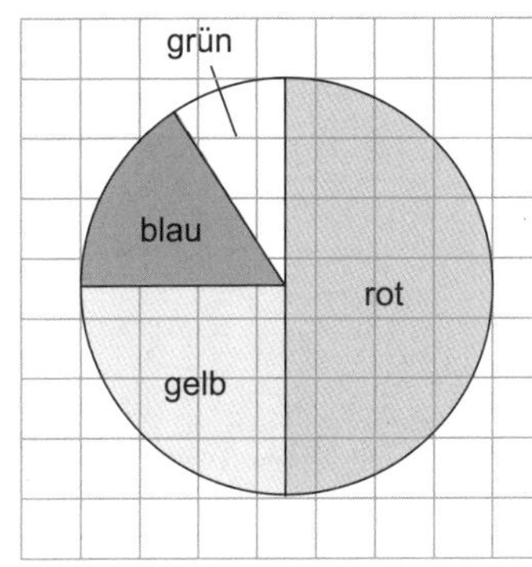

12 a)

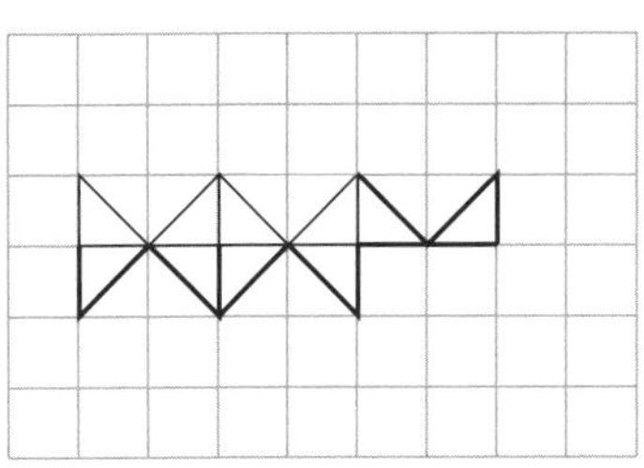

b)

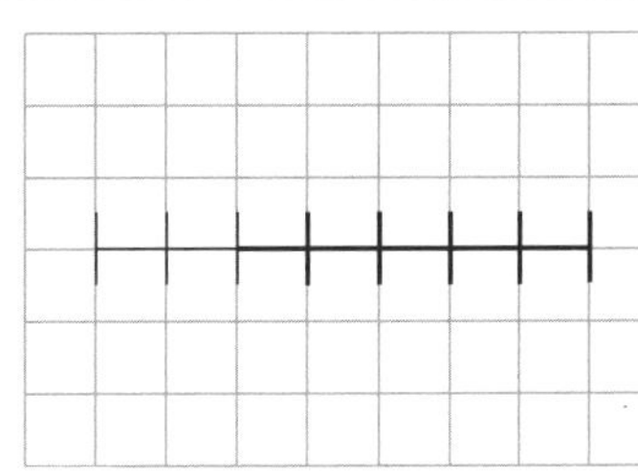

13 a) $\frac{13}{3} = 4\frac{1}{3}$

b) $\frac{18}{2} = 9$

c) $\frac{32}{7} = 4\frac{4}{7}$

d) $\frac{45}{2} = 22\frac{1}{2}$

14 a) $4\frac{2}{3} = \frac{14}{3}$

b) $2\frac{7}{10} = \frac{27}{10}$

c) $10\frac{1}{6} = \frac{61}{6}$

d) $7\frac{3}{5} = \frac{38}{5}$

15 a) $\frac{4}{7} = \frac{12}{21}$ (erweitert mit 3)
$\frac{4}{7} = \frac{16}{28}$ (erweitert mit 4)
$\frac{4}{7} = \frac{24}{42}$ (erweitert mit 6)
$\frac{4}{7} = \frac{32}{56}$ (erweitert mit 8)

b) $\frac{3}{5} = \frac{6}{10}$ (erweitert mit 2)
$\frac{3}{5} = \frac{21}{35}$ (erweitert mit 7)
$\frac{3}{5} = \frac{24}{40}$ (erweitert mit 8)
$\frac{3}{5} = \frac{30}{50}$ (erweitert mit 10)

c) $\frac{5}{8}=\frac{10}{16}$ (erweitert mit 2)

$\frac{5}{8}=\frac{15}{24}$ (erweitert mit 3)

$\frac{5}{8}=\frac{25}{40}$ (erweitert mit 5)

$\frac{5}{8}=\frac{30}{48}$ (erweitert mit 6)

d) $\frac{3}{4}=\frac{18}{24}$ (erweitert mit 6)

$\frac{3}{4}=\frac{27}{36}$ (erweitert mit 9)

$\frac{3}{4}=\frac{36}{48}$ (erweitert mit 12)

$\frac{3}{4}=\frac{45}{60}$ (erweitert mit 15)

---

16 a) Erweiterungszahl 5: $\frac{3}{10}=\frac{15}{50}$

b) Erweiterungszahl 6: $\frac{3}{8}=\frac{18}{48}$

c) Erweiterungszahl 3: $\frac{3}{4}=\frac{9}{12}$

d) Erweiterungszahl 5: $\frac{5}{6}=\frac{25}{30}$

---

17 a) Kürzungszahl 2: $\frac{4}{10}=\frac{2}{5}$

$\frac{6}{14}=\frac{3}{7}$

b) Kürzungszahl 5: $\frac{15}{25}=\frac{3}{5}$

$\frac{10}{45}=\frac{2}{9}$

c) Kürzungszahl 8: $\frac{8}{24}=\frac{1}{3}$

$\frac{16}{40}=\frac{2}{5}$

d) Kürzungszahl 4: $\frac{16}{20}=\frac{4}{5}$

$\frac{4}{44}=\frac{1}{11}$

e) Kürzungszahl 11: $\frac{22}{77}=\frac{2}{7}$

$\frac{11}{121}=\frac{1}{11}$

f) Kürzungszahl 9: $\frac{9}{72}=\frac{1}{8}$

$\frac{27}{63}=\frac{3}{7}$

---

18 a) $\frac{8}{24}=\frac{\cancel{2}\cdot\cancel{2}\cdot\cancel{2}}{\cancel{2}\cdot\cancel{2}\cdot\cancel{2}\cdot 3}=\frac{1}{3}$

b) $\frac{15}{105}=\frac{\cancel{3}\cdot\cancel{5}}{\cancel{3}\cdot\cancel{5}\cdot 7}=\frac{1}{7}$

c) $\frac{24}{44}=\frac{\cancel{2}\cdot\cancel{2}\cdot 2\cdot 3}{\cancel{2}\cdot\cancel{2}\cdot 11}=\frac{6}{11}$

d) $\frac{22}{99}=\frac{2\cdot\cancel{11}}{3\cdot 3\cdot\cancel{11}}=\frac{2}{9}$

---

19 a) $\frac{2}{5}$; $\frac{5}{10}$

Hauptnenner: 10

$\frac{2}{5}=\frac{2\cdot 2}{5\cdot 2}=\frac{4}{10}$

$\frac{4}{10}<\frac{5}{10} \Rightarrow \frac{2}{5}<\frac{5}{10}$

b) $\frac{1}{2}$; $\frac{3}{8}$

Hauptnenner: 8

$\frac{1}{2}=\frac{1\cdot 4}{2\cdot 4}=\frac{4}{8}$

$\frac{3}{8}<\frac{4}{8} \Rightarrow \frac{3}{8}<\frac{1}{2}$

c) $\frac{5}{6}$; $\frac{7}{8}$

Hauptnenner: 24

$\frac{5}{6}=\frac{5\cdot 4}{6\cdot 4}=\frac{20}{24}$

$\frac{7}{8}=\frac{7\cdot 3}{8\cdot 3}=\frac{21}{24}$

$\frac{20}{24}<\frac{21}{24} \Rightarrow \frac{5}{6}<\frac{7}{8}$

d) $\frac{3}{4}$; $\frac{9}{10}$

Hauptnenner: 20

$\frac{3}{4}=\frac{3\cdot 5}{4\cdot 5}=\frac{15}{20}$

$\frac{9}{10}=\frac{9\cdot 2}{10\cdot 2}=\frac{18}{20}$

$\frac{15}{20}<\frac{18}{20} \Rightarrow \frac{3}{4}<\frac{9}{10}$

20 a) $\frac{4}{6}; \frac{5}{9}$

Hauptnenner: 18

$\frac{4}{6}=\frac{4\cdot 3}{6\cdot 3}=\frac{12}{18}$

$\frac{5}{9}=\frac{5\cdot 2}{9\cdot 2}=\frac{10}{18}$

Dazwischen liegt $\frac{11}{18}$.

b) $\frac{2}{3}; \frac{2}{5}$

Hauptnenner: 15

$\frac{2}{3}=\frac{2\cdot 5}{3\cdot 5}=\frac{10}{15}$

$\frac{2}{5}=\frac{2\cdot 3}{5\cdot 3}=\frac{6}{15}$

Dazwischen liegt beispielsweise $\frac{8}{15}$.

c) $\frac{2}{5}; \frac{3}{5}$

Hauptnenner: 10

$\frac{2}{5}=\frac{2\cdot 2}{5\cdot 2}=\frac{4}{10}$

$\frac{3}{5}=\frac{3\cdot 2}{5\cdot 2}=\frac{6}{10}$

Dazwischen liegt $\frac{5}{10}$.

d) $\frac{1}{2}; \frac{1}{3}$

Hauptnenner: 6

$\frac{1}{2}=\frac{1\cdot 3}{2\cdot 3}=\frac{3}{6}$

$\frac{1}{3}=\frac{1\cdot 2}{3\cdot 2}=\frac{2}{6}$

Hauptnenner: 12

$\frac{3}{6}=\frac{3\cdot 2}{6\cdot 2}=\frac{6}{12}$

$\frac{2}{6}=\frac{2\cdot 2}{6\cdot 2}=\frac{4}{12}$

Dazwischen liegt $\frac{5}{12}$.

---

21 Am einfachsten ist es, die Brüche zu vergleichen:

$\frac{7}{8};\ \frac{4}{6}=\frac{2}{3};\ 75\,\% = \frac{75}{100}=\frac{3}{4};\ \frac{1}{2}$

Erweitern auf den Hauptnenner 24:

$\frac{7}{8}=\frac{21}{24};\ \frac{2}{3}=\frac{16}{24};\ \frac{3}{4}=\frac{18}{24};\ \frac{1}{2}=\frac{12}{24}$

$\frac{12}{24}<\frac{16}{24}<\frac{18}{24}<\frac{21}{24} \quad\Rightarrow\quad \frac{1}{2}<\frac{4}{6}<75\,\%<\frac{7}{8}$

Ich würde als Gewinn die sieben Achtel wählen, da ich damit den höchsten Geldbetrag bekommen würde.

---

22 $\frac{7}{8}\text{ kg}=\frac{875}{1\,000}\text{ kg}=0{,}875\text{ kg}$

a) $0{,}85\text{ kg}<0{,}875\text{ kg}$

b) $0{,}87501\text{ kg}>0{,}875\text{ kg}$

c) $\frac{19}{20}\text{ kg}=\frac{950}{1\,000}\text{ kg}$

$\frac{950}{1\,000}\text{ kg}>\frac{875}{1\,000}\text{ kg}$

d) $\frac{8}{10}\text{ kg}=\frac{800}{1\,000}\text{ kg}$

$\frac{800}{1\,000}\text{ kg}<\frac{875}{1\,000}\text{ kg}$

---

23 Schreibe alle Zahlen als Bruch mit Hauptnenner 1 000:

$0{,}202=\frac{202}{1\,000};\ \frac{1}{20}=\frac{50}{1\,000};\ \frac{2}{5}=\frac{400}{1\,000};\ 0{,}047=\frac{47}{1\,000};\ 1\frac{1}{4}=\frac{5}{4}=\frac{1\,250}{1\,000};\ \frac{3}{8}=\frac{375}{1\,000}$

$\frac{47}{1\,000}<\frac{50}{1\,000}<\frac{202}{1\,000}<\frac{375}{1\,000}<\frac{400}{1\,000}<\frac{1\,250}{1\,000} \quad\Rightarrow\quad 0{,}047<\frac{1}{20}<0{,}202<\frac{3}{8}<\frac{2}{5}<1\frac{1}{4}$

---

24 a) $\frac{3}{4}+\frac{1}{2}$

Hauptnenner: 4

$\frac{3}{4}+\frac{1\cdot 2}{2\cdot 2}=\frac{3+2}{4}=\frac{5}{4}=1\frac{1}{4}$

b) $\frac{7}{12}+\frac{2}{3}$

Hauptnenner: 12

$\frac{7}{12}+\frac{2\cdot 4}{3\cdot 4}=\frac{7+8}{12}=\frac{15}{12}=\frac{5}{4}=1\frac{1}{4}$

c) $\frac{17}{20}-\frac{1}{5}$

Hauptnenner: 20

$\frac{17}{20}-\frac{1\cdot 4}{5\cdot 4}=\frac{17-4}{20}=\frac{13}{20}$

d) $\frac{5}{2}-\frac{3}{4}$

Hauptnenner: 4

$\frac{5\cdot 2}{2\cdot 2}-\frac{3}{4}=\frac{10-3}{4}=\frac{7}{4}=1\frac{3}{4}$

e) $\frac{3}{4}+\frac{5}{8}+\frac{11}{16}$

Hauptnenner: 16

$\frac{3\cdot 4}{4\cdot 4}+\frac{5\cdot 2}{8\cdot 2}+\frac{11}{16}=\frac{12+10+11}{16}=\frac{33}{16}=2\frac{1}{16}$

f) $\frac{11}{12}-\frac{1}{6}-\frac{3}{4}$

Hauptnenner: 12

$\frac{11}{12}-\frac{1\cdot 2}{6\cdot 2}-\frac{3\cdot 3}{4\cdot 3}=\frac{11-2-9}{12}=\frac{0}{12}=0$

g) $\frac{13}{15}+\frac{3}{5}-\frac{7}{30}$

Hauptnenner: 30

$\frac{13\cdot 2}{15\cdot 2}+\frac{3\cdot 6}{5\cdot 6}-\frac{7}{30}=\frac{26+18-7}{30}=\frac{37}{30}=1\frac{7}{30}$

h) $\frac{17}{16}+\frac{5}{8}-\frac{3}{4}$

Hauptnenner: 16

$\frac{17}{16}+\frac{5\cdot 2}{8\cdot 2}-\frac{3\cdot 4}{4\cdot 4}=\frac{17+10-12}{16}=\frac{15}{16}$

---

25 a) $5\frac{2}{5}+7\frac{1}{2}=\frac{27}{5}+\frac{15}{2}$

Hauptnenner: 10

$\frac{27\cdot 2}{5\cdot 2}+\frac{15\cdot 5}{2\cdot 5}=\frac{54+75}{10}=\frac{129}{10}=12\frac{9}{10}$

b) $6\frac{2}{3}+2\frac{4}{5}=\frac{20}{3}+\frac{14}{5}$

Hauptnenner: 15

$\frac{20\cdot 5}{3\cdot 5}+\frac{14\cdot 3}{5\cdot 3}=\frac{100+42}{15}=\frac{142}{15}=9\frac{7}{15}$

c) $3\frac{3}{4}+9\frac{1}{10}=\frac{15}{4}+\frac{91}{10}$

Hauptnenner: 20

$\frac{15\cdot 5}{4\cdot 5}+\frac{91\cdot 2}{10\cdot 2}=\frac{75+182}{20}=\frac{257}{20}=12\frac{17}{20}$

d) $6\frac{4}{5}-5\frac{7}{12}=\frac{34}{5}-\frac{67}{12}$

Hauptnenner: 60

$\frac{34\cdot 12}{5\cdot 12}-\frac{67\cdot 5}{12\cdot 5}=\frac{408-335}{60}=\frac{73}{60}=1\frac{13}{60}$

e) $3\frac{4}{7}-1\frac{5}{6}=\frac{25}{7}-\frac{11}{6}$

Hauptnenner: 42

$\frac{25\cdot 6}{7\cdot 6}-\frac{11\cdot 7}{6\cdot 7}=\frac{150-77}{42}=\frac{73}{42}=1\frac{31}{42}$

f) $10\frac{1}{9}-7\frac{5}{6}=\frac{91}{9}-\frac{47}{6}$

Hauptnenner: 18

$\frac{91\cdot 2}{9\cdot 2}-\frac{47\cdot 3}{6\cdot 3}=\frac{182-141}{18}=\frac{41}{18}=2\frac{5}{18}$

---

26 a) $\frac{7}{8}\cdot\frac{3}{7}=\frac{\cancel{7}\cdot 3}{8\cdot\cancel{7}}=\frac{3}{8}$

b) $\frac{5}{6}\cdot\frac{3}{5}=\frac{\cancel{5}\cdot\cancel{3}^{1}}{\cancel{6}^{2}\cdot\cancel{5}}=\frac{1}{2}$

c) $\frac{3}{4}\cdot\frac{2}{5}\cdot\frac{1}{6}=\frac{\cancel{3}^{1}\cdot\cancel{2}^{1}\cdot 1}{\cancel{4}^{2}\cdot 5\cdot\cancel{6}^{2}}=\frac{1}{2\cdot 5\cdot 2}=\frac{1}{20}$

d) $\frac{8}{9}\cdot\frac{3}{4}\cdot\frac{5}{6}=\frac{\cancel{8}^{\cancel{2}}\cdot\cancel{3}\cdot 5}{9\cdot\cancel{4}\cdot\cancel{6}^{\cancel{2}}}=\frac{5}{9}$

---

27 a) $\frac{6}{14}:\frac{8}{7}=\frac{6}{14}\cdot\frac{7}{8}=\frac{\cancel{2}\cdot 3\cdot\cancel{7}}{\cancel{2}\cdot\cancel{7}\cdot 2\cdot 2\cdot 2}=\frac{3}{8}$

b) $\frac{5}{6}:\frac{5}{3}=\frac{5}{6}\cdot\frac{3}{5}=\frac{\cancel{5}\cdot\cancel{3}}{2\cdot\cancel{3}\cdot\cancel{5}}=\frac{1}{2}$

---

28 a) $\frac{5}{6}+\frac{2}{3}=\frac{5}{6}+\frac{2\cdot 2}{3\cdot 2}=\frac{5+4}{6}=\frac{9}{6}=\frac{3}{2}=1\frac{1}{2}$

$\frac{5}{6}-\frac{2}{3}=\frac{5}{6}-\frac{2\cdot 2}{3\cdot 2}=\frac{5-4}{6}=\frac{1}{6}$

$\frac{5}{6}\cdot\frac{2}{3}=\frac{5\cdot 2}{6\cdot 3}=\frac{5\cdot\cancel{2}}{\cancel{2}\cdot 3\cdot 3}=\frac{5}{9}$

$\frac{5}{6}:\frac{2}{3}=\frac{5}{6}\cdot\frac{3}{2}=\frac{5\cdot\cancel{3}}{2\cdot\cancel{3}\cdot 2}=\frac{5}{4}=1\frac{1}{4}$

b) $\frac{8}{9}+\frac{2}{3}=\frac{8}{9}+\frac{2\cdot 3}{3\cdot 3}=\frac{8+6}{9}=\frac{14}{9}=1\frac{5}{9}$

$\frac{8}{9}-\frac{2}{3}=\frac{8}{9}-\frac{2\cdot 3}{3\cdot 3}=\frac{8-6}{9}=\frac{2}{9}$

$\frac{8}{9}\cdot\frac{2}{3}=\frac{8\cdot 2}{9\cdot 3}=\frac{16}{27}$

$\frac{8}{9}:\frac{2}{3}=\frac{8}{9}\cdot\frac{3}{2}=\frac{2\cdot\cancel{2}\cdot 2\cdot\cancel{3}}{\cancel{3}\cdot 3\cdot\cancel{2}}=\frac{4}{3}=1\frac{1}{3}$

c) $\frac{7}{8}+\frac{5}{6}=\frac{7\cdot 3}{8\cdot 3}+\frac{5\cdot 4}{6\cdot 4}=\frac{21+20}{24}=\frac{41}{24}=1\frac{17}{24}$

$\frac{7}{8}-\frac{5}{6}=\frac{7\cdot 3}{8\cdot 3}-\frac{5\cdot 4}{6\cdot 4}=\frac{21-20}{24}=\frac{1}{24}$

$\frac{7}{8}\cdot\frac{5}{6}=\frac{7\cdot 5}{8\cdot 6}=\frac{35}{48}$

$\frac{7}{8}:\frac{5}{6}=\frac{7}{8}\cdot\frac{6}{5}=\frac{7\cdot 3\cdot\cancel{2}}{\cancel{2}\cdot 2\cdot 2\cdot 5}=\frac{21}{20}=1\frac{1}{20}$

d) $\frac{4}{6}+\frac{2}{4}=\frac{4}{6}+\frac{1}{2}=\frac{4}{6}+\frac{1\cdot 3}{2\cdot 3}=\frac{4+3}{6}=\frac{7}{6}=1\frac{1}{6}$

$\frac{4}{6}-\frac{2}{4}=\frac{4}{6}-\frac{1}{2}=\frac{4}{6}-\frac{1\cdot 3}{2\cdot 3}=\frac{4-3}{6}=\frac{1}{6}$

$\frac{4}{6}\cdot\frac{2}{4}=\frac{4\cdot 2}{6\cdot 4}=\frac{\cancel{2}\cdot\cancel{2}\cdot\cancel{2}}{\cancel{2}\cdot 3\cdot\cancel{2}\cdot\cancel{2}}=\frac{1}{3}$

$\frac{4}{6}:\frac{2}{4}=\frac{4}{6}\cdot\frac{4}{2}=\frac{\cancel{2}\cdot\cancel{2}\cdot 2\cdot 2}{\cancel{2}\cdot 3\cdot\cancel{2}}=\frac{4}{3}=1\frac{1}{3}$

e) $18+\frac{3}{5}=18\frac{3}{5}$

$\frac{18}{1}-\frac{3}{5}=\frac{18\cdot 5}{1\cdot 5}-\frac{3}{5}=\frac{90-3}{5}=\frac{87}{5}=17\frac{2}{5}$

$\frac{18}{1}\cdot\frac{3}{5}=\frac{18\cdot 3}{1\cdot 5}=\frac{54}{5}=10\frac{4}{5}$

$\frac{18}{1}:\frac{3}{5}=\frac{18}{1}\cdot\frac{5}{3}=\frac{3\cdot 2\cdot\cancel{3}\cdot 5}{1\cdot\cancel{3}}=\frac{30}{1}=30$

f) $25+\frac{12}{5}=25+2\frac{2}{5}=27\frac{2}{5}$

$\frac{25}{1}-\frac{12}{5}=\frac{25\cdot 5}{1\cdot 5}-\frac{12}{5}=\frac{125-12}{5}=\frac{113}{5}=22\frac{3}{5}$

$\frac{25}{1}\cdot\frac{12}{5}=\frac{25\cdot 12}{1\cdot 5}=\frac{\cancel{5}\cdot 5\cdot 2\cdot 2\cdot 3}{1\cdot\cancel{5}}=\frac{60}{1}=60$

$\frac{25}{1}:\frac{12}{5}=\frac{25}{1}\cdot\frac{5}{12}=\frac{125}{12}=10\frac{5}{12}$

---

29 a) Der Tank ist halb voll:

$60\,\ell\cdot\frac{1}{2}=30\,\ell$

30 Liter sind noch im Tank.

$8\,\ell \mathrel{\widehat{=}} 100\text{ km}$

$1\,\ell \mathrel{\widehat{=}} 100\text{ km}:8=12{,}5\text{ km}$

$30\,\ell \mathrel{\widehat{=}} 12{,}5\text{ km}\cdot 30=375\text{ km}$

Mit einem halbvollen Tank kommt man noch 375 km weit.

b) Zwei Drittel des Tanks sind verbraucht, d.h., ein Drittel des Tanks ist noch voll:

$60\,\ell\cdot\frac{1}{3}=20\,\ell$

20 Liter sind noch im Tank.

$20\,\ell \mathrel{\widehat{=}} 12{,}5\text{ km}\cdot 20=250\text{ km}$

Man kommt noch 250 km weit.

c) Ein Viertel des Tanks ist noch voll:

$60\,\ell\cdot\frac{1}{4}=15\,\ell$

15 Liter sind noch im Tank.

$15\,\ell \mathrel{\widehat{=}} 12{,}5\text{ km}\cdot 15=187{,}5\text{ km}$

Man kommt noch 187,5 km weit.

---

30 a)

+	16,7	0,27	0,132	1 076,4	11,23
104,2	120,9	104,47	104,332	1 180,6	115,43
4,256	20,956	4,526	4,388	1 080,656	15,486
14,63	31,33	14,9	14,762	1 091,03	25,86

b)

–	96,2	10,85	9,6	0,7	18,07
245,7	149,5	234,85	236,1	245,0	227,63
196,73	100,53	185,88	187,13	196,03	178,66
173,279	77,079	162,429	163,679	172,579	155,209

31 a)

$$\begin{array}{r} 22{,}830 \\ +\ 1{,}087 \\ \hline 23{,}917 \end{array} \qquad \begin{array}{r} 23{,}917 \\ -\ 16{,}270 \\ \hline 7{,}647 \end{array}$$

b)

$$\begin{array}{r} 167{,}230 \\ +\ 188{,}260 \\ +\ 0{,}007 \\ \hline 355{,}497 \end{array} \qquad \begin{array}{r} 355{,}497 \\ -\ 18{,}100 \\ \hline 337{,}397 \end{array}$$

c)

$$\begin{array}{r} 1{,}093 \\ +\ 5{,}820 \\ \hline 6{,}913 \end{array} \qquad \begin{array}{r} 116{,}200 \\ -\ 6{,}913 \\ \hline 109{,}287 \end{array}$$

d)

$$\begin{array}{r} 1{,}002 \\ +\ 20{,}030 \\ +\ 6{,}780 \\ +\ 3{,}200 \\ \hline 31{,}012 \end{array}$$

32 a)

·	10	100	1 000	10 000
14,27	142,7	1 427	14 270	142 700
2,3767	23,767	237,67	2 376,7	23 767
257,89	2 578,9	25 789	257 890	2 578 900

b)

:	10	100	1 000	10 000
25,767	2,5767	0,25767	0,025767	0,0025767
1,573	0,1573	0,01573	0,001573	0,0001573
239,57	23,957	2,3957	0,23957	0,023957

33 a) $0{,}9 \cdot 2{,}6 = 2{,}34$

$$\begin{array}{r} 9 \cdot 26 \\ \hline 18 \\ 54 \\ \hline 234 \end{array}$$

b) $3{,}8 \cdot 2{,}35 = 8{,}93$

$$\begin{array}{r} 38 \cdot 235 \\ \hline 76 \\ 114 \\ 190 \\ \hline 8\,930 \end{array}$$

c) $0{,}1 \cdot 0{,}1 = 0{,}01$
$1 \cdot 1 = 1$

d) $0{,}02 \cdot 3{,}08 = 0{,}0616$
$2 \cdot 308 = 616$

e) $4{,}48 : 0{,}2 = 44{,}8 : 2 = 22{,}4$

f) $5{,}12 : 0{,}4 =$
$51{,}2 : 4 = 12{,}8$

$$\begin{array}{l} \underline{4} \\ 11 \\ \underline{\ 8} \\ \ 32 \\ \underline{\ 32} \\ \ \ 0 \end{array}$$

g) $62{,}5 : 0{,}5 = 625 : 5 = 125$

h) $5 : 0{,}0025 = 50\,000 : 25 = 2\,000$

34

	Standort	Richtung	Anzahl der Schritte	neuer Standort
A	–1	–	3	–4
B	+1	–	3	–2
C	–5	+	9	4
D	–3	+	2	–1

35

	Mittag	Abend	Temperaturunterschied
a)	+8 °C	–1 °C	9 °C
b)	–9,5 °C	–20,5 °C	11 °C
c)	–6,8 °C	+0,7 °C	7,5 °C
d)	–2,4 °C	–16,5 °C	14,1 °C

36 a)

Kontostand	Buchung	Neuer Kontostand
+46,00 €	–59,00 €	–13,00 €
–104,00 €	+36,00 €	–68,00 €
+1 010,00 €	–2 000,00 €	–990,00 €
–15,50 €	+7,20 €	–8,30 €
–13,20 €	+6,90 €	–6,30 €
+225,40 €	–228,00 €	–2,60 €

b)

Kontostand	Buchung	Neuer Kontostand
+23,00 €	–8,00 €	+15,00 €
+17,80 €	–7,60 €	+10,20 €
–25,00 €	–26,40 €	–51,40 €
–109,10 €	+104,70 €	–4,40 €
–23,50 €	–16,70 €	–40,20 €
+27,70 €	+15,70 €	+43,40 €

37

	–4	+4,8	–6,1	+5,6	+100
+3	–1	7,8	–3,1	8,6	103
+2,7	–1,3	7,5	–3,4	8,3	102,7
–11,4	–15,4	–6,6	–17,5	–5,8	88,6
–0,02	–4,02	4,78	–6,12	5,58	99,98

38

a) –15 € + 25 € = 10 €
Mir gehören 10 €.

b) 10 € – 16 € = –6 €
Ich muss mir 6 € leihen.

c) –5 °C – 4 °C = –9 °C
In der Nacht hat es –9 °C.

d) –2 + 4 = 2
Ich befinde mich in der 2. Etage.

39

a) $-23 + 25{,}2 + 17{,}1 - 2{,}9 = 16{,}4$

b) $104{,}5 - 201{,}5 + 1{,}8 - 4{,}6 = -99{,}8$

c) $-26{,}7 - 13{,}2 - 24{,}5 - 16{,}1 = -80{,}5$

d) $108{,}2 + 20{,}72 - 130 - 2{,}8 = -3{,}88$

40 a)

	Sonntag	Montag	Dienstag	Mittwoch	Donnerstag	Freitag
Paris	14 °C	14 °C − 11 °C = 3 °C	3 °C − 6,5 °C = −3,5 °C	−3,5 °C − 4,5 °C = −8 °C	−8 °C − 1,5 °C = −9,5 °C	−9,5 °C − 3 °C = −12,5 °C
Rom	16 °C	16 °C − 8,5 °C = 7,5 °C	7,5 °C − 7,5 °C = 0 °C	0 °C − 3,5 °C = −3,5 °C	−3,5 °C − 7 °C = −10,5 °C	−10,5 °C − 2 °C = −12,5 °C
Berlin	10 °C	10 °C − 10 °C = 0 °C	0 °C − 7,5 °C = −7,5 °C	−7,5 °C − 3 °C = −10,5 °C	−10,5 °C − 4,5 °C = −15 °C	−15 °C − 1,5 °C = −16,5 °C
Moskau	0 °C	0 °C − 7,5 °C = −7,5 °C	−7,5 °C − 2 °C = −9,5 °C	−9,5 °C − 6,5 °C = −16 °C	−16 °C − 9 °C = −25 °C	−25 °C − 0,5 °C = −25,5 °C

b)
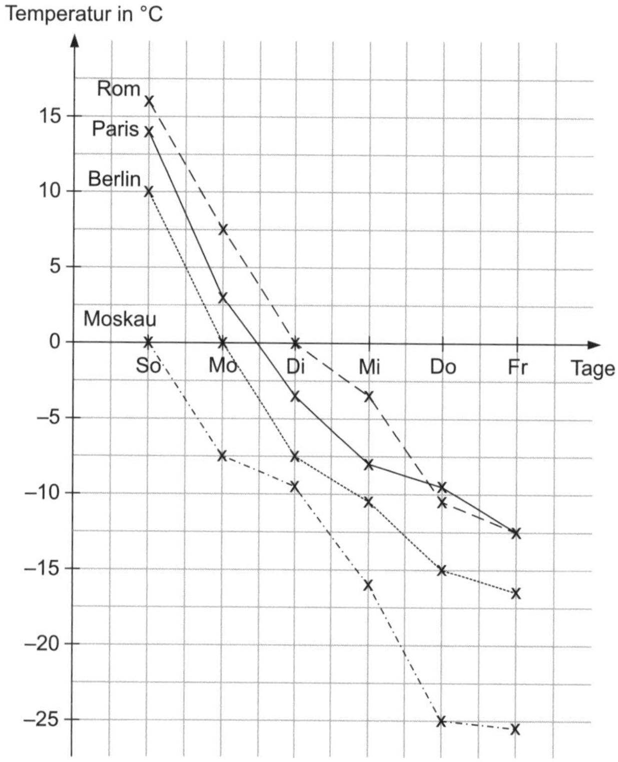

c) Der Temperaturunterschied war in Rom mit 28,5 °C am größten.

41 a)

:	(−2)	(−5)	8	(−0,8)	(−10)
40	−20	−8	5	−50	−4
(−80)	40	16	−10	100	8
(−120)	60	24	−15	150	12

b)

·	(−7)	0,7	(−1,3)	10,2	(−5,4)
(−15)	105	−10,5	19,5	−153	81
(−22)	154	−15,4	28,6	−224,4	118,8
16	−112	11,2	−20,8	163,2	−86,4

42 a) $-3 \cdot 7 \cdot (-2) =$
$-21 \cdot (-2) = 42$

b) $64 : (-8) \cdot 5 =$
$-8 \cdot 5 = -40$

c) $-2{,}1 \cdot 2 \cdot (-7) =$
$-4{,}2 \cdot (-7) = 29{,}4$

d) $-200 : (-4) : 25 =$
$50 : 25 = 2$

e) $5 \cdot 10 \cdot (-1{,}5) : (-25) =$
$50 \cdot (-1{,}5) : (-25) =$
$-75 : (-25) = 3$

f) $-2{,}4 : 6 \cdot (-5) \cdot 2{,}1 =$
$-0{,}4 \cdot (-5) \cdot 2{,}1 =$
$2 \cdot 2{,}1 = 4{,}2$

43

a) $3{,}3 \cdot 2 + (14{,}7 - 2{,}9) =$
$6{,}6 + 11{,}8 = 18{,}4$

b) $-4 \cdot 2{,}5 + (-3) \cdot (-2{,}6) =$
$-10 + 7{,}8 = -2{,}2$

c) $4{,}5 \cdot 3 - (2{,}7 + 3{,}15) \cdot 2 =$
$13{,}5 - 5{,}85 \cdot 2 =$
$13{,}5 - 11{,}7 = 1{,}8$

d) $2{,}6 + 2{,}7 \cdot 3 - 1{,}6 =$
$2{,}6 + 8{,}1 - 1{,}6 = 9{,}1$

e) $(1{,}8 - 0{,}9) \cdot 2 + 5{,}6 - 2{,}4 =$
$0{,}9 \cdot 2 + 5{,}6 - 2{,}4 =$
$1{,}8 + 3{,}2 = 5$

f) $-2{,}7 + 10{,}5 + 2 \cdot 7{,}4 - 5{,}1 =$
$-2{,}7 + 10{,}5 + 14{,}8 - 5{,}1 = 17{,}5$

g) $(5{,}2 + 10{,}8) : 0{,}4 + 2 \cdot 6{,}45 =$
$16 : 0{,}4 + 2 \cdot 6{,}45 =$
$40 + 12{,}9 = 52{,}9$

h) $2{,}47 \cdot 3 + 2{,}08 - 1{,}96 + 1{,}03 =$
$7{,}41 + 2{,}08 - 1{,}96 + 1{,}03 = 8{,}56$

i) $123 - 16{,}4 + 22{,}1 \cdot 3 =$
$123 - 16{,}4 + 66{,}3 = 172{,}9$

j) $-4{,}08 + 5{,}12 - 2{,}7 \cdot 3 + 1{,}08 =$
$-4{,}08 + 5{,}12 - 8{,}1 + 1{,}08 = -5{,}98$

44

a) $4^2 = 16$

b) $(-17)^2 = 289$

c) $\frac{3^2}{4^2} = \frac{9}{16}$

d) $0{,}3^2 = 0{,}09$

e) $(-0{,}8)^2 = 0{,}64$

f) $\left(\frac{11}{12}\right)^2 = \frac{121}{144}$

45

a) $\sqrt{100} = 10$

b) $\sqrt{361} = 19$

c) $\sqrt{\frac{4}{25}} = \frac{2}{5}$

d) $\sqrt{\frac{49}{100}} = \frac{7}{10}$

e) $\sqrt{0{,}04} = 0{,}2$

f) $\sqrt{0{,}25} = 0{,}5$

46

a) $6 \cdot 6 \cdot 6 \cdot 6 \cdot 6 \cdot 6 = 6^6 = 46\,656$

b) $9 \cdot 9 \cdot 9 \cdot 9 \cdot 9 \cdot 9 \cdot 9 \cdot 9 \cdot 9 \cdot 9 = 9^{10} = 3\,486\,784\,401$

c) $\frac{3}{4} \cdot \frac{3}{4} \cdot \frac{3}{4} = \left(\frac{3}{4}\right)^3 = \frac{27}{64}$

d) $\frac{4}{9} \cdot \frac{4}{9} \cdot \frac{4}{9} \cdot \frac{4}{9} \cdot \frac{4}{9} = \left(\frac{4}{9}\right)^5 = \frac{1\,024}{59\,049}$

e) $2{,}5 \cdot 2{,}5 \cdot 2{,}5 \cdot 2{,}5 \cdot 2{,}5 \cdot 2{,}5 \cdot 2{,}5 = 2{,}5^7$
$= 610{,}3515625$

f) $0{,}1 \cdot 0{,}1 \cdot 0{,}1 \cdot 0{,}1 \cdot 0{,}1 \cdot 0{,}1 = 0{,}1^6 = 0{,}000001$

47

a) $3^5 = 3 \cdot 3 \cdot 3 \cdot 3 \cdot 3 = 243$

b) $8^7 = 8 \cdot 8 \cdot 8 \cdot 8 \cdot 8 \cdot 8 \cdot 8 = 2\,097\,152$

c) $0{,}4^5 = 0{,}4 \cdot 0{,}4 \cdot 0{,}4 \cdot 0{,}4 \cdot 0{,}4 = 0{,}01024$

d) $0{,}02^4 = 0{,}02 \cdot 0{,}02 \cdot 0{,}02 \cdot 0{,}02 = 0{,}00000016$

e) $\left(\frac{4}{7}\right)^3 = \frac{4}{7} \cdot \frac{4}{7} \cdot \frac{4}{7} = \frac{64}{343}$

f) $\left(\frac{1}{8}\right)^6 = \frac{1}{8} \cdot \frac{1}{8} \cdot \frac{1}{8} \cdot \frac{1}{8} \cdot \frac{1}{8} \cdot \frac{1}{8} = \frac{1}{262\,144}$

48

a) $97\,345\,746\,234 \approx 9{,}7 \cdot 10^{10}$

b) $3\,869\,765\,876\,234\,198 \approx 3{,}9 \cdot 10^{15}$

c) $80\,875\,234{,}545 \approx 8{,}1 \cdot 10^7$

d) $426\,004{,}35 \approx 4{,}3 \cdot 10^5$

e) $0{,}000\,000\,703 \approx 7{,}0 \cdot 10^{-7}$

f) $0{,}000\,035 = 3{,}5 \cdot 10^{-5}$

g) $0{,}009\,098 \approx 9{,}1 \cdot 10^{-3}$

h) $0{,}000\,364 \approx 3{,}6 \cdot 10^{-4}$

49 a) $34{,}72 \cdot 10^7 = 347\,200\,000$ b) $0{,}48 \cdot 10^6 = 480\,000$
c) $987 \cdot 10^8 = 98\,700\,000\,000$ d) $5{,}75 \cdot 10^5 = 575\,000$
e) $27 \cdot 10^{-7} = 0{,}000\,002\,7$ f) $76{,}23 \cdot 10^{-6} = 0{,}000\,076\,23$
g) $0{,}094 \cdot 10^{-8} = 0{,}000\,000\,000\,94$ h) $2{,}22 \cdot 10^{-9} = 0{,}000\,000\,002\,22$

---

50 a) Zelle D6
b) =B9/C9
c) ☒ =D8*3,6
d) Mit dieser Formel wird die durchschnittliche Geschwindigkeit aller Schüler in $\frac{\text{km}}{\text{h}}$ berechnet.

---

51 a)

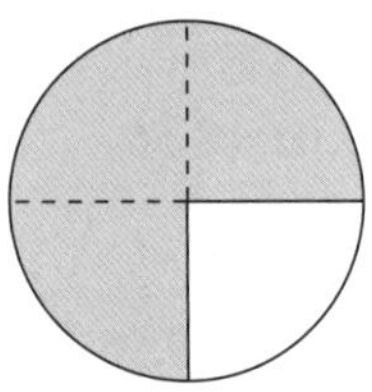

$\frac{3}{4} = 75\ \%$

b)

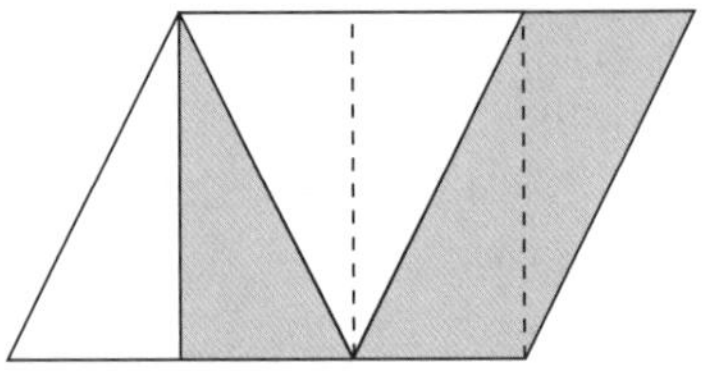

$\frac{3}{6} = \frac{1}{2} = 50\ \%$

c)

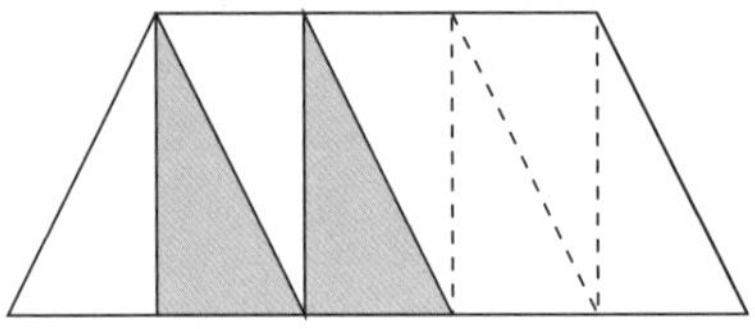

$\frac{2}{8} = \frac{1}{4} = 25\ \%$

d)

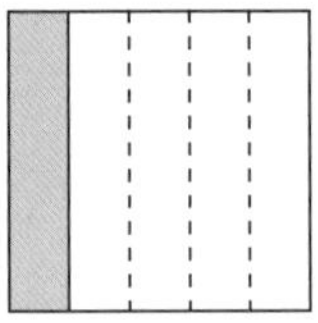

$\frac{1}{5} = 20\ \%$

52

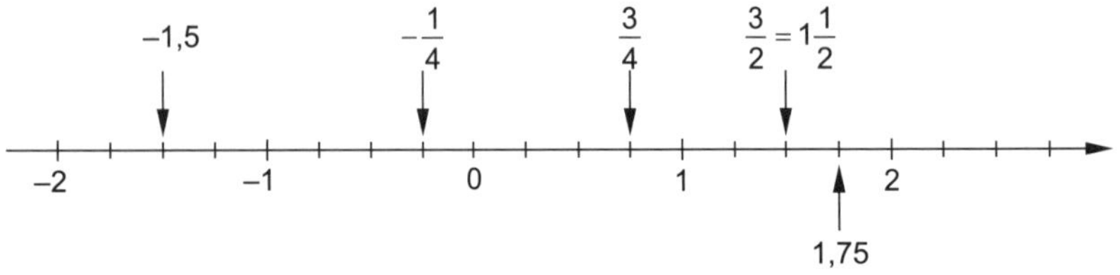

---

53 a) $\frac{1}{4}$ von 100 m
$100\ \text{m} \cdot 1 = 100\ \text{m}$
$100\ \text{m} : 4 = 25\ \text{m}$

b) $\frac{2}{5}$ von 25 €
$25\ € \cdot 2 = 50\ €$
$50\ € : 5 = 10\ €$

c) $1\ \text{kg} = 1\,000\ \text{g}$
$\frac{1}{2}$ von 1 000 g
$1\,000\ \text{g} \cdot 1 = 1\,000\ \text{g}$
$1\,000\ \text{g} : 2 = 500\ \text{g}$

d) $1\ \ell = 1\,000\ m\ell$
$\frac{1}{10}$ von $1\,000\ m\ell$
$1\,000\ m\ell \cdot 1 = 1\,000\ m\ell$
$1\,000\ m\ell : 10 = 100\ m\ell$

---

54 Max: $-20{,}50\ € - 7{,}90\ € - 4{,}80\ € = -33{,}20\ €$
Iwan: $-100\ € + 41{,}00\ € + 16{,}50\ € - 9{,}90\ € = -52{,}40\ €$
Jasmin: $+40{,}50\ € - 19{,}90\ € - 39{,}90\ € - 38{,}50\ € = -57{,}80\ €$

---

55 a) $-1{,}5 > -10$

b) $5^7 > 5^6$
Bei 5^7 ist der Exponent größer als bei 5^6, somit ist 5^7 im Ergebnis größer.
$\underbrace{5\cdot5\cdot5\cdot5\cdot5\cdot5\cdot5}_{\text{7-mal}} > \underbrace{5\cdot5\cdot5\cdot5\cdot5\cdot5}_{\text{6-mal}}$

c) $0{,}5^3 = 0{,}125; \quad 0{,}4^3 = 0{,}064$
$\Rightarrow \quad 0{,}5^3 > 0{,}4^3$

d) Bei 10^4 wird das Komma nach rechts, bei 10^{-5} wird es nach links verschoben.
$\Rightarrow \quad 6{,}5\cdot10^4 > 7{,}9\cdot10^{-5}$

e) $\frac{2}{5} = \frac{4}{10}$
$\Rightarrow \quad \frac{2}{5} > \frac{3}{10}$

f) $\frac{1}{3} = 0{,}33\ldots$
$\Rightarrow \quad \frac{1}{3} > 0{,}3$

2 Rechnen mit Größen

56
a) 9 cm = 90 mm
b) $9\ cm^2 = 900\ mm^2$
c) 4,95 m = 49,5 dm
d) $35\ dm^3 = 35\,000\ cm^3$
e) 3,18 dm = 31,8 cm
f) 5,125 km = 5 125 m
g) $23{,}28\ m^3 = 23\,280\ dm^3$
h) $7{,}1\ m^2 = 710\ dm^2$
i) 44,56 ℓ = 44 560 mℓ
j) $3\,215\ a = 321\,500\ m^2$

57
a) 370 dm = 37 m
b) $700\ cm^3 = 0{,}7\ dm^3$
c) $4\,500\ m^2 = 45\ a$
d) 81 cm = 8,1 dm
e) $300\ cm^2 = 3\ dm^2$
f) $6\ ha = 0{,}06\ km^2$
g) 720 ℓ = 7,2 hℓ
h) 632 a = 6,32 ha
i) $74\,300\ mm^3 = 74{,}3\ cm^3$
j) $715\ mm^2 = 7{,}15\ cm^2$

58
a) 3,4 km + 250 m + 3 500 dm = 3 400 m + 250 m + 350 m = 4 000 m
b) $2\,500\ km^2 + 250\ ha + 250\ a = 250\,000\ ha + 250\ ha + 2{,}5\ ha = 250\,252{,}5\ ha$
c) $1\,700\ mm^2 - 7\ cm^2 + 70\ dm^2 = 17\ cm^2 - 7\ cm^2 + 7\,000\ cm^2 = 7\,010\ cm^2$
d) $3\,000\ cm^3 + 2\ \ell + 5{,}5\ m^3 = 3\ dm^3 + 2\ \ell + 5\,500\ dm^3 = 3\ \ell + 2\ \ell + 5\,500\ \ell = 5\,505\ \ell$
e) $4\,500\ mm^3 - 0{,}5\ cm^3 + 1\ dm^3 = 4{,}5\ cm^3 - 0{,}5\ cm^3 + 1\,000\ cm^3 = 1\,004\ cm^3$
f) 0,5 t + 4 500 g + 95,5 kg = 500 kg + 4,5 kg + 95,5 kg = 600 kg
g) 6 h − 4 500 s = 360 min − 75 min = 285 min

59
a) 8 300 kg = 8,3 t
b) 10 h = 600 min
c) 6,32 t = 6 320 kg
d) 144 h = 6 d

60
a) 4 h 20 min + 5 h 55 min = 10 h 15 min
b) 1 h 37 min + 3 h 42 min = 5 h 19 min
c) 4 h 42 min + 2 h 27 min = 7 h 9 min
d) 3 h 20 min − 2 h 30 min = 50 min
e) 3 h 12 min − 1 h 22 min = 1 h 50 min
f) 5 h 40 min − 2 h 45 min = 2 h 55 min

61

	Abfahrt	Ankunft	Fahrzeit
a)	13:45 Uhr	21:15 Uhr	7 h 30 min
b)	0:10 Uhr	8:45 Uhr	8 h 35 min
c)	6:12 Uhr	11:38 Uhr	5 h 26 min
d)	21:35 Uhr	3:45 Uhr	6 h 10 min
e)	21:25 Uhr	4:20 Uhr	6 h 55 min
f)	19:10 Uhr	2:55 Uhr	7 h 45 min
g)	21:02 Uhr	9:09 Uhr	12 h 7 min

62
a) $v = \frac{340\ km}{4\ h} = 85\ \frac{km}{h}$

$85\ \frac{km}{h} : 3{,}6 \approx 23{,}6\ \frac{m}{s}$

b) $v = \frac{520\ km}{8\ h} = 65\ \frac{km}{h}$

$65\ \frac{km}{h} : 3{,}6 \approx 18{,}1\ \frac{m}{s}$

c) $v = \frac{486\ km}{4{,}5\ h} = 108\ \frac{km}{h}$

$108\ \frac{km}{h} : 3{,}6 = 30\ \frac{m}{s}$

d) $v = \frac{252\ km}{2{,}25\ h} = 112\ \frac{km}{h}$

$112\ \frac{km}{h} : 3{,}6 \approx 31{,}1\ \frac{m}{s}$

e) $t = 1\text{ h }54\text{ min} = 1{,}9\text{ h}$

$v = \frac{138{,}7\text{ km}}{1{,}9\text{ h}} = 73\,\frac{\text{km}}{\text{h}}$

$73\,\frac{\text{km}}{\text{h}} : 3{,}6 \approx 20{,}3\,\frac{\text{m}}{\text{s}}$

f) $t = 3\text{ h }12\text{ min} = 3{,}2\text{ h}$

$v = \frac{217{,}6\text{ km}}{3{,}2\text{ h}} = 68\,\frac{\text{km}}{\text{h}}$

$68\,\frac{\text{km}}{\text{h}} : 3{,}6 \approx 18{,}9\,\frac{\text{m}}{\text{s}}$

---

63 a) $t = \frac{18\text{ m}}{6\,\frac{\text{m}}{\text{s}}} = 3\text{ s}$

b) $t = \frac{420\text{ km}}{120\,\frac{\text{km}}{\text{h}}} = 3{,}5\text{ h} = 3\text{ h }30\text{ min}$

c) $t = \frac{12\,000\text{ m}}{330\,\frac{\text{m}}{\text{s}}}\text{ s} \approx 36{,}4\text{ s}$

d) $t = \frac{12\,630\text{ km}}{920\,\frac{\text{km}}{\text{h}}} \approx 13{,}7\text{ h} = 13\text{ h }42\text{ min}$

---

64 a) $s = 12\,\frac{\text{m}}{\text{s}} \cdot 35\text{ s} = 420\text{ m}$

b) $s = 97\,\frac{\text{km}}{\text{h}} \cdot 2{,}25\text{ h} = 218{,}25\text{ km} \approx 218{,}3\text{ km}$

c) $t = 6\text{ min }19\text{ s} = 379\text{ s}$

$s = 0{,}7\,\frac{\text{m}}{\text{s}} \cdot 379\text{ s} = 265{,}3\text{ m}$

d) $t = 1\text{ h }20\text{ min} = \frac{4}{3}\text{ h}$

$s = 87\,\frac{\text{km}}{\text{h}} \cdot \frac{4}{3}\text{ h} = 116\text{ km}$

65

	Entfernung Karte	Entfernung Wirklichkeit	Maßstab
a)	40 cm	600 000 cm = 6 km	1 : 15 000
b)	2,825 m	56,5 km = 56 500 m	1 : 20 000
c)	7 cm	1 400 km = 140 000 000 cm	1 : 20 000 000

---

66 300 m = 30 000 cm

Modell A: Modell Original
30 cm ≙ 30 000 cm
1 cm ≙ 1 000 cm

⇒ Maßstab 1 : 1 000

Modell B: Modell Original
20 cm ≙ 30 000 cm
1 cm ≙ 1 500 cm

⇒ Maßstab 1 : 1 500

Modell C: Modell Original
25 cm ≙ 30 000 cm
1 cm ≙ 1 200 cm

⇒ Maßstab 1 : 1 200

---

67 Ein Blatt DIN-A4-Papier ist ca. 29 cm lang und 21 cm breit.
4,5 m = 450 cm; 3,5 m = 350 cm
Ein geeigneter Maßstab ist z. B. 1 : 20:

Original Zeichnung
20 cm ≙ 1 cm
450 cm ≙ 22,5 cm
350 cm ≙ 17,5 cm

Zeichne auf ein Blatt DIN-A4-Papier ein Rechteck mit einer Länge von 22,5 cm und einer Breite von 17,5 cm.

68 $3\,050 \text{ m} = 305\,000 \text{ cm}$
Maßstab $1:50\,000$
$305\,000 \text{ cm} : 50\,000 = 6{,}1 \text{ cm}$
Die Länge des Tunnels auf der Karte beträgt 6,1 cm.

---

69 Länge des Dinos: $12{,}2 \text{ cm} \cdot 90 = 1\,098 \text{ cm} = 10{,}98 \text{ m}$
Höhe des Dinos: $8{,}7 \text{ cm} \cdot 90 = 783 \text{ cm} = 7{,}83 \text{ m}$
In Wirklichkeit war der Saurier 10,98 m hoch und 7,83 m lang.

---

70 Maßstab 3 : 1 heißt „um das Dreifache vergrößern".
$\Rightarrow$ Breite: $1{,}5 \text{ cm} \cdot 3 = 4{,}5 \text{ cm}$
Länge: $3 \text{ cm} \cdot 3 = 9 \text{ cm}$

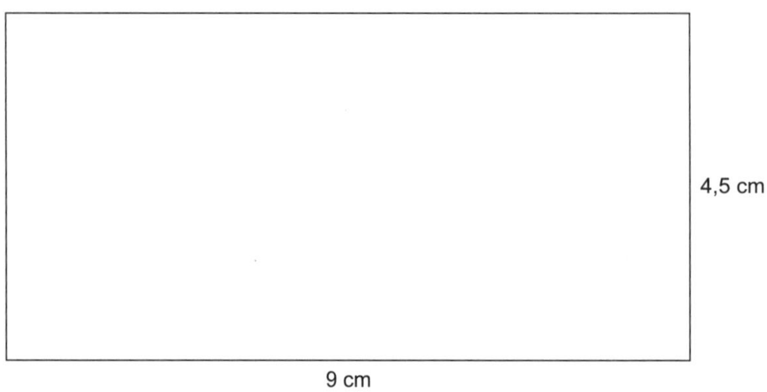

---

71 Zeichnung Wirklichkeit
$4 \text{ cm} \mathrel{\hat{=}} 800 \text{ cm}$
$1 \text{ cm} \mathrel{\hat{=}} 200 \text{ cm}$
$\Rightarrow$ Maßstab $1:200$

---

72 a) $3{,}2 \text{ cm} \cdot 20\,000\,000 = 64\,000\,000 \text{ cm} = 640\,000 \text{ m} = 640 \text{ km}$
Die Entfernung beträgt in Wirklichkeit 640 km.

b) $875 \text{ km} = 875\,000 \text{ m} = 87\,500\,000 \text{ cm}$
$87\,500\,000 \text{ cm} : 20\,000\,000 = 4{,}375 \text{ cm}$
Die Städte haben auf der Karte eine Entfernung von 4,375 cm.

---

73 Länge auf der Karte: $11 \text{ cm} + 14 \text{ cm} + 8{,}5 \text{ cm} = 33{,}5 \text{ cm}$
Länge in Wirklichkeit: $33{,}5 \text{ cm} \cdot 500\,000 = 16\,750\,000 \text{ cm} = 167\,500 \text{ m} = 167{,}5 \text{ km}$
Insgesamt will er 167,5 km zurücklegen.

---

74 Erste Abbildung:
Jede schräg nach unten verlaufende Spalte besteht aus etwa sieben Puzzleteilen.
Im Bild sind sieben ganze und zwei halbe Spalten zu erkennen, insgesamt also acht Spalten.
$8 \cdot 7 = 56$
Es sind etwa 56 Puzzleteile auf der ersten Abbildung.

Zweite Abbildung:

Im rechten oberen Quadrat sind etwa vier ganze Puzzleteile zu sehen. Insgesamt ist das Bild in $7 \cdot 5 = 35$ Quadrate unterteilt. Es sind also etwa $4 \cdot 35 = 140$ Puzzleteile auf der Abbildung zu sehen.

Alternative Lösungsmöglichkeit:
In der Lupe sind etwa 15 Puzzleteilchen zu sehen. Die Lupe kann man ungefähr achtmal über das Bild legen. Insgesamt sind also $8 \cdot 15 = 120$ Puzzleteile auf der Abbildung zu sehen.

---

75 Oberkörper des links sitzenden Mannes geschätzt: 0,90 m
Oberkörper des links sitzenden Mannes im Bild: 1,3 cm
Höhe des Schildes im Bild: 4,3 cm

Bild		Wirklichkeit
1,3 cm	$\hat{=}$	0,90 m
1 cm	$\hat{=}$	0,6923... m
4,3 cm	$\hat{=}$	2,976... m ≈ 3 m

Die Höhe des Sparkassenschildes beträgt geschätzt etwa 3 m.

---

76 a) Größe des Arbeiters geschätzt: 1,80 m
Größe des Arbeiters im Bild: 3,5 cm
Höhe der Skulptur im Bild: 5 cm

Bild		Wirklichkeit
3,5 cm	$\hat{=}$	1,80 m
1 cm	$\hat{=}$	0,5142... m
5 cm	$\hat{=}$	2,571... m ≈ 2,6 m

Die Eisskulptur ist geschätzt 2,6 m groß.

b) Der sichtbare Teil der Skulptur entspricht etwa $\frac{1}{3}$ der kompletten Figur. Die gesamte Skulptur müsste also dreimal so groß sein.
$3 \cdot 2{,}6\ \text{m} = 7{,}8\ \text{m}$
Die gesamte Figur müsste etwa 7,8 m groß sein.

---

77 a) 180 s = 3 min
b) 4 080 g = 4,08 kg
c) 9 min = 540 s
d) 89,9 kg = 89 900 g

---

78 a) Ein Eimer hat ein Fassungsvermögen von 10 **ℓ** (*oder:* **dm³**).
Der Unterarm eines Erwachsenen ist ca. 30 **cm** lang.
In eine Badewanne passen ca. 160 000 **cm³** (*oder:* **mℓ**) Wasser.
Ein 5-€-Schein hat eine Fläche von 74,4 **cm²**.
Ein Fahrradreifen hat einen Durchmesser von ca. 630 **mm**.
Das Deckblatt dieses Buches hat eine Fläche von 6,237 **dm²**.

b) 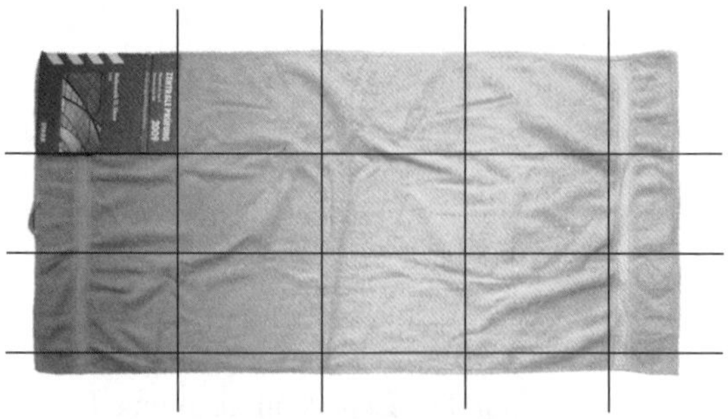

Aus Teilaufgabe a ist bekannt:
Das Deckblatt des Buches hat einen Flächeninhalt von $6{,}237\ dm^2 \approx 6\ dm^2$.

Ganze Bücher: 12
Halbe Bücher: 3
Insgesamt: 13,5 Bücher

$\Rightarrow\ 6\ dm^2 \cdot 13{,}5 = 81\ dm^2$

Das Handtuch hat eine Fläche von etwa $81\ dm^2$.

Aus Teilaufgabe a ist bekannt:
Ein 5-€-Schein hat eine Fläche von $74{,}4\ cm^2 \approx 75\ cm^2$.

Ganze Scheine: 33
Halbe Scheine: 14
Insgesamt: 40 Scheine

$\Rightarrow\ 75\ cm^2 \cdot 40 = 3\,000\ cm^2$

Der Bildschirm hat eine Fläche von etwa $3\,000\ cm^2$.

---

79 a) Strecke: 486 km

Flugzeit: $2\ h\ 42\ min = 2\frac{42}{60}\ h = 2\frac{7}{10}\ h = 2{,}7\ h$

$v = \frac{s}{t}$

$v = \frac{486\ km}{2{,}7\ h}$

$v = 180\ \frac{km}{h}$

Die Durchschnittsgeschwindigkeit des Flugzeugs beträgt $180\ \frac{km}{h}$.

b) Strecke: 486 km

Geschwindigkeit: $194{,}4\ \frac{km}{h}$

$t = \frac{s}{v}$

$t = \frac{486\ km}{194{,}4\ \frac{km}{h}}$

$t = 2{,}5\ h$

Beim Rückflug beträgt die Flugzeit 2,5 h.

---

80 576 Minuten = 576 · 60 Sekunden = 34 560 Sekunden
576 Minuten = 576 : 60 Stunden = 9,6 Stunden = 9 Stunden und 0,6 · 60 Minuten = 9 Stunden 36 Minuten

☒ 34 560 Sekunden	☐ 38 200 Sekunden
☒ 9,6 Stunden	☐ 8,4 Stunden
☒ 9 Stunden 36 Minuten	☐ 9 Stunden 6 Minuten

---

81 a) Länge auf der Karte: 30 cm
Länge in Wirklichkeit: 30 cm · 50 000 = 1 500 000 cm = 15 000 m = 15 km

b) Karte Wirklichkeit
20 cm ≙ 1 500 000 cm
1 cm ≙ 75 000 cm
⇒ Maßstab 1 : 75 000

3 Gleichungen

82

Kisteninhalt	Kiste	Term	vereinfachter Term
2 graue Bonbons, 3 rote Bonbons, 4 weiße Bonbons, –2 graue Bonbons	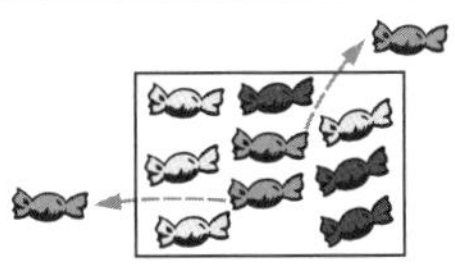	$g+g+r+r+r+w+w$ $+w+w-g-g$	$3r+4w$
3 graue Bonbons, 3 rote Bonbons, –1 rotes Bonbon, 4 weiße Bonbons, –2 weiße Bonbons		$g+g+g+r+r+r-r+w+w$ $+w+w-w-w$	$3g+2r+2w$
2 weiße Bonbons, –1 weißes Bonbon, 4 rote Bonbons, –2 rote Bonbons	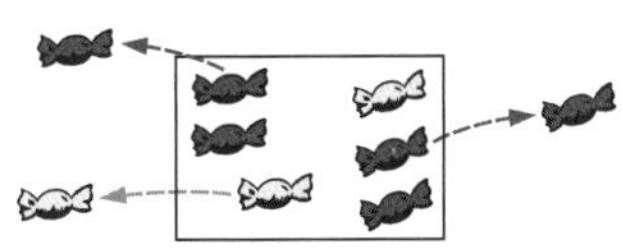	$w+w-w+r+r+r+r-r-r$	$w+2r$

83

a) $7a-6a+9b+6+b-9=$
$7a-6a+9b+b+6-9=a+10b-3$

b) $x+y-y+2y+6=x+2y+6$

c) $7x-11x+9y-10y=-4x-y$

d) $4z-11d-10z+7-18d=$
$-11d-18d+4z-10z+7=-29d-6z+7$

e) $-3+4y-11x-7y-3-2=$
$4y-7y-11x-3-3-2=-3y-11x-8$

f) $-1{,}5x+2{,}5y+1{,}2x+0{,}8y=$
$-1{,}5x+1{,}2x+2{,}5y+0{,}8y=-0{,}3x+3{,}3y$

84

a) $3a+7b=$
$3\cdot 2{,}2+7\cdot 4{,}1=$
$6{,}6+28{,}7=35{,}3$

b) $14a-2b=$
$14\cdot 2{,}2-2\cdot 4{,}1=$
$30{,}8-8{,}2=22{,}6$

c) $6b+2b-3a=$
$8b-3a=$
$8\cdot 4{,}1-3\cdot 2{,}2=$
$32{,}8-6{,}6=26{,}2$

d) $14a-2a+3b=$
$12a+3b=$
$12\cdot 2{,}2+3\cdot 4{,}1=$
$26{,}4+12{,}3=38{,}7$

85

a) $a+a+a+a=4a$

b) $a+b+a+b=2a+2b$

c) $a+b+a+b=2a+2b$

d) $a+b+c+d$

e) $x+3x+x+3x=8x$

f) $0{,}5x+2x+2x+0{,}5x+1{,}5x+1{,}5x=8x$

86

a) $A=x\cdot 3x$
$A=3x^2$

b) $A=x(x+3)$
$A=x^2+3x$

87

a) $3\cdot(91-7x)=273-21x$

b) $14\cdot(6a-3b)=84a-42b$

c) $27\cdot(54x-12)=1\,458x-324$

d) $(23v+64)\cdot 19=437v+1\,216$

88

a) $(40a+28b):4=10a+7b$

b) $(35-49z):7=5-7z$

c) $(60x+18):6=10x+3$

d) $(33y-45x):3=11y-15x$

89

a) $5x+5y+5=5(x+y+1)$

b) $12u-4v+8=4(3u-v+2)$

c) $9z-4z-7z=z(9-4-7)=-2z$

d) $ab-ac-ad=a(b-c-d)$

90

a) $2x+52=146 \quad |-52$
$2x=94 \quad |:2$
$x=47$

b) $46+2x=104 \quad |-46$
$2x=58 \quad |:2$
$x=29$

c) $108=45+3x \quad |-45$
$63=3x \quad |:3$
$21=x$

d) $52=20+16x \quad |-20$
$32=16x \quad |:16$
$2=x$

e) $6x-20=100 \quad |+20$
$6x=120 \quad |:6$
$x=20$

f) $48-16x=16 \quad |-48$
$-16x=-32 \quad |:(-16)$
$x=2$

91

a) $10x-40-2x+10=130$
$8x-30=130 \quad |+30$
$8x=160 \quad |:8$
$x=20$

b) $136=35x-40+13x+32$
$136=48x-8 \quad |+8$
$144=48x \quad |:48$
$3=x$

c) $9x-72-3x+18=42$
$6x-54=42 \quad |+54$
$6x=96 \quad |:6$
$x=16$

d) $179=36x+38-24x-27$
$179=12x+11 \quad |-11$
$168=12x \quad |:12$
$14=x$

e) $40+10x-280=3x+80-33x$
$-240+10x=-30x+80 \quad |+30x+240$
$40x=320 \quad |:40$
$x=8$

f) $32-4x+33=4x+2-x$
$65-4x=3x+2 \quad |-3x-65$
$-7x=-63 \quad |:(-7)$
$x=9$

92

a) $x+x+3\text{ cm}+x+x+3\text{ cm}=14\text{ cm}$
$4x+6\text{ cm}=14\text{ cm} \quad |-6\text{ cm}$
$4x=8\text{ cm} \quad |:4$
$x=2\text{ cm}$

$a=x+3\text{ cm}=2\text{ cm}+3\text{ cm}=5\text{ cm}$
$b=x=2\text{ cm}$

b) $x+x+x+x=25\text{ m}$
$4x=25\text{ m} \quad |:4$
$x=6,25\text{ m}$

$a=x=6,25\text{ m}$

c) $x+x+7\text{ dm}+x-3\text{ dm}=64\text{ dm}$
$3x+4\text{ dm}=64\text{ dm} \quad |-4\text{ dm}$
$3x=60\text{ dm} \quad |:3$
$x=20\text{ dm}$

$a=x=20\text{ dm}$
$b=x+7\text{ dm}=20\text{ dm}+7\text{ dm}=27\text{ dm}$
$c=x-3\text{ dm}=20\text{ dm}-3\text{ dm}=17\text{ dm}$

d) $x+x+6\text{ km}+2x+2x-3\text{ km}=27\text{ km}$
$6x+3\text{ km}=27\text{ km} \quad |-3\text{ km}$
$6x=24\text{ km} \quad |:6$
$x=4\text{ km}$

$a=x=4\text{ km}$
$b=x+6\text{ km}=4\text{ km}+6\text{ km}=10\text{ km}$
$c=2x=2\cdot 4\text{ km}=8\text{ km}$
$d=2x-3\text{ km}=2\cdot 4\text{ km}-3\text{ km}=5\text{ km}$

93

a) $14x-3(2x-9)=4(4x-16)+11$
$14x-(6x-27)=(16x-64)+11$
$14x-6x+27=16x-64+11$
$8x+27=16x-53 \quad |-27-16x$
$-8x=-80 \quad |:(-8)$
$x=10$

b) $7(2x+15)-28=35(1-x)-7$
$(14x+105)-28=(35-35x)-7$
$14x+105-28=35-35x-7$
$14x+77=28-35x \quad |-77+35x$
$49x=-49 \quad |:49$
$x=-1$

c) $5x-(9-2x)\cdot 6=5(5x+12)-4x$
$5x-(54-12x)=(25x+60)-4x$
$5x-54+12x=25x+60-4x$
$17x-54=21x+60 \quad |+54-21x$
$-4x=114 \quad |:(-4)$
$x=-28,5$

d) $-9(1-x)+15x=8(2x+9)-65$
$-(9-9x)+15x=(16x+72)-65$
$-9+9x+15x=16x+72-65$
$24x-9=16x+7 \quad |+9-16x$
$8x=16 \quad |:8$
$x=2$

e) $-(11x-13)+45-x=3(6-9x)+17x+10$
$-11x+13+45-x=(18-27x)+17x+10$
$-12x+58=18-27x+17x+10$
$-12x+58=-10x+28 \quad |-58+10x$
$-2x=-30 \quad |:(-2)$
$x=15$

f) $8x+31-2(6-5x)=18(4-5x)+27x+28$
$8x+31-(12-10x)=(72-90x)+27x+28$
$8x+31-12+10x=72-90x+27x+28$
$18x+19=-63x+100 \quad |-19+63x$
$81x=81 \quad |:81$
$x=1$

---

94 a) $4x+40=76 \quad |-40$
$4x=36 \quad |:4$
$x=9$

b) $8x-28=36 \quad |+28$
$8x=64 \quad |:8$
$x=8$

c) $6x-9=4x \quad |+9$
$6x=4x+9 \quad |-4x$
$2x=9 \quad |:2$
$x=4,5$

d) $5x\cdot 8=6x+68$
$40x=6x+68 \quad |-6x$
$34x=68 \quad |:34$
$x=2$

---

95 a) $0,5x+12=2x \quad |:0,5$
$x+24=4x \quad |-x$
$24=3x \quad |:3$
$8=x$

b) $7x+3=8x-4 \quad |-7x+4$
$7=x$

c) $150-20x+6x=6\cdot 11$
$150-14x=66 \quad |-150$
$-14x=-84 \quad |:(-14)$
$x=6$

---

96 a) $10x+0,5x=12x-6$
$10,5x=12x-6 \quad |-12x$
$-1,5x=-6 \quad |:(-1,5)$
$x=4$

b) $(5x-6)\cdot 4=(x+1)\cdot 3\cdot 3$
$20x-24=9x+9 \quad |-9x+24$
$11x=33 \quad |:11$
$x=3$

c) $(7x+9)\cdot 5-200=8x:2$
$35x+45-200=4x$
$35x-155=4x \quad |-4x+155$
$31x=155 \quad |:31$
$x=5$

97 a) 1. Zahl: x; 2. Zahl: $0{,}5x$ } 15

$$x + 0{,}5x = 15$$
$$1{,}5x = 15 \quad |:1{,}5$$
$$x = 10$$

1. Zahl: 10
2. Zahl: $0{,}5 \cdot 10 = 5$

b) 1. Zahl: $x + 9$; 2. Zahl: $x + 7$; 3. Zahl: x } 100

$$x + 9 + x + 7 + x = 100$$
$$3x + 16 = 100 \quad |-16$$
$$3x = 84 \quad |:3$$
$$x = 28$$

1. Zahl: $28 + 9 = 37$
2. Zahl: $28 + 7 = 35$
3. Zahl: 28

---

98 $98\,024 - 209 = 97\,815$ gültige Stimmen

Adam: x
Bayer: $x + 11\,906$
Carlo: $x - 29\,327$
} 97 815

$$x + x + 11\,906 + x - 29\,327 = 97\,815$$
$$3x - 17\,421 = 97\,815 \quad |+17\,421$$
$$3x = 115\,236 \quad |:3$$
$$x = 38\,412$$

Adam: 38 412 Stimmen
Bayer: 38 412 Stimmen + 11 906 Stimmen = 50 318 Stimmen
Carlo: 38 412 Stimmen − 29 327 Stimmen = 9 085 Stimmen

---

99 1. Platz: $x - 65$
2. Platz: x
3. Platz: $x + 48$
} 370

$$x - 65 + x + x + 48 = 370$$
$$3x - 17 = 370 \quad |+17$$
$$3x = 387 \quad |:3$$
$$x = 129$$

1. Platz: 129 Karten − 65 Karten = 64 Karten
2. Platz: 129 Karten
3. Platz: 129 Karten + 48 Karten = 177 Karten

---

100 9a: $2x + 20$
9b: x
9c: $3(2x + 20) - 12$
} 608

$$2x + 20 + x + 3(2x + 20) - 12 = 608$$
$$2x + 20 + x + 6x + 60 - 12 = 608$$
$$9x + 68 = 608 \quad |-68$$
$$9x = 540 \quad |:9$$
$$x = 60$$

9a: $2 \cdot 60$ € + 20 € = 140 €
9b: 60 €
9c: $3(2 \cdot 60$ € + 20 €) − 12 € = 408 €

101 a) $2(3x-5y)+3(8y-7x)=$
$6x-10y+24y-21x=-15x+14y$

b) $27a-(2a-b-2c)\cdot 6+3(b-c)=$
$27a-12a+6b+12c+3b-3c=15a+9b+9c$

c) $2(1{,}5x-7{,}5y)-6(0{,}5x-y-2{,}5)=$
$3x-15y-3x+6y+15=-9y+15$

d) $133a-7(32a-18b)+105b=$
$133a-224a+126b+105b=-91a+231b$

---

102 a)
$$\begin{aligned} 5x-4+4x&=87-4x \\ 9x-4&=87-4x && |+4x+4 \\ 13x&=91 && |:13 \\ x&=7 \end{aligned}$$

b)
$$\begin{aligned} x-29+7x&=2x+61 \\ 8x-29&=2x+61 && |-2x+29 \\ 6x&=90 && |:6 \\ x&=15 \end{aligned}$$

---

103 a)
$$\left.\begin{aligned} &\text{A: } x \\ &\text{B: } 2x+2\,000 \\ &\text{C: } 16\,000 \\ &\text{D: } 2x+2\,000+16\,000 \end{aligned}\right\}61\,000$$

☒ $x+2x+2\,000+16\,000+2x+2\,000+16\,000=61\,000$

b)
$$\begin{aligned} x+2x+2\,000+16\,000+2x+2\,000+16\,000&=61\,000 \\ 5x+36\,000&=61\,000 && |-36\,000 \\ 5x&=25\,000 && |:5 \\ x&=5\,000 \end{aligned}$$

A: 5 000 €
B: $2\cdot 5\,000$ € + 2 000 € = 12 000 €
C: 16 000 €
D: $2\cdot 5\,000$ € + 2 000 € + 16 000 € = 28 000 €

104
$$\left.\begin{aligned} &\text{Gästeblock:} && x \\ &\text{Haupttribüne:} && 3x \\ &\text{restl. Sitzplätze:} && x+3x=4x \\ &\text{Stehplätze:} && 16\,000 \end{aligned}\right\}61\,000$$

$$\begin{aligned} x+3x+4x+16\,000&=61\,000 \\ 8x+16\,000&=61\,000 && |-16\,000 \\ 8x&=45\,000 && |:8 \\ x&=5\,625 \end{aligned}$$

Gästeblock: 5 625 Plätze
Haupttribüne: $3\cdot 5\,625$ Plätze = 16 875 Plätze
restl. Sitzplätze: $4\cdot 5\,625$ Plätze = 22 500 Plätze
Stehplätze: 16 000 Plätze

4 Funktionaler Zusammenhang

105

Menge (kg)	1	2	3	4	5	6	7	8	9	10
Preis (€)	0,90	1,80	2,70	3,60	4,50	5,40	6,30	7,20	8,10	9,00

106

Zeit (h)	1	2	3	4	5	6	7	8	9	10
Lohn (€)	42,50	85,00	127,50	170,00	212,50	255,00	297,50	340,00	382,50	425,00

107 a) 2 200 ℓ ≙ 1 232 €
1 ℓ ≙ 0,56 €
1 850 ℓ ≙ 1 036 €
Frau Demir muss 1 036 € bezahlen.

b) 1 232 € ≙ 2 200 ℓ
1 € ≙ 1,785… ℓ
1 372 € ≙ 2 450 ℓ
Es wurden 2 450 Liter Heizöl geliefert.

108 7 Riegel ≙ 3,15 €
1 Riegel ≙ 0,45 €
5 Riegel ≙ 2,25 €
Fünf Schokoladenriegel kosten 2,25 €.

109

Stück	Preis (€)
4	1,80
10	4,50
15	6,75
16	7,20
18	8,10
21	9,45

Menge (kg)	Preis (€)
5	17,00
6	20,40
8	27,20
11	37,40
13	44,20
17	57,80

Liter	Preis (€)
15	18,75
9	11,25
30	37,50
45	56,25
75	93,75
28	35,00

110 4 Karten ≙ 60 €
1 Karte ≙ 15 €
7 Karten ≙ 105 €
Sieben Karten kosten 105 €.

111 a) 25 Kugeln ≙ 30,00 €
1 Kugel ≙ 1,20 €
40 Kugeln ≙ 48,00 €
40 Kugeln kosten 48 €.

b) 30,00 € ≙ 25 Kugeln
1 € ≙ 0,833… Kugeln
16,80 € ≙ 14 Kugeln
Für 16,80 € bekommt man 14 Kugeln Eis.

112 a) 100 g ≙ 1,95 €
1 g ≙ 0,0195 €
375 g ≙ 7,1325 € ≈ 7,31 €
Er muss 7,31 € bezahlen.

b) 1,95 € ≙ 100 g
1 € ≙ 51,282… g
7,80 € ≙ 400 g
Sie kauft 400 g Salamiaufschnitt.

113 a) $23{,}96\ € \mathrel{\hat{=}} 4$ CDs
$1\ € \mathrel{\hat{=}} 0{,}166\ldots$ CDs
$42\ € \mathrel{\hat{=}} 7{,}011\ldots$ CDs ≈ 7 CDs
Anatol kann sich sieben CDs kaufen.

b) 4 CDs $\mathrel{\hat{=}} 23{,}96\ €$
1 CD $\mathrel{\hat{=}} 5{,}99\ €$
3 CDs $\mathrel{\hat{=}} 17{,}97\ €$
Drei CDs kosten 17,97 €.

---

114 a) $61{,}88\ € \mathrel{\hat{=}} 7$ h
$1\ € \mathrel{\hat{=}} 0{,}113\ldots$ h
$79{,}56\ € \mathrel{\hat{=}} 9$ h
Sonja hat diese Woche neun Stunden gearbeitet.

b) 7 h $\mathrel{\hat{=}} 61{,}88\ €$
1 h $\mathrel{\hat{=}} 8{,}84\ €$
5 h $\mathrel{\hat{=}} 44{,}20\ €$
Heike verdiente letzte Woche 44,20 €.

c) $61{,}88\ € \mathrel{\hat{=}} 7$ h
$1\ € \mathrel{\hat{=}} 0{,}113\ldots$ h
$57{,}46\ € \mathrel{\hat{=}} 6{,}5$ h
Heike kam auf 6,5 Stunden.

---

115 a) 3 m $\mathrel{\hat{=}} 240$ g
1 m $\mathrel{\hat{=}} 80$ g
50 m $\mathrel{\hat{=}} 4\,000$ g $= 4$ kg
Ein Bund mit 50 Metern wiegt 4 kg.

b) $0{,}24$ kg $\mathrel{\hat{=}} 3$ m
1 kg $\mathrel{\hat{=}} 12{,}5$ m
38 kg $\mathrel{\hat{=}} 475$ m
Auf einem 38 kg schweren Bund sind 475 Meter.

---

116 a) 350 km $\mathrel{\hat{=}} 28\ \ell$
1 km $\mathrel{\hat{=}} 0{,}08\ \ell$
270 km $\mathrel{\hat{=}} 21{,}6\ \ell$
Er muss mit 21,6 Litern rechnen.

b) $28\ \ell \mathrel{\hat{=}} 350$ km
$1\ \ell \mathrel{\hat{=}} 12{,}5$ km
$35\ \ell \mathrel{\hat{=}} 437{,}5$ km
Er hat 437,5 Kilometer zurückgelegt.

---

117 36 cm $\mathrel{\hat{=}} 90$ min
1 cm $\mathrel{\hat{=}} 2{,}5$ min
170 cm $\mathrel{\hat{=}} 425$ min $= 7$ h 5 min
Das Schwimmbecken ist nach 425 Minuten bis zu einer Höhe von 1,70 m gefüllt.

---

118 a) In einer Stunde legt sie 90 km zurück, also liegt ihre durchschnittliche Geschwindigkeit bei 90 $\frac{\text{km}}{\text{h}}$.

b) Für 360 km braucht sie vier Stunden.

c) Nach zwei Stunden hat sie 180 km zurückgelegt.

---

119 a)

Länge (km)	5	12	15	24	30
Fahrpreis (€)	1,50	3,60	4,50	7,20	9,00

b) 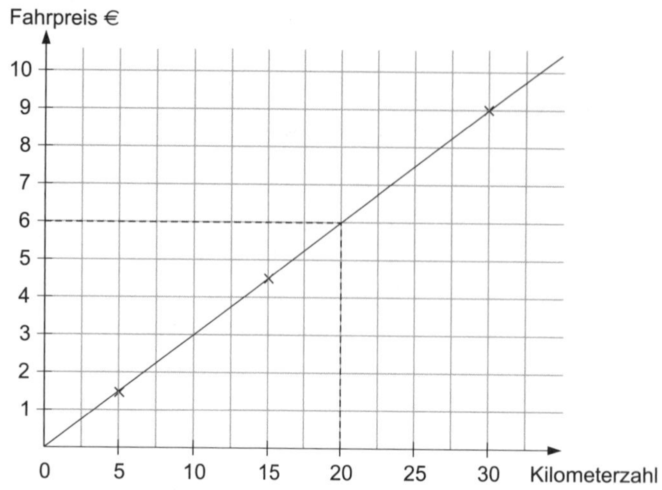

c) Fahrpreis für 20 km: 6,00 €

120 a)

Zeit	15 min	30 min	45 min	60 min	1 h 15 min	1 h 30 min	2 h	2 h 45 min	3 h
Weg (km)	5	10	15	20	25	30	40	55	60

b) 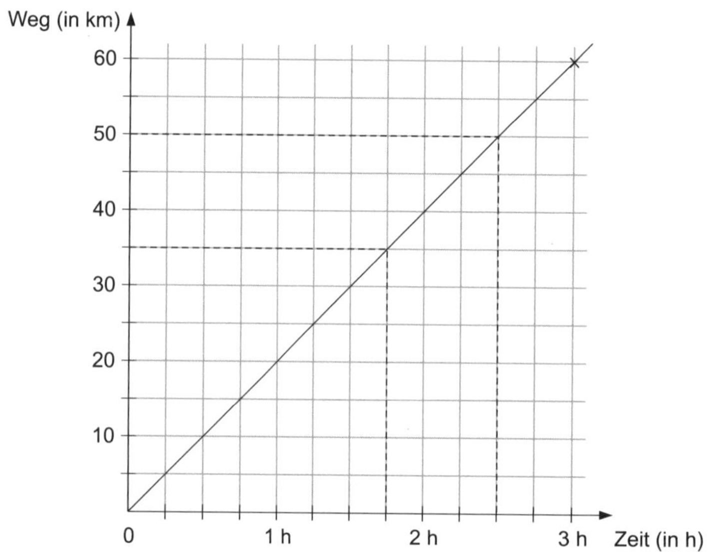

c) 1 h 45 min → 35 km

d) 50 km → 2 h 30 min

121 a)

Radlager	1	2	3	4	9	12	18	36
Tage	36	18	12	9	4	3	2	1

Gesamtgröße: $3 \cdot 12 = 36$

b)

Bagger	4	10	12	24	6	40	10	20	24	30
Tage	60	24	20	10	40	6	24	12	10	8

Gesamtgröße: $8 \cdot 30 = 240$

c)

Raupen	5	24	20	36	30	20	9	30	8	10
Tage	72	15	18	10	12	18	40	12	45	36

Gesamtgröße: $12 \cdot 30 = 360$

122 a) 3 Gärtner ≙ 8 Tage
1 Gärtner ≙ 8 Tage · 3 = 24 Tage
2 Gärtner ≙ 24 Tage : 2 = 12 Tage
Zwei Gärtner brauchen 12 Tage.

b) 8 Tage ≙ 3 Gärtner
1 Tag ≙ 3 Gärtner · 8 = 24 Gärtner
6 Tage ≙ 24 Gärtner : 6 = 4 Gärtner
Es müssen vier Gärtner eingesetzt werden.

123

Anzahl der Lkw	Fahrten je Lkw
6	15
2	45
9	10
3	30
5	18

Täglicher Ölverbrauch (ℓ)	Anzahl der Tage
40	75
30	100
50	60
20	150
25	120

Anzahl der Raten	Höhe je Rate (€)
36	180
24	270
12	540
20	324
30	216

124 a) 24 Pferde ≙ 25 Tage
1 Pferd ≙ 25 Tage · 24 = 600 Tage
30 Pferde ≙ 600 Tage : 30 = 20 Tage
Für 30 Pferde reicht der Vorrat 20 Tage.

b) 25 Tage ≙ 24 Pferde
1 Tag ≙ 24 Pferde · 25 = 600 Pferde
40 Tage ≙ 600 Pferde : 40 = 15 Pferde
Der Vorrat reicht 40 Tage lang für 15 Pferde.

125 4 Maschinen ≙ 9 h
1 Maschine ≙ 4 · 9 h = 36 h
6 Maschinen ≙ 36 h : 6 = 6 h
Sechs Maschinen brauchen sechs Stunden.

126 3 Bagger ≙ 60 h
1 Bagger ≙ 60 h · 3 = 180 h
5 Bagger ≙ 180 h : 5 = 36 h
Fünf Bagger benötigen 36 Stunden.

127 7,50 € · 14 = 105 € gesamtes Taschengeld
105 € : 10 = 10,50 € durchschnittlich pro Tag
Anja hat durchschnittlich 10,50 € pro Tag ausgegeben.

128 Der Gasvorrat reicht für 14 · 2,5 h = 35 h Brenndauer.
Die Brenndauer muss auf 3 Wochen (21 Tage) verteilt werden:

$$35\text{ h} : 21 = \frac{35}{21}\text{ h} = \frac{5}{3}\text{ h} = 1\frac{2}{3}\text{ h} = 1\text{ h}\left(\frac{2}{3}\cdot 60\right)\text{min} = 1\text{ h }40\text{ min}$$

Sie können den Campingkocher jeden Tag 1 Stunde 40 Minuten benutzen.

129 9 Arbeiter ≙ 4 h
1 Arbeiter ≙ 4 h · 9 = 36 h
12 Arbeiter ≙ 36 h : 12 = 3 h
Wenn Nico und seine beiden Freunde helfen, ist das Feld bereits in 3 Stunden frei.

130 a) $60\ \ell \mathrel{\hat{=}} 140\ \text{d}$

$1\ \ell \mathrel{\hat{=}} 140\ \text{d} \cdot 60 = 8\,400\ \text{d}$

$75\ \ell \mathrel{\hat{=}} 8\,400\ \text{d} : 75 = 112\ \text{d}$

Der Vorrat reicht 112 Tage.

b) $140\ \text{d} \mathrel{\hat{=}} 60\ \ell$

$1\ \text{d} \mathrel{\hat{=}} 60\ \ell \cdot 140 = 8\,400\ \ell$

$150\ \text{d} \mathrel{\hat{=}} 8\,400\ \ell : 150 = 56\ \ell$

Es dürfen 56 Liter verbraucht werden.

---

131 a) 54 Personen $\mathrel{\hat{=}} 35$ €

1 Person $\mathrel{\hat{=}} 35\ € \cdot 54 = 1\,890$ €

45 Personen $\mathrel{\hat{=}} 1\,890\ € : 45 = 42$ €

Der Fahrpreis beträgt 42 €.

b) 35 € $\mathrel{\hat{=}}$ 54 Personen

1 € $\mathrel{\hat{=}}$ 54 Personen $\cdot\ 35 = 1\,890$ Personen

33,75 € $\mathrel{\hat{=}}$ 1 890 Personen : 33,75 = 56 Personen

Es fahren 56 Personen mit.

---

132 a) Herr Ziegler ist 2,5 h = 2 h 30 min unterwegs.

b) Je größer die Geschwindigkeit, umso kürzer ist die Reisezeit.
Je kleiner die Geschwindigkeit, umso länger ist die Reisezeit.

c)

Reisedauer (h)	1	1,5	2	2,5	3	4	5	6
Geschwindigkeit $\left(\frac{\text{km}}{\text{h}}\right)$	300	200	150	120	100	75	60	50
zurückgelegte Strecke (km)	300	300	300	300	300	300	300	300

d) Unrealistisch sind durchschnittliche Geschwindigkeiten über 150 $\frac{\text{km}}{\text{h}}$ und unter 75 $\frac{\text{km}}{\text{h}}$. Das entspricht einer Reisedauer von weniger als 2 Stunden bzw. mehr als 4 Stunden.
Niedrige Geschwindigkeiten könnten allerdings vorkommen, wenn auf der Strecke Stau herrscht.

---

133 a)

Reisedauer (h)	1	1,5	2	2,5	3	4	5	6
Geschwindigkeit $\left(\frac{\text{km}}{\text{h}}\right)$	240	160	120	96	80	60	48	40
zurückgelegte Strecke (km)	240	240	240	240	240	240	240	240

b)

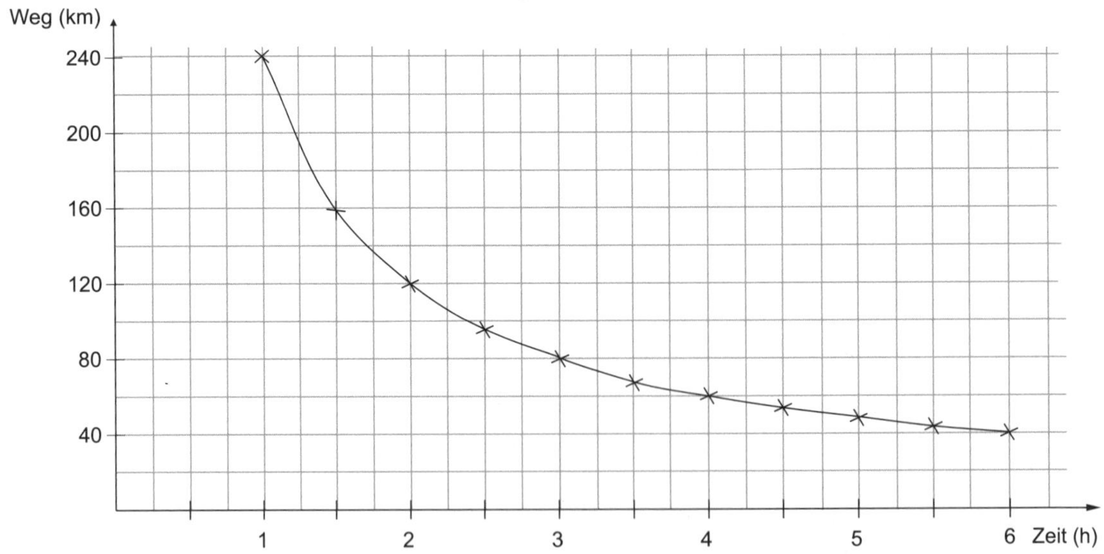

134

x	−2	−1	0	1	2
y	0	2	4	6	8

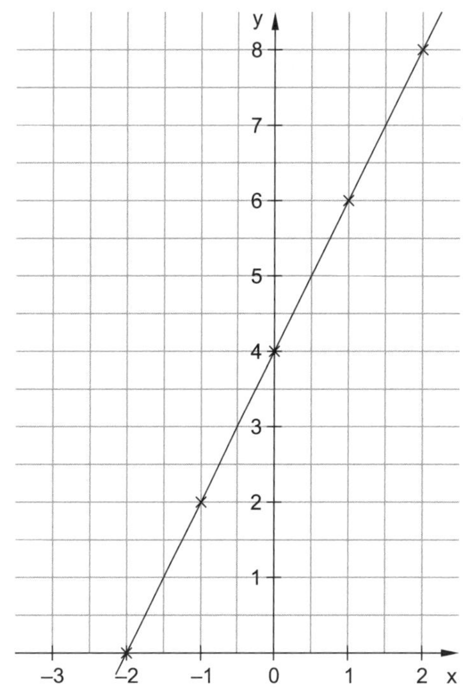

135

☐ $y = -3x + 1$ ☐ $y = x + 3$

☒ $y = -\frac{1}{3}x + 1$ ☐ $y = x - \frac{1}{3}$

☐ $y = \frac{1}{3}x + 1$ ☐ $y = 3x + 1$

Die y-Achse wird bei $y = 1$ geschnitten, d.h. $t = 1$. $y = x + 3$ und $y = x - \frac{1}{3}$ scheiden somit als Lösungen aus.
Die Gerade fällt von links nach rechts (negative Steigung), deshalb scheiden $y = \frac{1}{3}x + 1$ und $y = 3x + 1$ aus.
Da die Steigung $m = -\frac{1}{3}$ ist, kann nur $y = -\frac{1}{3}x + 1$ die richtige Lösung sein.

136

a) A-Net: Schaubild III
Call-by-Call: Schaubild I
Flatrate: Schaubild II

b) Grundgebühr: 12 €
Preis pro Minute: 0,09 €
Anzahl der Minuten: 84

$y = 0,09\,€ \cdot 84 + 12\,€$
$y = 7,56\,€ + 12\,€$
$y = 19,56\,€$

Man muss am Wochenende für 84 Minuten 19,56 € bezahlen.

c) A-Net
Grundgebühr: 12 €
Preis pro Minute: 0,16 €
Gesamtkosten: 36 €

$36\,€ = 0,16\,€ \cdot x + 12\,€$
$24\,€ = 0,16\,€ \cdot x$
$150 = x$

Call-by-Call
Preis pro Minute: 0,20 €
Gesamtkosten: 36 €

$36\,€ = 0,20\,€ \cdot x$
$180 = x$

Für 36 € kann man im A-Net unter der Woche 150 Minuten telefonieren; mit Call-by-Call reicht der Betrag für 180 Minuten.

d) Grundgebühr (A-Net): 12 €
Preis pro Minute (A-Net): 0,16 €
Gesamtkosten (Flatrate): 25 €

$25\,€ = 0{,}16\,€ \cdot x + 12\,€$
$13\,€ = 0{,}16\,€ \cdot x$
$81{,}25 = x$

Nach 82 Minuten ist die Flatrate günstiger.

e) Joachim: 100 Gesprächsminuten (unter der Woche)
A-Net
$y = 0{,}16\,€ \cdot 100 + 12\,€$
$y = 16\,€ + 12\,€$
$y = 28\,€$
Call-by-Call
$y = 0{,}20\,€ \cdot 100$
$y = 20\,€$
Flatrate
$y = 25\,€$
$20\,€ < 25\,€ < 28\,€$

Petra: 140 Gesprächsminuten (am Wochenende)
A-Net
$y = 0{,}09\,€ \cdot 140 + 12\,€$
$y = 12{,}60\,€ + 12\,€$
$y = 24{,}60\,€$
Call-by-Call
$y = 0{,}20\,€ \cdot 140$
$y = 28\,€$
Flatrate
$y = 25\,€$
$24{,}60\,€ < 25\,€ < 28\,€$

Joachim würde ich zum Call-by-Call-Tarif raten.
Obwohl Petra mit dem A-Net-Tarif weniger zahlen würde, würde ich hier zur Flatrate raten, da diese nur 40 Cent mehr kostet und Petra damit auch unter der Woche telefonieren kann.

137 a)

Zeit (s)	0	10	20	30	40	50	60	70	80	90	100	110	120	130
Stockwerk	104	96	88	80	72	64	56	48	40	32	24	16	8	0

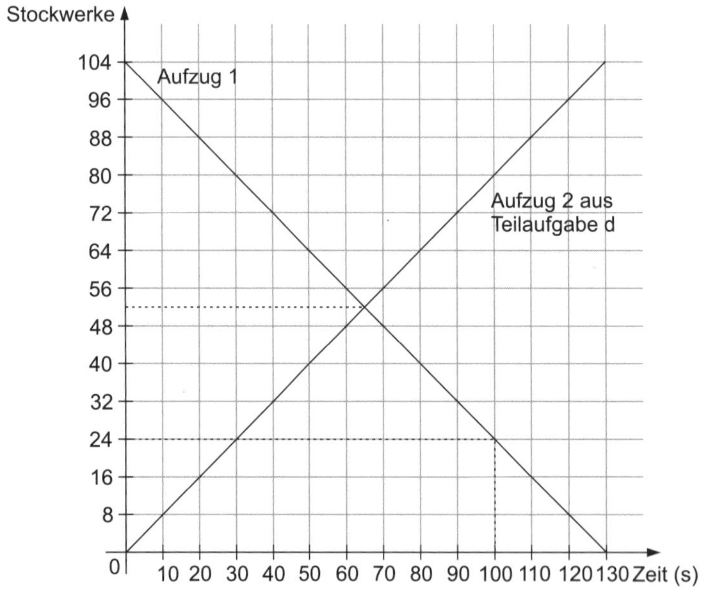

b) Aus der Tabelle kann man ablesen, dass der Aufzug nach 40 Sekunden in Stockwerk 72 ist.
Er hat also 32 Stockwerke zurückgelegt.

c) Aus der Tabelle oder dem Graphen kann man ablesen:
Nach 100 Sekunden befindet sich der Aufzug in Stockwerk 24.

d)

Zeit (s)	0	10	20	30	40	50	60	70	80	90	100	110	120	130
Stockwerk	0	8	16	24	32	40	48	56	64	72	80	88	96	104

e) Es handelt sich um eine proportionale Zuordnung.

f) Die Aufzüge begegnen sich in Etage 52.

138 a) ☐ $y = 6{,}4 - x$ ☐ $y = 6{,}4 + 0{,}7x$ ☐ $y = 0{,}7 \cdot x$ ☒ $y = 6{,}4 - 0{,}7 \cdot x$

y steht für die Höhe der Kerze, x steht für die Zeit, die die Kerze brennt.

b) Aus dem Graphen kann man ablesen, dass die Kerze nach zwei Minuten noch 5 cm lang ist.

c)

Zeit (min)	0	2	4	6	8	10
Höhe (cm)	5	4	3	2	1	0

d)

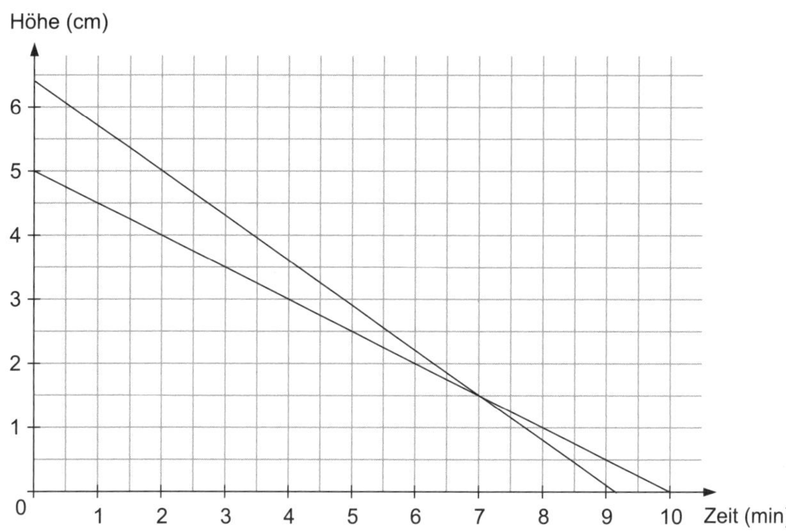

e) Die Kerzen sind nach sieben Minuten gleich lang.

---

139 Diagramm b passt zur Geschichte.
Bei Geschichte a läuft Sabine lediglich zur Ampel zurück und nicht, wie im Diagramm dargestellt, ganz nach Hause.
Bei Geschichte c wird nicht der zurückgelegte Weg, sondern die Änderung der Höhe beschrieben.

---

140 a) Die Fahrzeuge A und B fahren im gleichen Ort ab.
b) Fahrzeug A fährt 30 Minuten nach Fahrzeug C ab.
c) Fahrzeug A fährt mit einer Geschwindigkeit von 60 $\frac{\text{km}}{\text{h}}$, Fahrzeug B mit 80 $\frac{\text{km}}{\text{h}}$ und Fahrzeug C mit 40 $\frac{\text{km}}{\text{h}}$.
d) Fahrzeug A legt 75 km zurück, Fahrzeug B 80 km und Fahrzeug C 20 km.
e) Nach 30 Minuten hat Fahrzeug B 40 km zurückgelegt.
f) Nach 15 Minuten ist Fahrzeug B 30 km von Fahrzeug C entfernt.

---

141 a) Schaubild III: Die Vase hat unten einen geringeren Durchmesser als oben. Deswegen steigt das Wasser am Anfang schneller als am Ende.

b) Schaubild II: Die Vase hat überall den gleichen Durchmesser. Das Wasser steigt deshalb immer gleich schnell. Da die Vase insgesamt höher ist als Vase d, kann nur Schaubild II richtig sein.

c) Schaubild I: Die Vase hat oben einen geringeren Durchmesser als unten. Deswegen steigt das Wasser am Anfang langsamer als am Ende.

d) Schaubild IV: Die Vase hat überall den gleichen Durchmesser. Das Wasser steigt deshalb immer gleich schnell. Da die Vase insgesamt niedriger ist als die Vase bei b, kann nur Schaubild IV richtig sein.

---

142 a) Schaubild IV: Die Kerze ist überall gleich dick und brennt deshalb immer mit gleicher Geschwindigkeit ab. Da die Kerze insgesamt höher ist als die Kerze bei b, kann nur Schaubild IV richtig sein.

b) Schaubild I: Die Kerze ist überall gleich dick und brennt deshalb immer mit gleicher Geschwindigkeit ab. Da die Kerze insgesamt niedriger ist als die Kerze bei a, kann nur Schaubild I richtig sein.

c) Schaubild II: Die Kerze ist oben dünner als unten. Deshalb brennt sie am Anfange schneller ab als am Ende.

d) Schaubild III: Die Kerze wird zuerst immer dicker, etwa ab der Hälfte wird sie wieder dünner. Das heißt, dass sie bis zur Mitte zuerst schnell, dann langsam abbrennt. Ab der Mitte brennt sie zuerst langsamer dann immer schneller ab.

---

143 a) $1\,\text{kg} \mathrel{\hat{=}} 1{,}18\,€$
$3{,}5\,\text{kg} \mathrel{\hat{=}} 4{,}13\,€$
Er muss 4,13 € bezahlen.

b) $2{,}5\,\text{kg} \mathrel{\hat{=}} 2{,}99\,€$
$1\,\text{kg} \mathrel{\hat{=}} 1{,}196\,€$
$4\,\text{kg} \mathrel{\hat{=}} 4{,}784\,€ \approx 4{,}78\,€$
4 kg Äpfel kosten 4,78 €.

c) $1{,}49\,€ \mathrel{\hat{=}} 500\,\text{g}$
$1\,€ \mathrel{\hat{=}} 335{,}570\ldots\,\text{g}$
$8{,}91\,€ \mathrel{\hat{=}} 2\,989{,}932\ldots\,\text{g} \approx 3{,}0\,\text{kg}$
Simone hat etwa 3 kg Erdbeeren bekommen.

d) Erdbeeren: $500\,\text{g} \mathrel{\hat{=}} 1{,}49\,€$
$100\,\text{g} \mathrel{\hat{=}} 0{,}298\,€$
$700\,\text{g} \mathrel{\hat{=}} 2{,}086\,€ \approx 2{,}09\,€$
Bananen: $1{,}5 \cdot 1{,}18\,€ = 1{,}77\,€$
$2{,}09\,€ + 1{,}77\,€ = 3{,}86\,€$
Der Preis ist falsch, Kemal zahlt 39 Cent zu viel.

---

144 a) $f_4\colon\ y = -\frac{1}{3}x + 1$

b) $f_3\colon\ y = \frac{3}{4}x - 1$

c) $f_1\colon\ y = \frac{1}{6}x + 3{,}5$

d) $f_2\colon\ y = -x + 3$

---

145 a)

Zeit (min)	0	1	2	3	4	5	6
Ölmenge (ℓ)	500	750	1 000	1 250	1 500	1 750	2 000

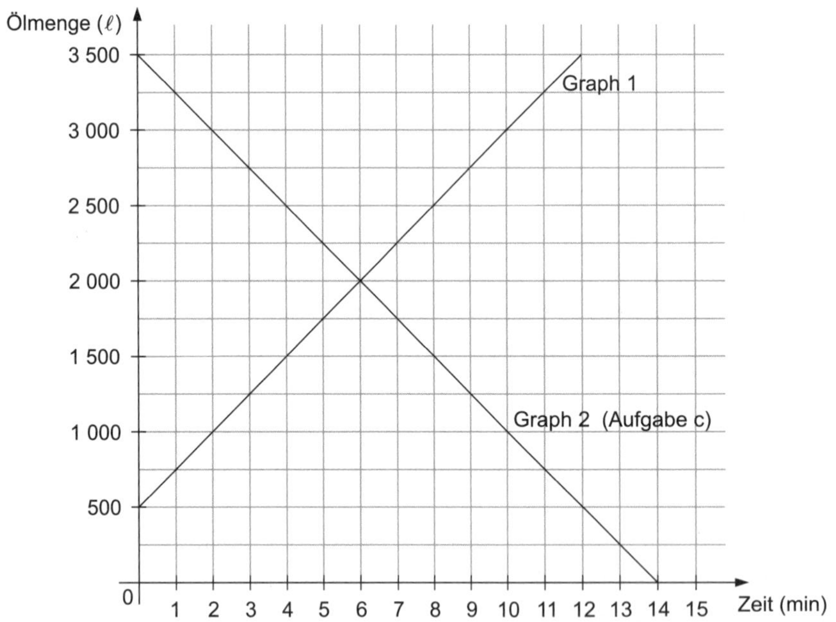

b) ☐ $y = 250 \cdot x$ ☒ $y = 500 + 250 \cdot x$ ☐ $y = 500 \cdot x + 250$ ☐ $y = 500 \cdot x$
y steht für die Ölmenge, die sich nach x Minuten im Tank befindet, x steht für die Anzahl der Minuten, in denen Öl eingepumpt wird.

c)

Zeit (min)	0	1	2	3	4	5	6
Ölmenge (ℓ)	3 500	3 250	3 000	2 750	2 500	2 250	2 000

d) Der Tank ist nach 14 Minuten leer.

146 a) Zeit Sandra: 6 min = 360 s
Strecke: 1 000 m

$$v = \frac{s}{t}$$

$$v = \frac{1\,000 \text{ m}}{360 \text{ s}}$$

$$v \approx 2{,}8 \frac{\text{m}}{\text{s}} = 10{,}08 \frac{\text{km}}{\text{h}}$$

Zeit Murat: 6 min 30 s = 390 s
Strecke: 1 000 m

$$v = \frac{s}{t}$$

$$v = \frac{1\,000 \text{ m}}{390 \text{ s}}$$

$$v \approx 2{,}6 \frac{\text{m}}{\text{s}} = 9{,}36 \frac{\text{km}}{\text{h}}$$

b) Sandra überholt Murat nach ca. 3 min 30 s (Schnittpunkt der beiden Graphen).

c) Sandra bindet sich nach 800 m den Schuh.
Begründung:
Der Graph verläuft bei 800 m ein Stück parallel zur x-Achse. Somit legt Sandra in dieser Zeit keine Strecke zurück und schnürt währenddessen die Schuhe.

5 Prozent- und Zinsrechnen

147

	a)	b)	c)	d)	e)	f)	g)	h)	i)	j)	k)
G	140	600	1 600	720	500	2 000	50	80	400	500	150
p %	10 %	10 %	25 %	50 %	60 %	75 %	500 %	150 %	3 %	500 %	500 %
P	14	60	400	360	300	1 500	250	120	12	2 500	750

---

148 a) $100\,\% \mathrel{\hat{=}} 1150\,€$
$1\,\% \mathrel{\hat{=}} 11{,}50\,€$
$19\,\% \mathrel{\hat{=}} 218{,}50\,€$

Die Mehrwertsteuer beträgt 218,50 €.

b) $1150\,€ + 218{,}50\,€ = 1\,368{,}50\,€$
Frau Grimm muss 1 368,50 € überweisen.

---

149 Preisaufschlag in €:
$3\,621{,}12\,€ - 2\,624\,€ = 997{,}12\,€$
Preisaufschlag in Prozent:
$2\,624\,€ \mathrel{\hat{=}} 100\,\%$
$1\,€ \mathrel{\hat{=}} 0{,}038\ldots\,\%$
$997{,}12\,€ \mathrel{\hat{=}} 38\,\%$

Der Preisaufschlag beträgt 997,12 € bzw. 38 %.

---

150 $160\text{ a} \mathrel{\hat{=}} 100\,\%$
$1\text{ a} \mathrel{\hat{=}} 0{,}625\,\%$
$40\text{ a} \mathrel{\hat{=}} 25\,\%$ Blumen
$50\text{ a} \mathrel{\hat{=}} 31{,}25\,\%$ Gemüse
Gewächshäuser:
$160\text{ a} - 40\text{ a} - 50\text{ a} = 70\text{ a}$
$70\text{ a} \mathrel{\hat{=}} 43{,}75\,\%$
oder:
$100\,\% - 25\,\% - 31{,}25\,\% = 43{,}75\,\%$

---

151 a) $G = \dfrac{P \cdot 100}{p}$

$G = \dfrac{219{,}78\,€ \cdot 100}{22}$

$G = 999\,€$

Der Computer kostete vorher 999 €.

b) $999\,€ - 219{,}78\,€ = 779{,}22\,€$
Tina bezahlt 779,22 €.

---

152 $100\,\% - 80\,\% = 20\,\%$
$100\,\% \mathrel{\hat{=}} 3\,840\,€$
$1\,\% \mathrel{\hat{=}} 38{,}40\,€$
$20\,\% \mathrel{\hat{=}} 768\,€$

Herr Schuster musste 768 € selbst aufbringen.

153 Ersparnis in €:

$288\,€ - 279\,€ = 9\,€$

$288\,€ \mathrel{\hat{=}} 100\,\%$

$1\,€ \mathrel{\hat{=}} 0{,}347\ldots\%$

$9\,€ \mathrel{\hat{=}} 3{,}125\,\%$

Der Preisnachlass entspricht nur 3,125 %. Die Aussage des Verkäufers stimmt also nicht.

---

154 Schlussverkauf:

$p_1\,\% = 25\,\%$

$G_1 = 39{,}80\,€$

$$P_1 = \frac{G_1 \cdot p_1}{100}$$

$$P_1 = \frac{39{,}80\,€ \cdot 25}{100}$$

$P_1 = 9{,}95\,€$

$39{,}80\,€ - 9{,}95\,€ = 29{,}85\,€$

Mitarbeiterrabatt:

$p_2\,\% = 12\,\%$

$G_2 = 29{,}85\,€$

$$P_2 = \frac{G_2 \cdot p_2}{100}$$

$$P_2 = \frac{29{,}85\,€ \cdot 12}{100}$$

$P_2 = 3{,}582\,€ \approx 3{,}58\,€$

$29{,}85\,€ - 3{,}58\,€ = 26{,}27\,€$

Elena muss 26,27 € für die Lampe bezahlen.

---

155 $100\,\% - 18\,\% = 82\,\%$

$82\,\% \mathrel{\hat{=}} 389{,}50\,€$

$1\,\% \mathrel{\hat{=}} 4{,}75\,€$

$100\,\% \mathrel{\hat{=}} 475\,€$

Das Fahrrad kostete ursprünglich 475 €.

---

156 a) $100\,\% - 20\,\% = 80\,\% = 0{,}8$

Pulli: $39\,€ \cdot 0{,}8 = 31{,}20\,€$

Hose: $49\,€ \cdot 0{,}8 = 39{,}20\,€$

Shirt: $19\,€ \cdot 0{,}8 = 15{,}20\,€$

Der Pulli kostet 31,20 €, die Hose 39,20 € und das Shirt 15,20 €.

b) $100\,\% - 15\,\% = 85\,\% = 0{,}85$

Hose: $39{,}20\,€ \cdot 0{,}85 = 33{,}32\,€$

Shirt: $15{,}20\,€ \cdot 0{,}85 = 12{,}92\,€$

Die Hose kostet 33,32 € und das Shirt 12,92 €.

---

157 a) $$P = \frac{G \cdot p}{100}$$

$$P = \frac{4\,800 \cdot 70}{100}$$

$P = 3\,360$

Es gingen 3 360 Bürger zur Wahl.

b) $3\,360 - (1\,350 + 750 + 1\,100) = 3\,360 - 3\,200 = 160$

160 Stimmen waren ungültig.

c) Anzahl der gültigen Stimmen: 3 200

Kandidat A: $$p\,\% = \frac{P \cdot 100}{G}\,\%$$

$$p\,\% = \frac{1\,350 \cdot 100}{3\,200}\,\%$$

$p\,\% \approx 42{,}2\,\%$

Kandidat B: $$p\,\% = \frac{750 \cdot 100}{3\,200}\,\%$$

$p\,\% \approx 23{,}4\,\%$

Kandidat C: $p\,\% = \frac{1100 \cdot 100}{3\,200}\,\%$

$p\,\% \approx 34{,}4\,\%$

d) $p\,\% = \frac{P \cdot 100}{G}\,\%$

$p\,\% = \frac{3\,825 \cdot 100}{5\,100}\,\%$

$p\,\% = 75\,\%$

Die Wahlbeteiligung betrug 75 %.

---

158 Monatliche Ausgaben der Familie Müller:

Nahrung/Körperpflege	620 €
Wohnen	740 €
Bekleidung	260 €
Auto/Verkehrsmittel	380 €
Versicherungen	340 €
Bildung/Unterhaltung	240 €
Ersparnis	380 €
gesamt	2 960 €

a) Ausgaben in Euro: 620 € + 740 € + 260 € = 1 620 €
Ausgaben in Prozent:

$p\,\% = \frac{P \cdot 100}{G}\,\%$

$p\,\% = \frac{1\,620\,€ \cdot 100}{2\,960\,€}\,\%$

$p\,\% \approx 54{,}7\,\%$

Familie Müller gibt für diese Bereiche 54,7 % des monatlichen Einkommens aus.

b) Ersparnisse: 380 € · 12 = 4 560 €
Ausgaben für den Urlaub:

$100\,\% \mathrel{\hat{=}} 4\,560\,€$

$1\,\% \mathrel{\hat{=}} 45{,}60\,€$

$45\,\% \mathrel{\hat{=}} 2\,052\,€$

Für den Urlaub werden 2 052 € ausgegeben.

c) $100\,\% + 8\,\% = 108\,\%$

$108\,\% \mathrel{\hat{=}} 380\,€$

$1\,\% \mathrel{\hat{=}} 3{,}518\ldots\,€$

$100\,\% \mathrel{\hat{=}} 351{,}851\ldots\,€ \approx 351{,}85\,€$

Im Vorjahr betrugen die Ausgaben für Auto/Verkehrsmittel etwa 351,85 €.

159 a) Ausgaben in Euro:

$100\,\% \mathrel{\hat{=}} 2\,500$ €
$1\,\% \mathrel{\hat{=}} 25$ €

$36\,\% \mathrel{\hat{=}} 900$ €	Unterkunft
$27\,\% \mathrel{\hat{=}} 675$ €	Verpflegung
$10\,\% \mathrel{\hat{=}} 250$ €	Benzinkosten
$21\,\% \mathrel{\hat{=}} 525$ €	Ausflüge
$6\,\% \mathrel{\hat{=}} 150$ €	Sonstiges

b) Säulendiagramm:

100 € $\mathrel{\hat{=}} 1$ cm

900 € $\mathrel{\hat{=}} 9$ cm	Unterkunft
675 € $\mathrel{\hat{=}} 6{,}75$ cm	Verpflegung
250 € $\mathrel{\hat{=}} 2{,}5$ cm	Benzinkosten
525 € $\mathrel{\hat{=}} 5{,}25$ cm	Ausflüge
150 € $\mathrel{\hat{=}} 1{,}5$ cm	Sonstiges

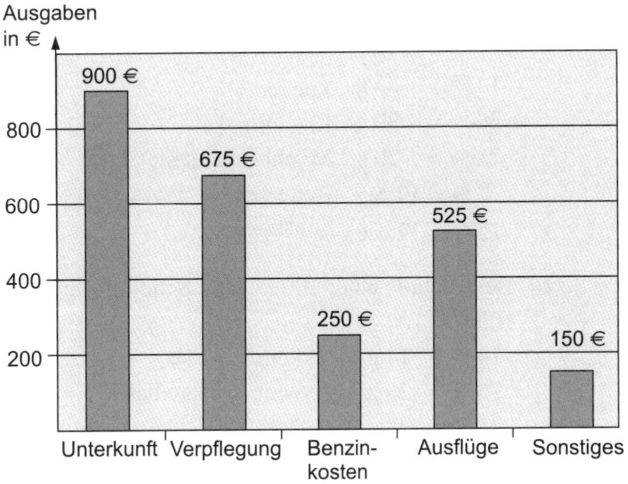

Maßstab 1 : 2

---

160 a) $210+96+186+45+136+63=736$

Es wurden 736 Mofas überprüft.

b) Prozentualen Anteile der Mängel:

736 Mofas $\mathrel{\hat{=}} 100\,\%$
1 Mofa $\mathrel{\hat{=}} 0{,}1358...\,\%$

210 Mofas $\mathrel{\hat{=}} 28{,}5...\,\% \approx 29\,\%$	keine Mängel
96 Mofas $\mathrel{\hat{=}} 13{,}0...\,\% \approx 13\,\%$	Bremsanlage
186 Mofas $\mathrel{\hat{=}} 25{,}2...\,\% \approx 25\,\%$	Beleuchtung
45 Mofas $\mathrel{\hat{=}} 6{,}1...\,\% \approx 6\,\%$	Reifen
136 Mofas $\mathrel{\hat{=}} 18{,}4...\,\% \approx 18\,\%$	Auspuffanlage
63 Mofas $\mathrel{\hat{=}} 8{,}5...\,\% \approx 9\,\%$	Motor

---

161 a) Mitglieder insgesamt:

$539+384+147+36+95+59=1\,260$

b) Prozentualer Anteil der Parteien:

1 260 Mitglieder $\mathrel{\hat{=}} 100\,\%$
1 Mitglied $\mathrel{\hat{=}} 0{,}079...\,\%$

539 Mitglieder $\mathrel{\hat{=}} 42{,}77...\,\% \approx 42{,}8\,\%$	CDU/CSU
384 Mitglieder $\mathrel{\hat{=}} 30{,}47...\,\% \approx 30{,}5\,\%$	SPD
147 Mitglieder $\mathrel{\hat{=}} 11{,}66...\,\% \approx 11{,}7\,\%$	Bündnis 90/Die Grünen
36 Mitglieder $\mathrel{\hat{=}} 2{,}85...\,\% \approx 2{,}9\,\%$	FDP
95 Mitglieder $\mathrel{\hat{=}} 7{,}53...\,\% \approx 7{,}5\,\%$	Die Linke
59 Mitglieder $\mathrel{\hat{=}} 4{,}68...\,\% \approx 4{,}7\,\%$	Sonstige

c) $100\,\% \mathrel{\hat{=}} 1\,260$ Personen
$1\,\% \mathrel{\hat{=}} 12{,}6$ Personen

$74{,}3\,\% \mathrel{\hat{=}} 936{,}18$ Personen ≈ 936 Personen	Frank-Walter Steinmeier
$10{,}2\,\% \mathrel{\hat{=}} 128{,}52$ Personen ≈ 129 Personen	Christoph Butterwegge
$8{,}2\,\% \mathrel{\hat{=}} 103{,}32$ Personen ≈ 103 Personen	Enthaltungen

162 a) Gewicht der einzelnen Bestandteile in Gramm:

100 % ≙ 250 g
1 % ≙ 2,5 g
14 % ≙ 35 g Zucker
36 % ≙ 90 g Kakaomasse
28 % ≙ 70 g Milchbestandteile
7 % ≙ 17,5 g Butterfett
15 % ≙ 37,5 g Sonstiges

b) Bestandteile einer 100 g-Tafel Schokolade:

100 % ≙ 100 g
14 % ≙ 14 g → 1,4 cm Zucker
36 % ≙ 36 g → 3,6 cm Kakaomasse
28 % ≙ 28 g → 2,8 cm Milchbestandteile
7 % ≙ 7 g → 0,7 cm Butterfett
15 % ≙ 15 g → 1,5 cm Sonstiges

c) Balkendiagramm

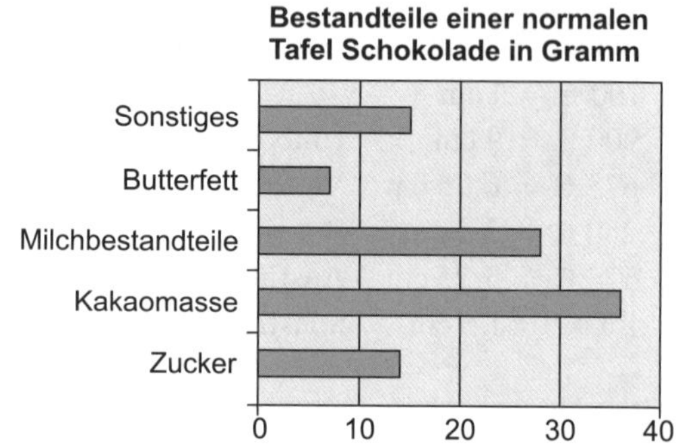

163 a) Niederlande: $p\,\% = \frac{P \cdot 100}{G}\,\%$

$p\,\% = \frac{4\,941 \cdot 100}{19\,027}\,\%$

$p\,\% \approx 26\,\%$

Norwegen: $p\,\% = \frac{2\,670 \cdot 100}{19\,027}\,\%$

$p\,\% \approx 14\,\%$

Dänemark: $p\,\% = \frac{2\,404 \cdot 100}{19\,027}\,\%$

$p\,\% \approx 13\,\%$

b) $19\,027 - 4\,941 - 2\,670 - 2\,404 = 9\,012$

$p\,\% = \frac{P \cdot 100}{G}\,\%$

$p\,\% = \frac{9\,012 \cdot 100}{19\,027}\,\%$

$p\,\% \approx 47\,\%$

9 012 Wohnwägen (das sind 47 %) gingen nicht in die Länder Niederlande, Norwegen und Dänemark.

c) Das Säulendiagramm (Diagramm II) passt zum Zeitungsartikel. Bei den beiden anderen Diagrammen ist jeweils der Anteil der übrigen Länder zu klein.

d) $P = \frac{G \cdot p}{100}$

$P = \frac{19\,027 \cdot 82}{100}$

$P \approx 15\,602$

15 602 Wohnwagen waren zwischen 750 kg und 1 600 kg schwer.

e) $p\,\% = \frac{P \cdot 100}{G}\,\%$

$p\,\% = \frac{450\,000 \cdot 100}{16\,000\,000}\,\%$

$p\,\% \approx 2{,}8\,\%$

2,8 % der Bevölkerung in den Niederlanden besitzen einen Wohnwagen.

164

	a)	b)	c)	d)	e)	f)
Kapital	45 785 €	37 855 €	15 526,67 €	25 897 €	450 000 €	35 885,17 €
Zinssatz	2,5 %	2,25 %	3,75 %	8,25 %	10,58 %	6,27 %
Jahreszinsen	1 144,63 €	852,25 €	582,25 €	2 136,50 €	47 589 €	2 250 €

165 Bank A:

$K = 2\,800\ €;\quad p\,\% = 0{,}5\,\%$

$Z = \frac{K \cdot p}{100}$

$Z = \frac{2\,800\ € \cdot 0{,}5}{100}$

$Z = 14\ €$

Bank B:

$K = 2\,800\ €;\quad p\,\% = 0{,}8\,\%$

$Z = \frac{K \cdot p}{100}$

$Z = \frac{2\,800\ € \cdot 0{,}8}{100}$

$Z = 22{,}40\ €$

---

166 a) $Z = \frac{K \cdot p}{100}$

$Z = \frac{25\,000\ € \cdot 9{,}8}{100}$

$Z = 2\,450\ €$

Herr Götze muss nach einem Jahr 2 450 € Zinsen an seine Hausbank zahlen.

b) $p\,\% = \frac{Z \cdot 100}{K}\,\%$

$p\,\% = \frac{2\,437{,}50\ € \cdot 100}{25\,000\ €}\,\%$

$p\,\% = 9{,}75\,\%$

Herr Götze hätte bei der Kreditbank einen Zinssatz von 9,75 % bekommen.

---

167 Angebot 1:

$Z = 55\,000\ € - 50\,000\ € = 5\,000\ €$

Angebot 2:

$Z = \frac{50\,000\ € \cdot 9{,}75}{100} = 4\,875\ €$

Das zweite Angebot ist günstiger.

---

168 Angebot Hyperbank:

$K = 800\ €$

$p\,\% = 6{,}5\,\%$

Bearbeitungsgebühr: 15 €

$Z = \frac{K \cdot p}{100}$

$Z = \frac{800\ € \cdot 6{,}5}{100}$

$Z = 52\ €$

$52\ € - 15\ € = 37\ €$

Angebot Konsumbank:

$K = 800\ €$

$p\,\% = 8{,}5\,\%$

Bearbeitungsgebühr: 5 %

$100\,\% + 8{,}5\,\% = 108{,}5\,\% = 1{,}085$

$800\ € \cdot 1{,}085 = 868\ €$

$5\,\% = 0{,}05$

$800\ € \cdot 0{,}05 = 40\ €$

$868\ € - 40\ € - 800\ € = 28\ €$

Angebot Landsparkasse:

$K = 800\ €$

verzinstes Kapital: 890 €

Bearbeitungsgebühr: 50 €

$890\ € - 800\ € - 50\ € = 40\ €$

Angebot Inter-Bank:

$K = 800\ €$

verzinstes Kapital: 842 €

Bearbeitungsgebühr: 0 €

$842\ € - 800\ € = 42\ €$

Carina sollte das Angebot der Inter-Bank wählen, da sie dort am meisten Zinsen bekommt.

---

169 a) $100\,\% + 3{,}89\,\% = 103{,}89\,\% = 1{,}0389$

1. Jahr: $125\,000{,}00\ € \cdot 1{,}0389 = 129\,862{,}50\ €$

2. Jahr: $129\,862{,}50\ € \cdot 1{,}0389 \approx 134\,914{,}15\ €$

3. Jahr: $134\,914{,}15\ € \cdot 1{,}0389 \approx 140\,162{,}31\ €$

4. Jahr: $140\,162{,}31\ € \cdot 1{,}0389 \approx 145\,614{,}62\ €$

$145\,614{,}62 - 125\,000\ € = 20\,614{,}62\ €$

Maria erhält nach vier Jahren 20 614,62 € Zinsen.

b) Faktor 1: $100\,\% + 3{,}5\,\% = 103{,}5\,\% = 1{,}035$
Faktor 2: $100\,\% + 3{,}7\,\% = 103{,}7\,\% = 1{,}037$
Faktor 3: $100\,\% + 4{,}25\,\% = 104{,}25\,\% = 1{,}0425$
Faktor 4: $100\,\% + 4{,}5\,\% = 104{,}5\,\% = 1{,}045$

1. Jahr: $125\,000{,}00\text{ €} \cdot 1{,}035 = 129\,375{,}00\text{ €}$
2. Jahr: $129\,375{,}00\text{ €} \cdot 1{,}037 \approx 134\,161{,}88\text{ €}$
3. Jahr: $134\,161{,}88\text{ €} \cdot 1{,}0425 \approx 139\,863{,}76\text{ €}$
4. Jahr: $139\,863{,}76\text{ €} \cdot 1{,}045 \approx 146\,157{,}63\text{ €}$
$146\,157{,}63 - 125\,000 = 21\,157{,}63\text{ €}$

Die Zinseinnahmen von Claudio betragen 21 157,63 €.

c) Jahresmiete (12 Monate): $380\text{ €} \cdot 12 = 4\,560\text{ €}$
Miete für 3 Jahre : $4\,560\text{ €} \cdot 3 = 13\,680\text{ €}$

$100\,\% + 4{,}2\,\% = 104{,}2\,\% = 1{,}042$
Miete für das 4. Jahr: $4\,560\text{ €} \cdot 1{,}042 = 4\,751{,}52\text{ €}$
Gesamte Mieteinnahmen: $13\,680\text{ €} + 4\,751{,}52\text{ €} = 18\,431{,}52\text{ €}$

Die Mieteinnahmen betragen 18 431,52 €.

---

170 a) Sofort Kredit:
$209{,}90\text{ €} \cdot 12 = 2\,518{,}80\text{ €}$

Super Angebot:
$475\text{ €} \cdot 12 = 5\,700\text{ €}$

Billiger Kredit:
$48\text{ €} \cdot 12 = 576\text{ €}$

b) Sofort Kredit: 2 000 €
$2\,518{,}80\text{ €} - 2\,000\text{ €} = 518{,}80\text{ €}$

Super Angebot: 5 000 €
$5\,700\text{ €} - 5\,000\text{ €} = 700\text{ €}$

Billiger Kredit: 500 €
$576\text{ €} - 500\text{ €} = 76\text{ €}$

c) Sofort Kredit:

$$p\,\% = \frac{Z \cdot 100}{K}\,\%$$

$$p\,\% = \frac{518{,}80\text{ €} \cdot 100}{2\,000\text{ €}}\,\%$$

$$p\,\% = 25{,}94\,\%$$

Super Angebot:

$$p\,\% = \frac{700\text{ €} \cdot 100}{5\,000\text{ €}}\,\%$$

$$p\,\% = 14\,\%$$

Billiger Kredit:

$$p\,\% = \frac{76\text{ €} \cdot 100}{500\text{ €}}\,\%$$

$$p\,\% = 15{,}2\,\%$$

d) Bei Angeboten zu Krediten sollte man zunächst den Zinssatz bestimmen, damit Vergleichbarkeit entsteht. Die Angebote sollten dann mit seriösen Bankangeboten verglichen werden, da der Zinssatz dort meist wesentlich geringer ist.

---

171 a) Angebot 1:
Faktor 1: $100\,\% + 3{,}5\,\% = 103{,}5\,\% = 1{,}035$
Faktor 2: $100\,\% + 3{,}75\,\% = 103{,}75\,\% = 1{,}0375$
Faktor 3: $100\,\% + 4{,}0\,\% = 104\,\% = 1{,}04$
Faktor 4: $100\,\% + 6{,}8\,\% = 106{,}8\,\% = 1{,}068$
Faktor 5: $100\,\% + 4{,}5\,\% = 104{,}5\,\% = 1{,}045$

1. Jahr: $6\,200\,€ \cdot 1{,}035 = 6\,417\,€$
2. Jahr: $6\,417\,€ \cdot 1{,}0375 \approx 6\,657{,}64\,€$
3. Jahr: $6\,657{,}64\,€ \cdot 1{,}04 \approx 6\,923{,}95\,€$
4. Jahr: $6\,923{,}95\,€ \cdot 1{,}068 \approx 7\,394{,}78\,€$
5. Jahr: $7\,394{,}78\,€ \cdot 1{,}045 \approx 7\,727{,}55\,€$

Angebot 2:
Faktor 1: $100\,\% + 4{,}0\,\% = 104\,\% = 1{,}04$
Faktor 2: $100\,\% + 4{,}25\,\% = 104{,}25\,\% = 1{,}0425$
Faktor 3: $100\,\% + 4{,}5\,\% = 104{,}5\,\% = 1{,}045$
Faktor 4: $100\,\% + 5\,\% = 105\,\% = 1{,}05$
Faktor 5: $100\,\% + 5{,}5\,\% = 105{,}5\,\% = 1{,}055$

1. Jahr: $6\,200\,€ \cdot 1{,}04 = 6\,448\,€$
2. Jahr: $6\,448\,€ \cdot 1{,}0425 = 6\,722{,}04\,€$
3. Jahr: $6\,722{,}04\,€ \cdot 1{,}045 \approx 7\,024{,}53\,€$
4. Jahr: $7\,024{,}53\,€ \cdot 1{,}05 \approx 7\,375{,}76\,€$
5. Jahr: $7\,375{,}76\,€ \cdot 1{,}055 \approx 7\,781{,}43\,€$

Sonja rate ich zum 2. Angebot, da sie hier nach fünf Jahren mehr Geld bekommt.

b) Nach vier Jahren ist das 1. Angebot besser.

172

	a)	b)	c)	d)	e)	f)
K	11 800 €	6 000 €	330 €	8 640 €	20 000 €	1 420 €
p %	6 %	5 %	2,4 %	11,25 %	7,5 %	6 %
t	4 Monate	2 Monate	75 Tage	7 Monate	72 Tage	4 Monate/120 Tage
Z	236 €	50 €	1,65 €	567 €	300 €	28,40 €

173 a) $K = 5\,780\,€;\ t = 112\text{ d};\ p\,\% = 0{,}5\,\%$

$$Z = \frac{5\,780\,€ \cdot 0{,}5 \cdot 112}{100 \cdot 360}$$

$Z \approx 8{,}99\,€$

b) $K = 2\,340\,€;\ t = 8\text{ m};\ Z = 6{,}24\,€$

$$p\,\% = \frac{6{,}24\,€ \cdot 100 \cdot 12}{2\,340\,€ \cdot 8}\,\%$$

$p\,\% = 0{,}4\,\%$

c) $p\,\% = 0{,}9\,\%;\ t = 17\text{ d};\ Z = 8{,}50\,€$

$$K = \frac{8{,}50\,€ \cdot 100 \cdot 360}{0{,}9 \cdot 17}$$

$K = 20\,000\,€$

d) $K = 4\,000\,€;\ p\,\% = 4\,\%;\ Z = 30\,€$

$$t = \frac{30 \cdot 100 \cdot 360}{4\,000 \cdot 4}\text{ d}$$

$t = 67{,}5\text{ d} \approx 68\text{ d}$

174 a) $K = 595\,€;\ p\,\% = 9{,}7\,\%;\ t_1 = 50\text{ d};\ t_2 = 7\text{ Monate} = 210\text{ d};\ t_3 = 95\text{ d};\ t_4 = 9\frac{1}{2}\text{ Monate} = 285\text{ d}$

Franka:

$$Z_1 = \frac{K \cdot p \cdot t_1}{100 \cdot 360}$$

$$Z_1 = \frac{595 \cdot 9{,}7 \cdot 50}{100 \cdot 360}\,€$$

$Z_1 \approx 8{,}02\,€$

Kevin:

$$Z_2 = \frac{K \cdot p \cdot t_2}{100 \cdot 360}$$

$$Z_2 = \frac{595 \cdot 9{,}7 \cdot 210}{100 \cdot 360}\,€$$

$Z_2 \approx 33{,}67\,€$

Dimitros:

$Z_3 = \frac{K \cdot p \cdot t_3}{100 \cdot 360}$

$Z_3 = \frac{595 \cdot 9{,}7 \cdot 95}{100 \cdot 360}$ €

$Z_3 \approx 15{,}23$ €

Vera:

$Z_4 = \frac{K \cdot p \cdot t_4}{100 \cdot 360}$

$Z_4 = \frac{595 \cdot 9{,}7 \cdot 285}{100 \cdot 360}$ €

$Z_4 \approx 45{,}69$ €

b) Franka: 595 € + 8,02 € = 603,02 €
Kevin: 595 € + 33,67 € = 628,67 €
Dimitros: 595 € + 15,23 € = 610,23 €
Vera: 595 € + 45,69 € = 640,69 €

c) K = 595 €; p_1 % = 5 %; p_2 % = 2 %
Rabatt:
Faktor: 100 % − 5 % = 95 % = 0,95
595 € · 0,95 = 565,25 €
Skonto:
Faktor: 100 % − 2 % = 98 % = 0,98
565,25 € · 0,98 = 553,95 €
Peter muss noch 553,95 € bezahlen.

d) 640,69 € − 553,95 € = 86,74 €
Peter spart 86,74 €.
Peter lässt sich beim Kauf drei Monate Zeit und spart dadurch Zinsen. Außerdem erhält er noch Rabatt und Skonto. Vera kauft sofort und muss so Zinsen bezahlen.
Man sollte besser erst Geld ansparen und das gewünschte Produkt dann später kaufen, damit man keine Schulden machen und dadurch Zinsen abbezahlen muss.

---

175 Mehrwertsteuer:
100 % ≙ 1 000 €
1 % ≙ 10 €
119 % ≙ 1 190 €

Skonto:
100 % ≙ 1 190 €
1 % ≙ 11,90 €
2 % ≙ 23,80 €

Zahlbetrag:
1 190,00 €
− 23,80 €
1 1
1 166,20 €

Herr Kölle muss 1 166,20 € bezahlen.

---

176 a)

Basketball-AG:	25 Schüler*innen
Chor-AG:	10 Schüler*innen
Musik-AG:	15 Schüler*innen
Volleyball-AG:	20 Schüler*innen
Fußball-AG:	35 Schüler*innen
Insgesamt:	105 Schüler*innen

105 Schüler*innen nehmen an den AGs teil.

b) 105 Schüler*innen ≙ 100 %
1 Schüler*in ≙ 0,952… %
25 Schüler*innen ≙ 23,809… % ≈ 23,8 % Basketball-AG
10 Schüler*innen ≙ 9,523… % ≈ 9,5 % Chor-AG
15 Schüler*innen ≙ 14,285… % ≈ 14,3 % Musik-AG
20 Schüler*innen ≙ 19,047… % ≈ 19,0 % Volleyball-AG
35 Schüler*innen ≙ 33,333… % ≈ 33,3 % Fußball-AG

c) Sport-AGs: 25 Schüler*innen + 20 Schüler*innen + 35 Schüler*innen = 80 Schüler*innen

265 Schüler*innen $\hat{=}$ 100 %

1 Schüler*in $\hat{=}$ 0,377... %

80 Schüler*innen $\hat{=}$ 30,188... % ≈ 30,2 %

Es nehmen 30,2 % aller Schüler*innen an sportlichen AGs teil.

d) 100 % + 9,375 % = 109,375 %

109,375 % $\hat{=}$ 35 Schüler*innen

1 % $\hat{=}$ 0,32 Schüler*innen

100 % $\hat{=}$ 32 Schüler*innen

Letztes Jahr waren 32 Schüler*innen in der Fußball-AG.

---

177 Berechne, wie viel der Kredit jeweils insgesamt kosten würde.

Kredit A:

12 Raten zu je 140 €

$12 \cdot 140\,€ = 1\,680\,€$

Kredit B:

K = 1 600 €; p % = 2,0 %

$$Z = \frac{K \cdot p}{100}$$

$$Z = \frac{1\,600\,€ \cdot 2{,}0}{100}$$

$$Z = 32\,€$$

1 600 € + 32 € = 1 632 €

Kredit C:

K = 1 600 €; p % = 1,5 %; Bearbeitungsgebühr: 25 €

$$Z = \frac{K \cdot p}{100}$$

$$Z = \frac{1\,600\,€ \cdot 1{,}5}{100}$$

$$Z = 24\,€$$

1 600 € + 24 € + 25 € = 1 649 €

Ich würde Marcel zu Kredit B raten, denn dort muss er am wenigsten für den Kredit bezahlen.

---

178 a) 100 % + 2,5 % = 102,5 % = 1,025

100 % + 2,8 % = 102,8 % = 1,028

Gesamtbetrag nach einem Jahr: 5 100 €

Gesamtbetrag nach zwei Jahren: 5 100 € · 1,025 = 5 227,50 €

Gesamtbetrag nach drei Jahren: 5 227,50 € · 1,028 = 5 373,87 €

b) Formel für Zelle B9:

=B7+B8

c) ☒ =C3*B6/100 ☐ =C3*C6/100

☒ =B7*B6/100 ☐ =B7*D6/100

6 Stochastik

179 a) 32 Schüler wurden befragt.

b)

Länge des Schulwegs	1 km	2 km	3 km	4 km	5 km	6 km
Anzahl der Schüler	𝍸	𝍸 𝍷𝍷𝍷𝍷	𝍸 𝍷	𝍸	𝍷𝍷𝍷𝍷	𝍷𝍷𝍷

c)

Länge des Schulwegs	1 km	2 km	3 km	4 km	5 km	6 km
Anzahl der Schüler	5	9	6	5	4	3

180 a) 42 Schüler wurden befragt.

b)

Taschengeld	30 €	31 €	32 €	33 €	34 €	35 €	36 €	37 €	38 €	39 €	40 €
Anzahl	𝍷𝍷𝍷𝍷	𝍷𝍷𝍷𝍷	𝍸 𝍷	𝍷𝍷𝍷𝍷	𝍷𝍷𝍷	𝍷𝍷𝍷𝍷	𝍷𝍷𝍷	𝍷𝍷𝍷𝍷	𝍷𝍷𝍷	𝍷𝍷𝍷	𝍷𝍷𝍷𝍷

c)

Taschengeld	30 €	31 €	32 €	33 €	34 €	35 €	36 €	37 €	38 €	39 €	40 €
Anzahl	4	4	6	4	3	4	3	4	3	3	4

181 a) 9a:

Noten	1	2	3	4	5	6
absolute Häufigkeit	3	4	7	3	2	1
relative Häufigkeit	$\frac{3}{20}=15\,\%$	$\frac{4}{20}=20\,\%$	$\frac{7}{20}=35\,\%$	$\frac{3}{20}=15\,\%$	$\frac{2}{20}=10\,\%$	$\frac{1}{20}=5\,\%$

9b:

Noten	1	2	3	4	5	6
absolute Häufigkeit	5	2	8	7	1	2
relative Häufigkeit	$\frac{5}{25}=20\,\%$	$\frac{2}{25}=8\,\%$	$\frac{8}{25}=32\,\%$	$\frac{7}{25}=28\,\%$	$\frac{1}{25}=4\,\%$	$\frac{2}{25}=8\,\%$

b) 9a und 9b:

Noten	1	2	3	4	5	6
absolute Häufigkeit	8	6	15	10	3	3
relative Häufigkeit	$\frac{8}{45}\approx 18\,\%$	$\frac{6}{45}\approx 13\,\%$	$\frac{15}{45}\approx 33\,\%$	$\frac{10}{45}\approx 22\,\%$	$\frac{3}{45}\approx 7\,\%$	$\frac{3}{45}\approx 7\,\%$

182

Werktage	0	1	2	3	4	5
absolute Häufigkeit	12	14	9	7	5	3
relative Häufigkeit	$\frac{12}{50}=24\,\%$	$\frac{14}{50}=28\,\%$	$\frac{9}{50}=18\,\%$	$\frac{7}{50}=14\,\%$	$\frac{5}{50}=10\,\%$	$\frac{3}{50}=6\,\%$

183 a)

Stunden	1	2	3	4	5
Anzahl	𝍸 𝍸 𝍷𝍷	𝍸 𝍸 𝍸 𝍷𝍷𝍷𝍷	𝍸 𝍸 𝍷𝍷𝍷	𝍸 𝍸 𝍷	𝍸 𝍷𝍷𝍷𝍷

b)

Stunden	1	2	3	4	5
absolute Häufigkeit	12	19	13	11	9
relative Häufigkeit	$\frac{12}{64}\approx 19\,\%$	$\frac{19}{64}\approx 30\,\%$	$\frac{13}{64}\approx 20\,\%$	$\frac{11}{64}\approx 17\,\%$	$\frac{9}{64}\approx 14\,\%$

184 $(3+4+2+2+5):5=16:5=3{,}2$

Der Notendurchschnitt von Sven beträgt 3,2.

---

185 $(2+3+3+2+4+2+3+3):8=22:8=2{,}75$

Der Notendurchschnitt von Tina beträgt 2,75.

---

186 $(8{,}2+10{,}7+12{,}4+14{,}1+11{,}9+12{,}7+9{,}8)\,°\mathrm{C}:7=79{,}8\,°\mathrm{C}:7=11{,}4\,°\mathrm{C}$

Die durchschnittliche Temperatur lag bei 11,4 °C.

---

187 $(-49-45-30-13+2+12+15+11+2-14-37-46)\,°\mathrm{C}:12=-192\,°\mathrm{C}:12=-16\,°\mathrm{C}$

Die durchschnittliche Jahrestemperatur liegt bei –16 °C.

---

188 a) $\bar{x}=\dfrac{164+157+193+348+425+413+298}{7}=\dfrac{1\,998}{7}$

$\bar{x}=285{,}42\ldots\approx 285$

Im Durchschnitt kamen rund 285 Besucher täglich ins Kino.

b) Die Besucherzahl am Sonntag wird mit x bezeichnet.

$\bar{x}=300$

$\bar{x}=\dfrac{164+157+193+348+425+413+x}{7}$

$300=\dfrac{1\,700+x}{7} \quad |\cdot 7$

$2\,100=1\,700+x \quad |-1\,700$

$400=x$

Um eine durchschnittliche Besucherzahl von 300 zu erreichen, hätten am Sonntag 400 Besucher ins Kino kommen müssen.

---

189 a) 14,6 s 14,8 s 14,9 s 14,9 s 15,0 s 15,1 s 15,2 s 15,4 s

b) Mittelwert:

$\bar{x}=(14{,}6\text{ s}+14{,}8\text{ s}+14{,}9\text{ s}+14{,}9\text{ s}+15{,}0\text{ s}+15{,}1\text{ s}+15{,}2\text{ s}+15{,}4\text{ s}):8$

$\bar{x}=119{,}9\text{ s}:8$

$\bar{x}=14{,}9875\text{ s}\approx 14{,}99\text{ s}$

Zentralwert:

gerade Anzahl von Daten:

$z=(14{,}9\text{ s}+15{,}0\text{ s}):2$

$z=14{,}95\text{ s}$

---

190 a) 4,78 m 4,85 m 4,97 m 5,01 m 5,02 m 5,08 m

b) Mittelwert:

$\bar{x}=(4{,}78\text{ m}+4{,}85\text{ m}+4{,}97\text{ m}+5{,}01\text{ m}+5{,}02\text{ m}+5{,}08\text{ m}):6$

$\bar{x}=29{,}71\text{ m}:6\approx 4{,}95\text{ m}$

Zentralwert:

gerade Anzahl von Daten:

$z=(4{,}97\text{ m}+5{,}01\text{ m}):2$

$z=4{,}99\text{ m}$

191 a) Es wurden 16 Fahrzeuge kontrolliert.

b) 77 78 78 79 80 80 85 87 88 92 93 99 102 103 105 112

c) Sechs Fahrzeuge hielten sich an die vorgeschriebene Höchstgeschwindigkeit.

d) Mittelwert:

$\overline{x} = (77+78+78+79+80+80+85+87+88+92+93+99+102+103+105+112)\,\frac{km}{h} : 16$

$\overline{x} = 1\,438\,\frac{km}{h} : 16$

$\overline{x} = 89{,}875\,\frac{km}{h}$

Zentralwert:

gerade Anzahl von Daten:

$z = (87+88)\,\frac{km}{h} : 2$

$z = 87{,}5\,\frac{km}{h}$

---

192 a) $82+104+93+118+88+45=530$

530 Schülerinnen und Schüler besuchen die Grundschule.

b) $\overline{x} = (82\cdot 6+104\cdot 7+93\cdot 8+118\cdot 9+88\cdot 10+45\cdot 11):530$

$\overline{x} = 4\,401:530$

$\overline{x} \approx 8{,}3$

Das Durchschnittsalter liegt bei etwa 8,3 Jahren.

c) $530 \mathrel{\hat{=}} 100\,\%$

$1 \mathrel{\hat{=}} 0{,}188\ldots\,\%$

$82 \mathrel{\hat{=}} 15{,}47\ldots\,\%$	$\approx 15\,\%$	6 Jahre
$104 \mathrel{\hat{=}} 19{,}62\ldots\,\%$	$\approx 20\,\%$	7 Jahre
$93 \mathrel{\hat{=}} 17{,}54\ldots\,\%$	$\approx 18\,\%$	8 Jahre
$118 \mathrel{\hat{=}} 22{,}26\ldots\,\%$	$\approx 22\,\%$	9 Jahre
$88 \mathrel{\hat{=}} 16{,}60\ldots\,\%$	$\approx 17\,\%$	10 Jahre
$45 \mathrel{\hat{=}} 8{,}49\ldots\,\%$	$\approx 8\,\%$	11 Jahre

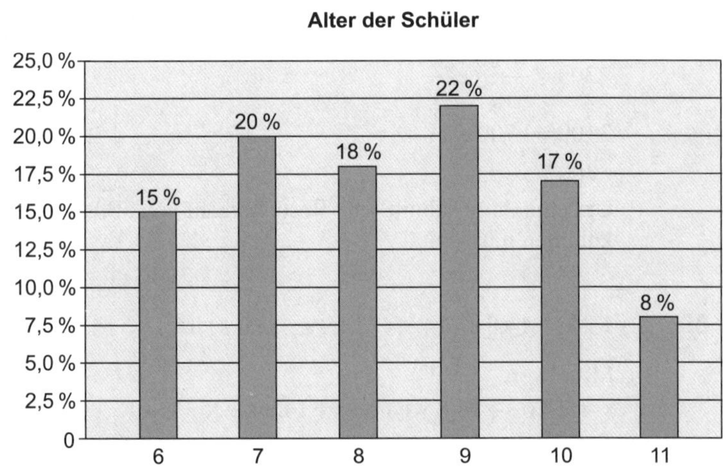

---

193 a) $72+63+68+71+66+52+48+23=463$

463 Schülerinnen und Schüler besuchen die Hauptschule.

b) $\overline{x} = (72\cdot 11+63\cdot 12+68\cdot 13+71\cdot 14+66\cdot 15+52\cdot 16+48\cdot 17+23\cdot 18):463$

$\overline{x} = 6\,478:463$

$\overline{x} = 13{,}99\ldots \approx 14$

Das Durchschnittsalter liegt bei ca. 14 Jahren.

c) $463 \mathrel{\hat{=}} 100\,\%$

$1 \mathrel{\hat{=}} 0{,}21\ldots\,\%$

$72 \mathrel{\hat{=}} 15{,}55\ldots\,\%$	$\approx 16\,\%$	11 Jahre
$63 \mathrel{\hat{=}} 13{,}60\ldots\,\%$	$\approx 14\,\%$	12 Jahre
$68 \mathrel{\hat{=}} 14{,}68\ldots\,\%$	$\approx 15\,\%$	13 Jahre
$71 \mathrel{\hat{=}} 15{,}33\ldots\,\%$	$\approx 15\,\%$	14 Jahre
$66 \mathrel{\hat{=}} 14{,}25\ldots\,\%$	$\approx 14\,\%$	15 Jahre
$52 \mathrel{\hat{=}} 11{,}23\ldots\,\%$	$\approx 11\,\%$	16 Jahre
$48 \mathrel{\hat{=}} 10{,}36\ldots\,\%$	$\approx 10\,\%$	17 Jahre
$23 \mathrel{\hat{=}} 4{,}96\ldots\,\%$	$\approx 5\,\%$	18 Jahre

Berechnung der Winkelgrößen:

$100\,\% \mathrel{\hat=} 360°$	
$1\,\% \mathrel{\hat=} 3{,}6°$	
$16\,\% \mathrel{\hat=} 57{,}6°$	11 Jahre
$14\,\% \mathrel{\hat=} 50{,}4°$	12 bzw. 15 Jahre
$15\,\% \mathrel{\hat=} 54°$	13 bzw. 14 Jahre
$11\,\% \mathrel{\hat=} 39{,}6°$	16 Jahre
$10\,\% \mathrel{\hat=} 36°$	17 Jahre
$5\,\% \mathrel{\hat=} 18°$	18 Jahre

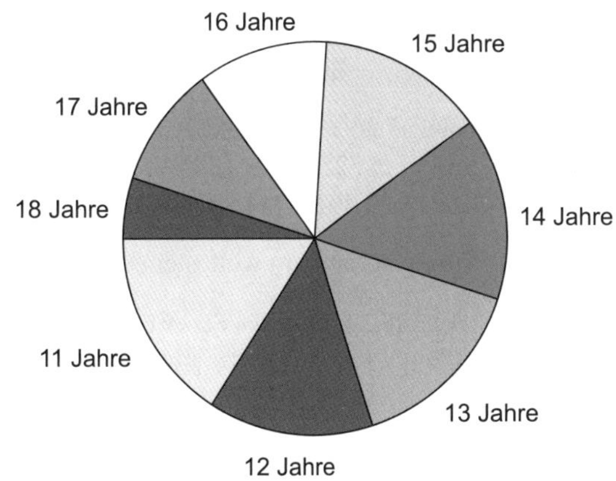

194 a)

Verkehrsmittel	zu Fuß	Fahrrad	Bus/Bahn	Mofa/Roller	Pkw	zusammen
absolute Häufigkeit	105	78	112	75	20	390
relative Häufigkeit	≈ 27 %	20 %	≈ 29 %	≈ 19 %	≈ 5 %	100 %

b) Einheit: $1\text{ cm} \mathrel{\hat=} 5\,\%$

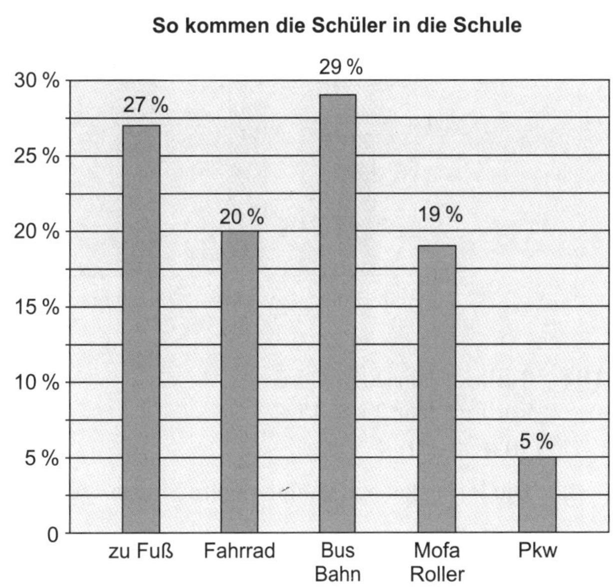

195 a) Formel für Zelle D6: = B6 * C6
Formel für Zelle D8: = B8 * C8

b) Wert für Zelle D6: $3 \cdot 5{,}99\text{ €} = 17{,}97\text{ €}$
Wert für Zelle D8: $4 \cdot 0{,}49\text{ €} = 1{,}96\text{ €}$

c) $15{,}48\text{ €} + 10{,}00\text{ €} + 17{,}97\text{ €} + 3{,}95\text{ €} + 1{,}96\text{ €} + 4{,}29\text{ €} = 53{,}65\text{ €}$
In der Zelle D11 steht der Wert 53,65 €.
Das sind die gesamten Ausgaben von Timo im September.

d)

$53{,}65\text{ €} \mathrel{\hat=} 360°$		
$1\text{ €} \mathrel{\hat=} 6{,}7101...°$		
$15{,}48\text{ €} \mathrel{\hat=} 103{,}87...° \approx 104°$	CD
$10{,}00\text{ €} \mathrel{\hat=} 67{,}10...° \approx 67°$	Prepaid-Karte
$17{,}97\text{ €} \mathrel{\hat=} 120{,}58...° \approx 121°$	T-Shirt
$3{,}95\text{ €} \mathrel{\hat=} 26{,}50...° \approx 27°$	Chips
$1{,}96\text{ €} \mathrel{\hat=} 13{,}15...° \approx 13°$	Nussriegel
$4{,}29\text{ €} \mathrel{\hat=} 28{,}78...° \approx 29°$	Getränke

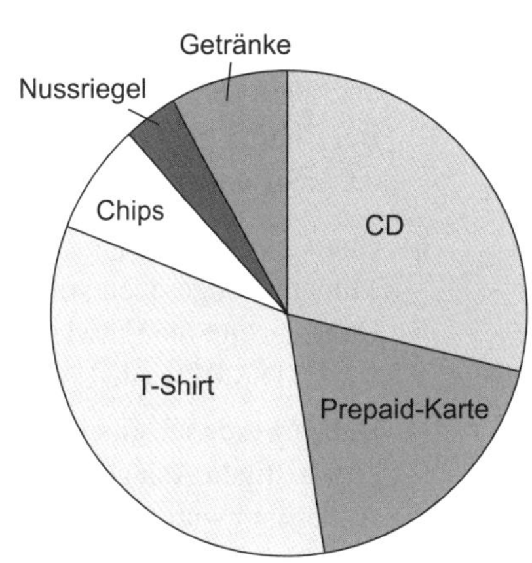

196 a) $315+313+242+291=1161$
Formel: = B6 + C6 + D6 + E6

b) Peter: $1\,360-231-308-384=437$
Simon: $1\,525-446-335-340=404$
Franco: $1\,392-411-438-301=242$

c) Simon sprang am weitesten, da er die meisten Punkte erzielt hat.

d) ☒ = (F2 + F3 + F4 + F5 + F6) : 5
$(1\,360+1\,175+1\,525+1\,392+1\,161):5=6\,613:5=1\,322{,}6$

e)

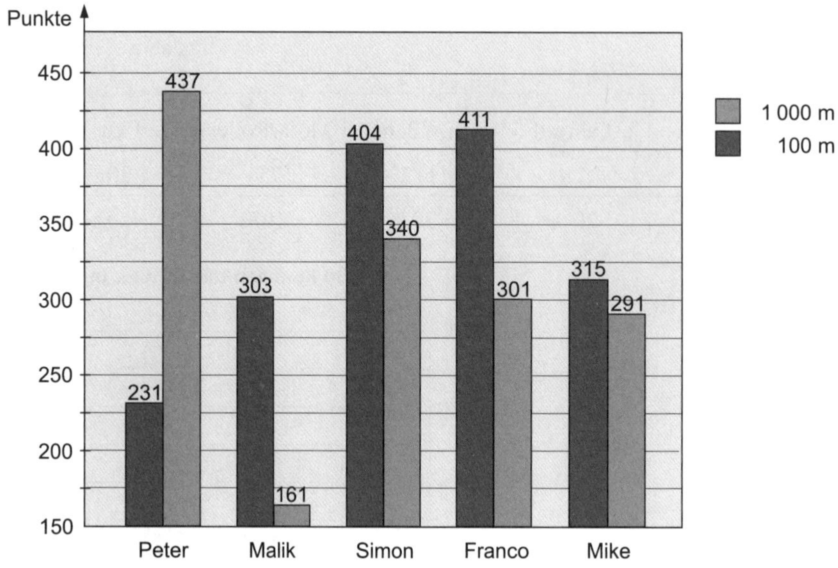

---

197 Tarif im Jahr 2016: 20 €
Tarif im Jahr 2018: 15 €
20 € : 2 = 10 €
Die Firma kann nicht mit diesem Slogan werben. Der Tarif müsste dazu im Jahr 2018 bei 10 € liegen.

---

198 Christians Höhenprofil erweckt den Anschein, er sei eine anspruchsvollere Strecke mit steileren An- und Abstiegen gelaufen als Christiane. Das liegt daran, dass er auf der y-Achse 3 Einheiten (3 cm) je 100 Höhenmeter genommen hat, Christiane jedoch nur 1 Einheit (1 cm) pro 100 Höhenmeter. In Wahrheit sind sie aber die gleiche Strecke gelaufen.

---

199 a) Chart 1 stellt einen Ausschnitt aus Chart 2 dar.
Chart 1 zeigt nur den Zeitraum von Juni 2017 bis Mai 2018, während Chart 2 den Zeitraum zwischen 2009 und 2018 abbildet.
Bei Chart 1 geht die y-Achse von 0,8 USD bis 2,0 USD. Die y-Achse von Chart 2 beginnt dagegen bei 0,0 USD und geht ebenfalls bis 2,0 USD.

b) Chart 1 zeigt nur eine kurzfristige Entwicklung von zwölf Monaten. Der Aktienkurs verläuft über die zwölf Monate – abgesehen von kleinen Ausschlägen nach oben und unten – relativ konstant bei 1,4 USD.
Chart 2 zeigt die Entwicklung der Aktie über neun Jahre hinweg. Hier wird deutlich, dass die Aktie von 0,1 USD (2011) auf 1,4 USD (2018) angestiegen ist.

Daher würde ich einem guten Freund bei einer langjährigen Anlage zu dieser Aktie raten. Bei einer kurzfristigen Anlage (weniger als 5 Jahre) würde ich ihm allerdings aufgrund der Schwankungen abraten. Außerdem würde ich ihm zu bedenken geben, dass Aktien immer eine Investition mit Risiko sind.

200 Voraussichtlich wird die Marketingleitung den zweiten Entwurf wählen, da dort das Anwachsen des Zinssatzes deutlicher wird. Allerdings täuscht das große Sparschwein im zweiten Entwurf eine erheblich größere Steigerung des Zinssatzes vor als die exakte Verdopplung des Zinssatzes im ersten Entwurf. Das große Sparschwein ist etwa doppelt so breit und doppelt so hoch wie das kleine. Es bedeckt also einen viermal so großen Flächeninhalt! Bedenkt man, dass es sich bei dem Sparschwein um ein dreidimensionales Gebilde handelt, so wird sogar ein achtfaches Volumen vorgetäuscht.

---

201 a) Raul:
Angebot der Firma B: 210 €
Angebot der Firma D: 300 €

Maria:
Angebot der Firma A: 150 €
Angebot der Firma D: 300 €

Maria hat recht. 150 € ist die Hälfte von 300 €.
Paul achtet nur auf die Säulenhöhe. Da die y-Achse nicht bei 0 beginnt, ist Säule B halb so hoch wie Säule D.

b) Zentralwert:
geordnete Liste: 150 €   210 €   255 €   300 €

$$z = \frac{210\,€ + 255\,€}{2} = 232{,}50\,€$$

Mittelwert:

$$\overline{x} = \frac{150\,€ + 210\,€ + 255\,€ + 300\,€}{4}$$

$$\overline{x} = 228{,}75\,€$$

c) $255\,€ \mathrel{\hat{=}} 100\,\%$
$1\,€ \mathrel{\hat{=}} 0{,}392\ldots\,\%$
$65\,€ \mathrel{\hat{=}} 25{,}490\ldots\,\% \approx 25\,\%$ Fahrt
$60\,€ \mathrel{\hat{=}} 23{,}529\ldots\,\% \approx 24\,\%$ Verpflegung
$110\,€ \mathrel{\hat{=}} 43{,}137\ldots\,\% \approx 43\,\%$ Unterkunft
$20\,€ \mathrel{\hat{=}} 7{,}843\ldots\,\% \approx 8\,\%$ Museen

Winkelgrößen:
$100\,\% \mathrel{\hat{=}} 360°$
$1\,\% \mathrel{\hat{=}} 3{,}6°$
$25\,\% \mathrel{\hat{=}} 90°$ Fahrt
$24\,\% \mathrel{\hat{=}} 86{,}4° \approx 86°$ Verpflegung
$43\,\% \mathrel{\hat{=}} 154{,}8° \approx 155°$ Unterkunft
$8\,\% \mathrel{\hat{=}} 28{,}8° \approx 29°$ Museen

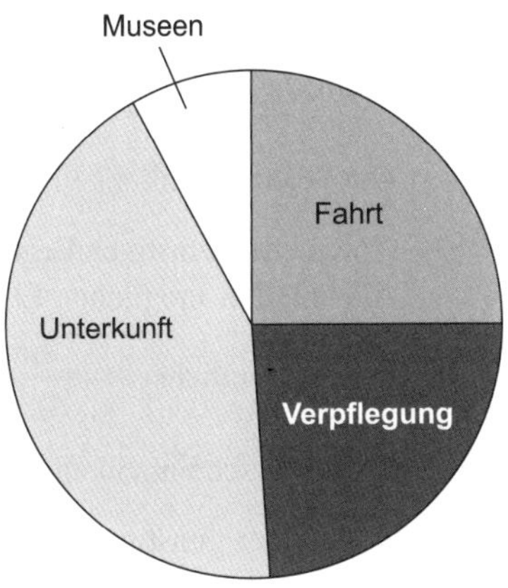

---

202 a) Kosten Kinder:
$12\,€ \cdot 3 = 36\,€$

Kosten Erwachsene:
$16\,€ \cdot 2 = 32\,€$

Gesamtkosten für Familie Birk Einzeltageskarten:
$36\,€ + 32\,€ = 68\,€$

Gruppentageskarte für fünf Personen: 55 €
Die günstigere Alternative für Familie Birk wäre die Gruppentageskarte gewesen.

b) Tageskarte:
Kosten Kinder
$12\,€ \cdot 23 = 276\,€$

Kosten Lehrer
$16\,€ \cdot 2 = 32\,€$

Gesamtpreis
$276\,€ + 32\,€ = 308\,€$

Einzelfahrten:
Kosten Kinder
$2{,}10\,€ \cdot 10 \cdot 23 = 483\,€$

Kosten Lehrer
$2{,}50\,€ \cdot 10 \cdot 2 = 50\,€$

Gesamtpreis
$483\,€ + 50\,€ = 533\,€$

Gruppenkarten:
2 Karten für 10 Personen + 1 Karte für 5 Personen
$2 \cdot 100\,€ + 55\,€ = 255\,€$

Vergleich der Eintrittspreise:
255 € < 308 € < 533 €

Das günstigste Angebot sind die Gruppenkarten und das teuerste Angebot sind die Einzelfahrten.

c) Die Fahrpreise können so dargestellt werden, da die Diagramme unterschiedlich eingeteilt sind. Bei Diagramm A entsprechen zehn Cent 1 cm, bei Diagramm B dagegen entsprechen zehn Cent 0,5 cm. Außerdem beginnt bei Diagramm A die y-Achse bei 1,80 €, bei Diagramm B beginnt sie erst bei 2,25 €. Für die Daten aus den zwei Diagrammen ist aber kein direkter Vergleich möglich.

d) Prozentualer Anstieg von Jahr 2016 bis 2017:
Der Preis stieg um 0,10 €.
$1{,}90\,€ \mathrel{\hat{=}} 100\,\%$
$0{,}10\,€ \mathrel{\hat{=}} 5{,}263\ldots\,\% \approx 5{,}26\,\%$

Prozentualer Anstieg von Jahr 2017 bis 2018:
Der Preis stieg um 0,10 €.
$2{,}00\,€ \mathrel{\hat{=}} 100\,\%$
$0{,}10\,€ \mathrel{\hat{=}} 5\,\%$

Im Jahr 2016/2017 betrug der prozentuale Anstieg 5,26 %, im Jahr 2017/2018 lag er bei 5 %.

e) $100\,\% + 10\,\% = 110\,\%$

$100\,\% \mathrel{\hat{=}} 2{,}50\,€$
$1\,\% \mathrel{\hat{=}} 0{,}025\,€$
$110\,\% \mathrel{\hat{=}} 2{,}75\,€$

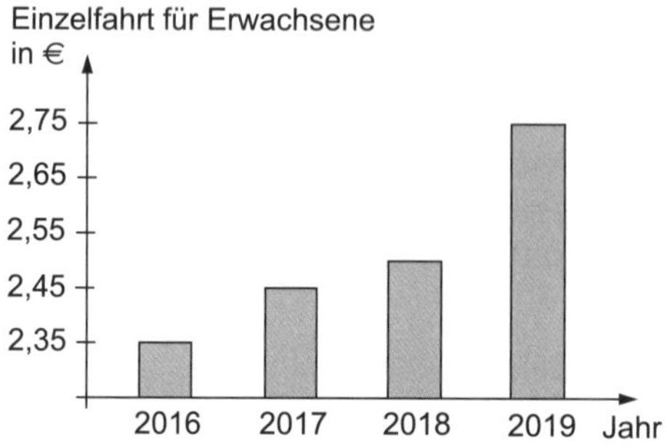

203 a) Anzahl der günstigen Ergebnisse: 3 (2; 4; 6)
Anzahl aller möglichen Ergebnisse: 6 (1; 2; 3; 4; 5; 6)

$$\text{Wahrscheinlichkeit} = \frac{\text{Anzahl der günstigen Ergebnisse}}{\text{Anzahl aller möglichen Ergebnisse}} = \frac{3}{6} = \frac{1}{2} = 0{,}5 = 50\,\%$$

Die Wahrscheinlichkeit für das Ereignis „gerade Zahl" beträgt 50 %.

b) Anzahl der günstigen Ergebnisse: 3 (4; 5; 6)
Anzahl aller möglichen Ergebnisse: 6 (1; 2; 3; 4; 5; 6)

$$\text{Wahrscheinlichkeit} = \frac{\text{Anzahl der günstigen Ergebnisse}}{\text{Anzahl aller möglichen Ergebnisse}} = \frac{3}{6} = \frac{1}{2} = 0{,}5 = 50\,\%$$

Die Wahrscheinlichkeit für das Ereignis „Augenzahl größer 3" beträgt 50 %.

c) Anzahl der günstigen Ergebnisse: 3 (2; 3; 5)
Anzahl aller möglichen Ergebnisse: 6 (1; 2; 3; 4; 5; 6)

$$\text{Wahrscheinlichkeit} = \frac{\text{Anzahl der günstigen Ergebnisse}}{\text{Anzahl aller möglichen Ergebnisse}} = \frac{3}{6} = \frac{1}{2} = 0{,}5 = 50\,\%$$

Die Wahrscheinlichkeit für das Ereignis „Primzahl" beträgt 50 %.

204 Anzahl der günstigen Ergebnisse (Tanja): 2 (1; 2)
Anzahl der günstigen Ergebnisse (Peter): 3 (4; 5; 6)
Anzahl aller möglichen Ergebnisse: 6 (1; 2; 3; 4; 5; 6)

Wahrscheinlichkeit dafür, dass Tanja einen Punkt bekommt:

$$\text{Wahrscheinlichkeit} = \frac{\text{Anzahl der günstigen Ergebnisse (Tanja)}}{\text{Anzahl aller möglichen Ergebnisse}} = \frac{2}{6} = \frac{1}{3} = 0{,}333\ldots \approx 33{,}3\,\%$$

Wahrscheinlichkeit dafür, dass Peter einen Punkt bekommt:

$$\text{Wahrscheinlichkeit} = \frac{\text{Anzahl der günstigen Ergebnisse (Peter)}}{\text{Anzahl aller möglichen Ergebnisse}} = \frac{3}{6} = \frac{1}{2} = 0{,}5 = 50\,\%$$

Die Wahrscheinlichkeit, dass Peter einen Punkt erhält, ist größer als Tanjas Wahrscheinlichkeit dafür. Deshalb hat Peter die größeren Chancen als Erster zehn Punkte zu erreichen.

---

205 Anzahl der schwarzen Kugeln: 9
Anzahl der weißen Kugeln: 6
Anzahl aller Kugeln: $9+6=15$

a) $$\text{Wahrscheinlichkeit} = \frac{\text{Anzahl der schwarzen Kugeln}}{\text{Anzahl aller Kugeln}} = \frac{9}{15} = \frac{3}{5} = 0{,}6 = 60\,\%$$

b) $$\text{Wahrscheinlichkeit} = \frac{\text{Anzahl der weißen Kugeln}}{\text{Anzahl aller Kugeln}} = \frac{6}{15} = \frac{2}{5} = 0{,}4 = 40\,\%$$

---

206 $$\frac{\text{Anzahl der weißen Kugeln}}{\text{Anzahl aller Kugeln}} = \frac{2}{3}$$

$$\frac{\text{Anzahl der weißen Kugeln}}{48} = \frac{2}{3} \quad |\cdot 48$$

Anzahl der weißen Kugeln $= 32$

Anzahl der schwarzen Kugeln = Anzahl aller Kugeln – Anzahl der weißen Kugeln
Anzahl der schwarzen Kugeln $= 48 - 32 = 16$

In dem Behälter befinden sich 32 weiße und 16 schwarze Kugeln.

---

207 a) günstige Ergebnisse (Dennis): 6; 9; 12; 15; 18; 21; 24

b) günstige Ergebnisse (Julia): 2; 3; 5; 7; 11; 13; 17; 19; 23

c) Anzahl der ungünstigen Ergebnisse: 8 (1; 4; 8; 10; 14; 16; 20; 22)
Anzahl aller möglichen Ergebnisse: 24

$$\text{Wahrscheinlichkeit} = \frac{\text{Anzahl der ungünstigen Ergebnisse}}{\text{Anzahl aller möglichen Ergebnisse}} = \frac{8}{24} = \frac{1}{3} = 0{,}333\ldots \approx 33{,}3\,\%$$

Die Wahrscheinlichkeit dafür, dass keiner von beiden gewinnt, beträgt 33,3 %.

---

208 a) Anzahl der roten Bonbons: 12
Anzahl der blauen Bonbons: 8
Anzahl der gelben Bonbons: 4
Anzahl aller Bonbons: $12+8+4=24$

$$\text{Wahrscheinlichkeit} = \frac{\text{Anzahl der roten und der gelben Bonbons}}{\text{Anzahl aller Bonbons}} = \frac{12+4}{24} = \frac{16}{24} = \frac{2}{3} = 0{,}6666\ldots \approx 66{,}7\,\%$$

Die Wahrscheinlichkeit für das Ereignis „kein blaues Bonbon“ beträgt 66,7 %.

b) Jetzt ist ein gelbes Bonbon weniger in der Tüte.
Anzahl der gelben Bonbons: 3
Anzahl aller Bonbons: 23

$$\text{Wahrscheinlichkeit} = \frac{\text{Anzahl der gelben Bonbons}}{\text{Anzahl aller Bonbons}} = \frac{3}{23} = 0{,}1304\ldots\,\% \approx 13{,}0\,\%$$

Die Wahrscheinlichkeit, dass der nächste Schüler auch ein gelbes Bonbon zieht, liegt bei 13,0 %.

209 a) geordnete Liste:
4,50 €; 5 €; **6 €**; 8 €; 16,50 €
z = 6 €

b) $\overline{x} = \frac{6\,€ + 8\,€ + 4{,}50\,€ + 5\,€ + 16{,}50\,€}{5} = \frac{40{,}00\,€}{5} = 8{,}00\,€$

c) ☒ = (B3 + C3 + D3 + E3 + F3) : 5

---

210 a) 100 % ≙ 1 268 Kinder
1 % ≙ 12,68 Kinder
5 % ≙ 63,4 Kinder ≈ 63 Kinder

Es nehmen 63 Kinder an der Schach-AG teil.

b) 8 % + 6 % + 6 % = 20 %

An den sonstigen AGs nehmen 20 % der Schülerinnen und Schüler teil.

c)

	trifft zu	trifft nicht zu	nicht bewertbar
An der AG Fußball nehmen mehr Jungen als Mädchen teil.	☐	☐	☒
Der überwiegende Teil der Schülerinnen und Schüler nimmt an sportlichen AGs teil.	☒	☐	☐
Im Ballett und Tanzen sind zusammen mehr Schülerinnen und Schüler als im Fußball.	☐	☒	☐
In der AG Schülerzeitung gäbe es mehr Teilnehmer, wenn die Deutschkenntnisse besser wären.	☐	☐	☒

---

211 a) Anzahl der roten Gummibärchen: 3
Anzahl aller Gummibärchen: 8 + 5 + 4 + 3 = 20

$\text{Wahrscheinlichkeit} = \frac{\text{Anzahl der roten Gummibärchen}}{\text{Anzahl aller Gummibärchen}} = \frac{3}{20} = 0{,}15 = 15\,\%$

b) Anzahl der gelben und grünen Gummibärchen: 8 + 4 = 12
Anzahl aller Gummibärchen: 20

$\text{Wahrscheinlichkeit} = \frac{\text{Anzahl der gelben und grünen Gummibärchen}}{\text{Anzahl aller Gummibärchen}} = \frac{12}{20} = \frac{3}{5} = 0{,}6 = 60\,\%$

Anton hat recht.

c) Anzahl der roten Gummibärchen: 3
Anzahl der orangen, grünen und roten Gummibärchen: 5 + 4 + 3 = 12

$\text{Wahrscheinlichkeit} = \frac{\text{Anzahl der roten Gummibärchen}}{\text{Anzahl der orangen, grünen und roten Gummibärchen}} = \frac{3}{12} = \frac{1}{4} = 0{,}25 = 25\,\%$

---

212 a) 10 % von 20 Feldern sind 2 Felder.

Es sind 2 Felder rot zu färben.

b) 100 % ≙ 20 Felder
1 % ≙ 0,2 Felder
15 % ≙ 3 Felder

3 Felder sind grün zu färben.

c) Anzahl der weißen Felder: $20-2-3=15$
Anzahl aller Felder: 20

$$\text{Wahrscheinlichkeit} = \frac{\text{Anzahl der weißen Felder}}{\text{Anzahl aller Felder}} = \frac{15}{20} = \frac{3}{4} = 0,75 = 75\ \%$$

Die Wahrscheinlichkeit, nicht zu gewinnen, liegt bei 75 %.

d)

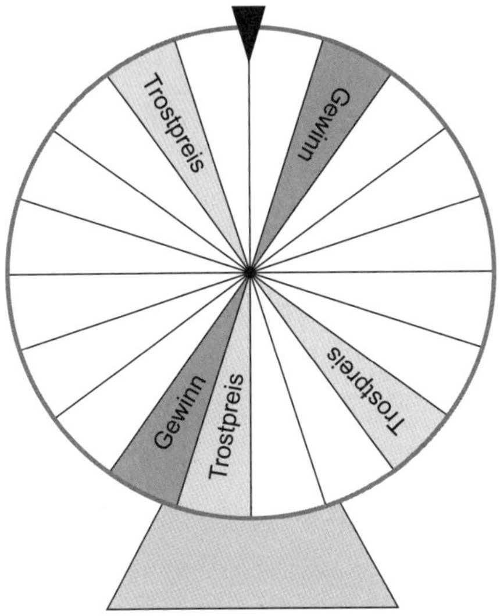

Welche Felder gefärbt werden, ist egal. Wichtig ist, dass die Anzahl der gefärbten Felder stimmt.

7 Geometrie der Ebene

213 a) Nebenwinkel von α sind δ und β.

b) Scheitelwinkel:
α und γ
β und δ

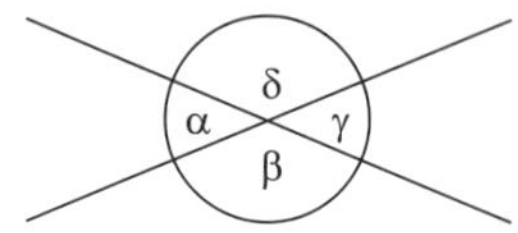

---

214 a) α und δ sind Nebenwinkel:

$\alpha + \delta = 180°$
$30° + \delta = 180°$
$\delta = 150°$

α und γ sind Scheitelwinkel:
$\alpha = \gamma = 30°$

δ und β sind Scheitelwinkel:
$\delta = \beta = 150°$

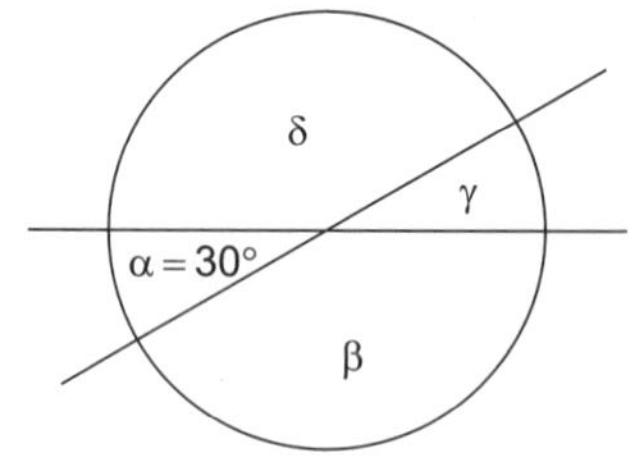

b) α und β sind Nebenwinkel:

$\alpha + \beta = 180°$
$46° + \beta = 180°$
$\beta = 134°$

α und γ sind Scheitelwinkel:
$\alpha = \gamma = 46°$

β und δ sind Scheitelwinkel:
$\beta = \delta = 134°$

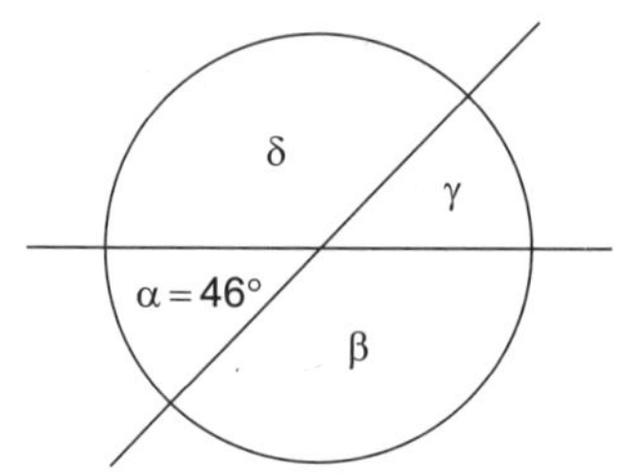

c) α und β sind Nebenwinkel:

$\alpha + \beta = 180°$
$90° + \beta = 180°°$
$\beta = 90°$

α und γ sind Scheitelwinkel:
$\alpha = \gamma = 90°$

β und δ sind Scheitelwinkel:
$\beta = \delta = 90°$

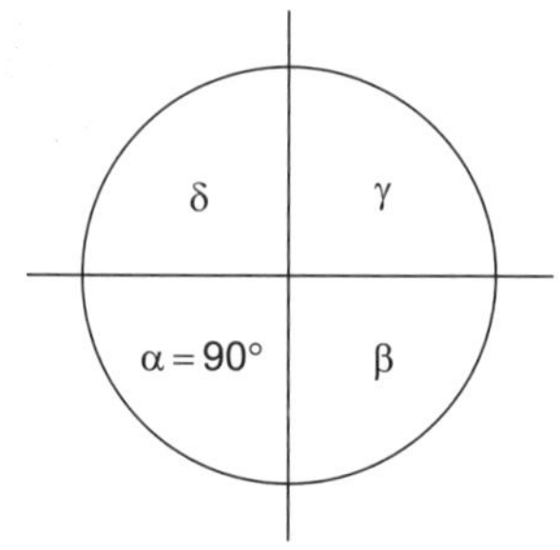

d) α und δ sind Nebenwinkel:

$\alpha + \delta = 180°$
$55° + \delta = 180°$
$\delta = 125°$

δ und β sind Scheitelwinkel:
$\delta = \beta = 125°$

α und γ sind Scheitelwinkel:
$\alpha = \gamma = 55°$

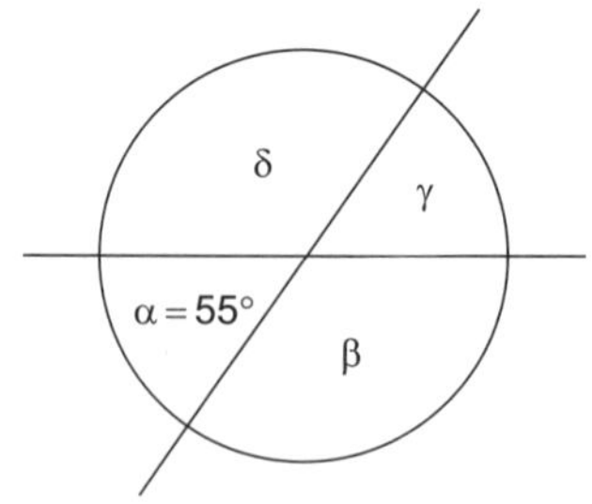

---

215 a)

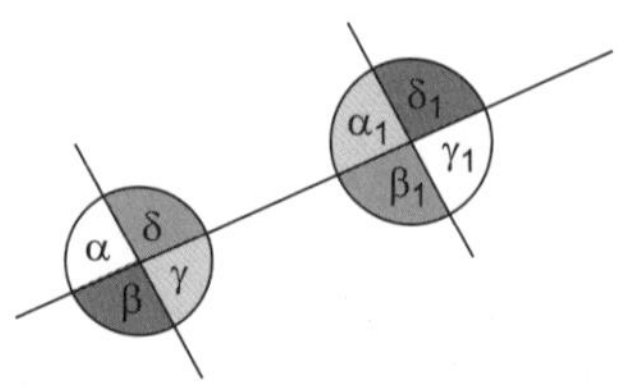

b)

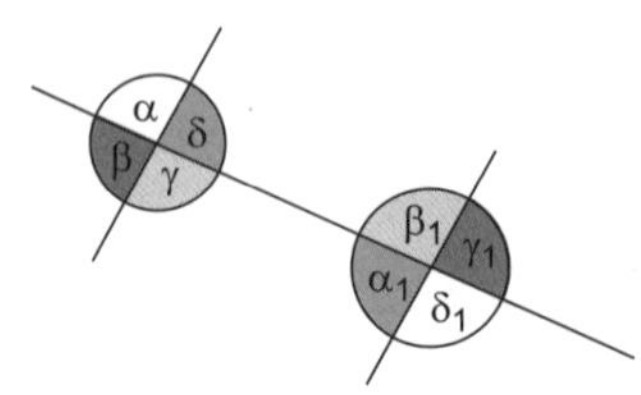

216 a) δ_3 und γ_3 sind Nebenwinkel:

$\delta_3 + \gamma_3 = 180°$
$\delta_3 + 70° = 180°$
$\delta_3 = 110°$

γ_3 und α_3 sind Scheitelwinkel:
$\gamma_3 = \alpha_3 = 70°$

δ_3 und β_3 sind Scheitelwinkel:
$\delta_3 = \beta_3 = 110°$

α_1, α_2, α_3 und α sind Stufenwinkel:
$\alpha_1 = \alpha_2 = \alpha_3 = \alpha = 70°$

β_1, β_2, β_3 und β sind Stufenwinkel:
$\beta_1 = \beta_2 = \beta_3 = \beta = 110$

γ_1, γ_2, γ_3 und γ sind Stufenwinkel:
$\gamma_1 = \gamma_2 = \gamma_3 = \gamma = 70°$

δ_1, δ_2, δ_3 und δ sind Stufenwinkel:
$\delta_1 = \delta_2 = \delta_3 = \delta = 110°$

b) γ und δ sind Nebenwinkel:

$\gamma + \delta = 180°$
$65° + \delta = 180°$
$\delta = 115°$

γ und α sind Scheitelwinkel: $\gamma = \alpha = 65°$

δ und β sind Scheitelwinkel: $\delta = \beta = 115°$

γ und δ_1 sind Basiswinkel im gleichschenkligen Trapez: $\gamma = \delta_1 = 65°$

δ_1 und β_1 sind Scheitelwinkel:
$\delta_1 = \beta_1 = 65°$

γ_1 und δ_1 sind Nebenwinkel:
$\gamma_1 = 180° - \delta_1 = 115°$

γ_1 und α_1 sind Scheitelwinkel:
$\gamma_1 = \alpha_1 = 115°$

Stufenwinkel zu je 65° sind α und α_3, γ und γ_3, δ_1 und δ_2 sowie β_1 und β_2.

Stufenwinkel zu je 115° sind δ und δ_3, β und β_3, α_1 und α_2 sowie γ_1 und γ_2.

---

217 a) $70° + 42° + \gamma = 180°$
$112° + \gamma = 180°$
$\gamma = 68°$

b) $90° + \beta + 51° = 180°$
$141° + \beta = 180°$
$\beta = 39°$

c) Gleichseitiges Dreieck:
$\alpha = \beta = \gamma = 60°$

d) Gleichschenkliges Dreieck:
$\alpha = \beta = 65°$
$65° + 65° + \gamma = 180°$
$130° + \gamma = 180°$
$\gamma = 50°$

218

	α	β	γ	δ
a)	56°	101°	87°	116°
b)	42°	132°	109°	77°
c)	85°	66°	108°	101°
d)	75°	108°	64°	113°

---

219 a) $104° + 98° + \gamma + 107° = 360°$
$\gamma + 309° = 360°$
$\gamma = 51°$

b) $\beta = \delta = 62°$ Wechselwinkel
$\alpha = \gamma$ Wechselwinkel
$2\alpha + 62° + 62° = 360°$
$2\alpha + 124° = 360°$
$\alpha = 118°$

c) $\alpha + 135° + 65° + 90° = 360°$
$\alpha + 290° = 360°$
$\alpha = 70°$

d) Im gleichschenkligen Trapez sind je zwei Winkel gleich groß:
$\alpha = \beta = 60°$
$\gamma = \delta$
$\alpha + \beta + \gamma + \delta = 360°$
$120° + 2\gamma = 360°$
$\gamma = 120°$
$\delta = 120°$

220 a) $\alpha = x + 17°$
$\beta = x - 32°$
$\gamma = x$
$x + 17° + x - 32° + x = 180°$
$3x - 15° = 180°$
$3x = 195°$
$x = 65°$

$\alpha = 65° + 17° = 82°$
$\beta = 65° - 32° = 33°$
$\gamma = 65°$

b) $\alpha = x + 8°$ $\quad \beta = x - 5{,}5°$
$\gamma = x - 52°$ $\quad \delta = 1{,}5x$

$x + 8° + x - 5{,}5° + x - 52° + 1{,}5x = 360°$
$4{,}5x - 49{,}5° = 360°$
$4{,}5x = 409{,}5°$
$x = 91°$

$\alpha = 91° + 8° = 99°$
$\beta = 91° - 5{,}5° = 85{,}5°$
$\gamma = 91° - 52° = 39°$
$\delta = 1{,}5 \cdot 91° = 136{,}5°$

---

221 a) $A = \frac{4{,}5\text{ cm} \cdot 2{,}0\text{ cm}}{2}$
$A = 4{,}5\text{ cm}^2$

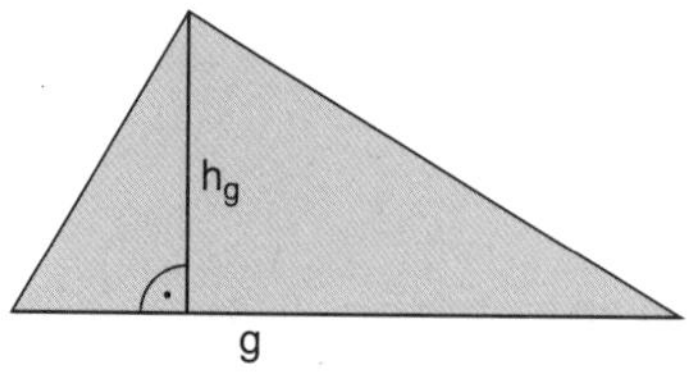

b) $A = \frac{3{,}7\text{ cm} \cdot 3{,}0\text{ cm}}{2}$
$A = 5{,}55\text{ cm}^2$

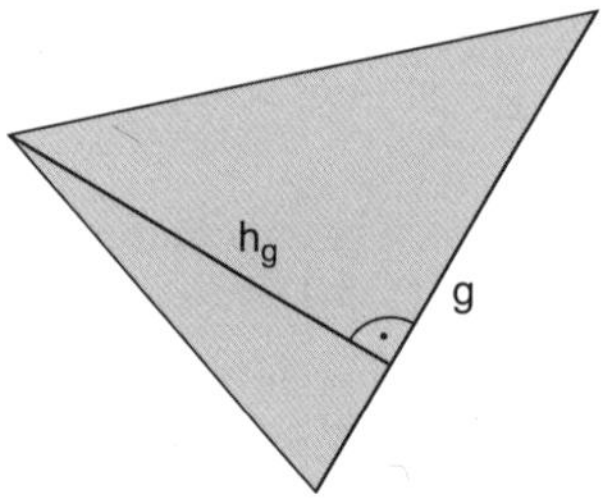

222

	Grundseite g	Höhe h	Flächeninhalt A
a)	7 cm	4 cm	14 cm²
b)	3,9 m	2 m	3,9 m²
c)	19 cm	12 cm	114 cm²
d)	26 dm	8 dm	104 dm²
e)	10,5 cm	14 cm	73,5 cm²
f)	22,4 cm	9 cm	100,8 cm²

---

223 a) $A = \frac{a \cdot h_a}{2}$
$A = \frac{3{,}5\text{ cm} \cdot 3{,}4\text{ cm}}{2}$
$A = 5{,}95\text{ cm}^2 \approx 6{,}0\text{ cm}^2$

$A = \frac{b \cdot h_b}{2}$
$A = \frac{3{,}5\text{ cm} \cdot 3{,}4\text{ cm}}{2}$
$A = 5{,}95\text{ cm}^2 \approx 6{,}0\text{ cm}^2$

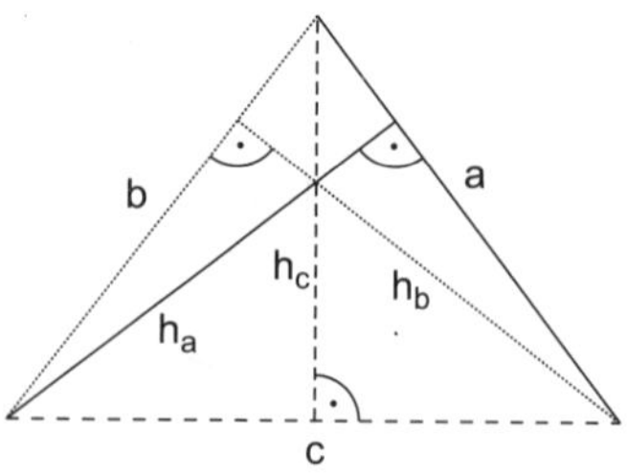

$A = \frac{c \cdot h_c}{2}$
$A = \frac{4{,}3\text{ cm} \cdot 2{,}8\text{ cm}}{2}$
$A = 6{,}02\text{ cm}^2 \approx 6{,}0\text{ cm}^2$

Die unterschiedlichen Ergebnisse ergeben sich durch Messungenauigkeiten.

b) $A = \frac{a \cdot h_a}{2}$

$A = \frac{3{,}2\ \text{cm} \cdot 4{,}8\ \text{cm}}{2}$

$A = 7{,}68\ \text{cm}^2 \approx 7{,}7\ \text{cm}^2$

$A = \frac{b \cdot h_b}{2}$

$A = \frac{5{,}2\ \text{cm} \cdot 3\ \text{cm}}{2}$

$A = 7{,}8\ \text{cm}^2$

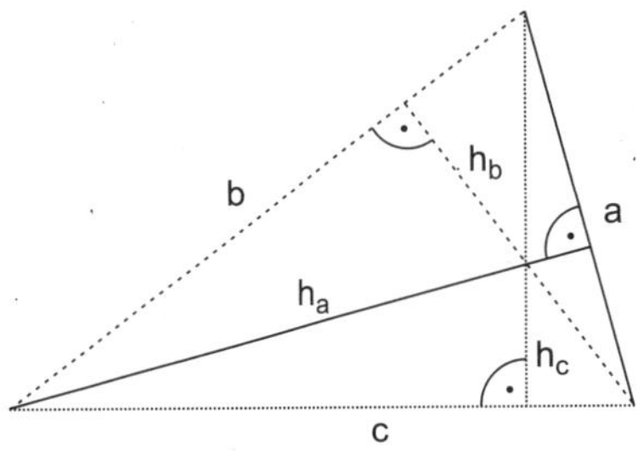

$A = \frac{c \cdot h_c}{2}$

$A = \frac{5\ \text{cm} \cdot 3{,}1\ \text{cm}}{2}$

$A = 7{,}75\ \text{cm}^2 \approx 7{,}8\ \text{cm}^2$

Die unterschiedlichen Ergebnisse ergeben sich durch Messungenauigkeiten.

224

	Kathete a	Kathete b	Flächeninhalt A
a)	24 cm	36 cm	432 cm²
b)	7,6 dm	1,4 dm	5,32 dm²
c)	4,8 m	7,8 m	18,72 m²
d)	1,6 m	5,4 m	4,32 m²

225

	Kathete a	Kathete b	Hypotenuse c
a)	33 cm	56 cm	65 cm
b)	63 dm	16 dm	65 dm
c)	6,5 cm	7,2 cm	9,7 cm
d)	39 dm	80 dm	89 dm
e)	1,5 m	11,2 m	11,3 m
f)	55 cm	48 cm	73 cm

226 a) $(10\ \text{cm})^2 + (14\ \text{cm})^2 = c^2$

$100\ \text{cm}^2 + 196\ \text{cm}^2 = c^2$

$296\ \text{cm}^2 = c^2$

$17{,}20\ \text{cm} \approx c$

b) $(5\ \text{cm})^2 + (5\ \text{cm})^2 = c^2$

$25\ \text{cm}^2 + 25\ \text{cm}^2 = c^2$

$50\ \text{cm}^2 = c^2$

$7{,}07\ \text{cm} \approx c$

c) $(4\ \text{cm})^2 + (2 \cdot 4\ \text{cm})^2 = c^2$

$16\ \text{cm}^2 + 64\ \text{cm}^2 = c^2$

$80\ \text{cm}^2 = c^2$

$8{,}94\ \text{cm} \approx c$

d) $a^2 + b^2 = c^2$

$144\ \text{cm}^2 = c^2$

$12\ \text{cm} = c$

227 a) $a^2 + (3\ \text{cm})^2 = (5\ \text{cm})^2$

$a^2 + 9\ \text{cm}^2 = 25\ \text{cm}^2$

$a^2 = 16\ \text{cm}^2$

$a = 4\ \text{cm}$

$u = 5\ \text{cm} + 3\ \text{cm} + 4\ \text{cm}$

$u = 12\ \text{cm}$

$A = \frac{3\ \text{cm} \cdot 4\ \text{cm}}{2}$

$A = 6\ \text{cm}^2$

b) $(12\ \text{dm})^2 + (16\ \text{dm})^2 = c^2$

$144\ \text{dm}^2 + 256\ \text{dm}^2 = c^2$

$400\ \text{dm}^2 = c^2$

$20\ \text{dm} = c$

$u = 12\ \text{dm} + 16\ \text{dm} + 20\ \text{dm}$

$u = 48\ \text{dm}$

$A = \frac{12\ \text{dm} \cdot 16\ \text{dm}}{2}$

$A = 96\ \text{dm}^2$

c) $(6\text{ cm})^2 + b^2 = (10\text{ cm})^2$
$36\text{ cm}^2 + b^2 = 100\text{ cm}^2$
$b^2 = 64\text{ cm}^2$
$b = 8\text{ cm}$

$u = 6\text{ cm} + 8\text{ cm} + 10\text{ cm}$
$u = 24\text{ cm}$

$A = \frac{6\text{ cm} \cdot 8\text{ cm}}{2}$
$A = 24\text{ cm}^2$

d) $(7{,}5\text{ dm})^2 + b^2 = (12{,}5\text{ dm})^2$
$56{,}25\text{ dm}^2 + b^2 = 156{,}25\text{ dm}^2$
$b^2 = 100\text{ dm}^2$
$b = 10\text{ dm}$

$u = 7{,}5\text{ dm} + 10\text{ dm} + 12{,}5\text{ dm}$
$u = 30\text{ dm}$

$A = \frac{7{,}5\text{ dm} \cdot 10\text{ dm}}{2}$
$A = 37{,}5\text{ dm}^2$

---

228 5-m-Raum-Diagonale:
$(5{,}5\text{ m})^2 + (18{,}32\text{ m})^2 = d_1^2$
$30{,}25\text{ m}^2 + 335{,}6224\text{ m}^2 = d_1^2$
$365{,}8724\text{ m}^2 = d_1^2$
$19{,}1\text{ m} \approx d_1$

16-m-Raum-Diagonale:
$(16{,}5\text{ m})^2 + (40{,}32\text{ m})^2 = d_2^2$
$272{,}25\text{ m}^2 + 1\,625{,}7024\text{ m}^2 = d_2^2$
$1\,897{,}9524\text{ m}^2 = d_2^2$
$43{,}6\text{ m} \approx d_2$

Halbfeld-Diagonale:
$(52{,}5\text{ m})^2 + (68\text{ m})^2 = d_3^2$
$2\,756{,}25\text{ m}^2 + 4\,624\text{ m}^2 = d_3^2$
$7\,380{,}25\text{ m}^2 = d_3^2$
$85{,}9\text{ m} \approx d_3$

Spielfeld-Diagonale:
$(105\text{ m})^2 + (68\text{ m})^2 = d_4^2$
$11\,025\text{ m}^2 + 4\,624\text{ m}^2 = d_4^2$
$15\,649\text{ m}^2 = d_4^2$
$125{,}1\text{ m} \approx d_4$

Gesamtstrecke:
$d_{ges} = d_1 + d_2 + d_3 + d_4$
$d_{ges} = 19{,}1\text{ m} + 43{,}6\text{ m} + 85{,}9\text{ m} + 125{,}1\text{ m}$
$d_{ges} = 273{,}7\text{ m}$

Insgesamt sprinten die Spieler eine Strecke von 273,7 m.

---

229 a) $\left(\frac{4{,}8\text{ cm}}{2}\right)^2 + h^2 = (6\text{ cm})^2$
$(2{,}4\text{ cm})^2 + h^2 = 36\text{ cm}^2$
$5{,}76\text{ cm}^2 + h^2 = 36\text{ cm}^2$
$h^2 = 30{,}24\text{ cm}^2$
$h \approx 5{,}5\text{ cm}$

b) $(1{,}2\text{ cm})^2 + h^2 = (4{,}9\text{ cm})^2$
$1{,}44\text{ cm}^2 + h^2 = 24{,}01\text{ cm}^2$
$h^2 = 22{,}57\text{ cm}^2$
$h \approx 4{,}8\text{ cm}$

c) $a^2 + a^2 = (8\text{ cm})^2$
$2a^2 = 64\text{ cm}^2$
$a^2 = 32\text{ cm}^2$
$a \approx 5{,}7\text{ cm}$

d) $\left(\frac{6{,}4\text{ cm} - 3{,}5\text{ cm}}{2}\right)^2 + h^2 = (4{,}8\text{ cm})^2$
$(1{,}45\text{ cm})^2 + h^2 = 23{,}04\text{ cm}^2$
$2{,}1025\text{ cm}^2 + h^2 = 23{,}04\text{ cm}^2$
$h^2 = 20{,}9375\text{ cm}^2$
$h \approx 4{,}6\text{ cm}$

e) $y^2 + \left(\frac{5{,}5\text{ cm}}{2}\right)^2 = (4{,}5\text{ cm})^2$
$y^2 + 7{,}5625\text{ cm}^2 = 20{,}25\text{ cm}^2$
$y^2 = 12{,}6875\text{ cm}^2$
$y \approx 3{,}6\text{ cm}$

$x = 3{,}6\text{ cm} + 3\text{ cm}$
$x = 6{,}6\text{ cm}$

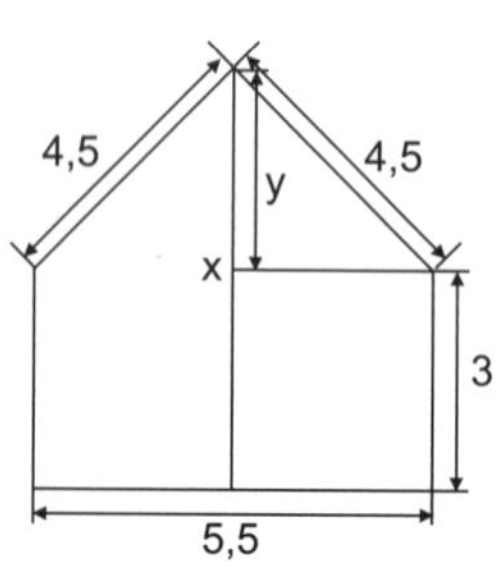

f) Sechseck: sechs gleichseitige Dreiecke

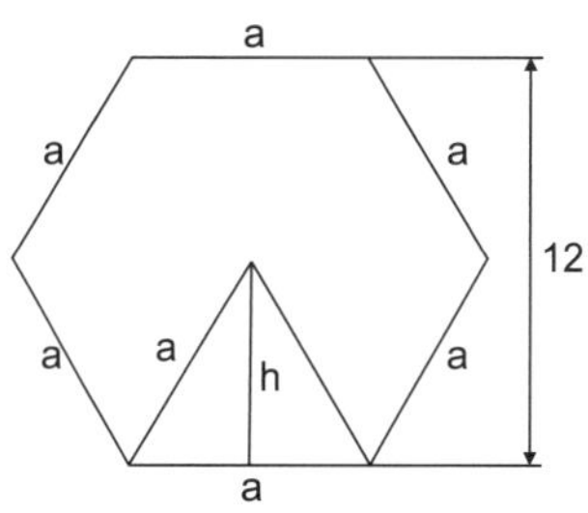

$$h^2+\left(\frac{a}{2}\right)^2=a^2$$
$$\left(\frac{12\text{ cm}}{2}\right)^2+\frac{a^2}{4}=a^2$$
$$36\text{ cm}^2+\frac{a^2}{4}=a^2 \quad |\cdot 4$$
$$144\text{ cm}^2+a^2=4a^2 \quad |-a^2$$
$$144\text{ cm}^2=3a^2 \quad |:3$$
$$48\text{ cm}^2=a^2$$
$$6{,}9\text{ cm}\approx a$$

---

230 Typ Alpha:

$$(64\text{ cm})^2+(38\text{ cm})^2=d_1^2$$
$$4\,096\text{ cm}^2+1\,444\text{ cm}^2=d_1^2$$
$$5\,540\text{ cm}^2=d_1^2$$
$$74{,}43\text{ cm}\approx d_1$$

Typ Beta:

$$(38\text{ cm})^2+(22\text{ cm})^2=d_2^2$$
$$1\,444\text{ cm}^2+484\text{ cm}^2=d_2^2$$
$$1\,928\text{ cm}^2=d_2^2$$
$$43{,}91\text{ cm}\approx d_2$$

Typ Alpha hat eine Bildschirmdiagonale von etwa 74,43 cm, Typ Beta hat eine Diagonale von ca. 43,91 cm.

---

231 Spannbrett d_1:

$$(0{,}98\text{ m})^2+(1{,}98\text{ m})^2=d_1^2$$
$$0{,}9604\text{ m}^2+3{,}9204\text{ m}^2=d_1^2$$
$$4{,}8808\text{ m}^2=d_1^2$$
$$2{,}21\text{ m}\approx d_1$$

Spannbrett d_2:

$$(1\text{ m})^2+(0{,}95\text{ m})^2=d_2^2$$
$$1\text{ m}^2+0{,}9025\text{ m}^2=d_2^2$$
$$1{,}9025\text{ m}^2=d_2^2$$
$$1{,}38\text{ m}\approx d_2$$

Spannbrett d_3:

$$(1\text{ m})^2+(1{,}8\text{ m})^2=d_3^2$$
$$1\text{ m}^2+3{,}24\text{ m}^2=d_3^2$$
$$4{,}24\text{ m}^2=d_3^2$$
$$2{,}06\text{ m}\approx d_3$$

---

232 Überlegung: Wenn die Diagonale der Tür über 2,20 m lang ist, würde der Spiegel durch die Tür passen.
Berechnung der Türdiagonalen mithilfe des Satzes von Pythagoras:

$$(2{,}1\text{ m})^2+(0{,}8\text{ m})^2=c^2$$
$$4{,}41\text{ m}^2+0{,}64\text{ m}^2=c^2$$
$$5{,}05\text{ m}^2=c^2$$
$$2{,}25\text{ m}\approx c$$

Der Spiegel passt durch die Tür, da die Türdiagonale 2,25 m lang ist.

233 Sind die Dreiecke rechtwinklig, muss der Satz des Pythagoras gelten.

a)
$$(4\text{ cm})^2 + (11\text{ cm})^2 = c^2$$
$$16\text{ cm}^2 + 121\text{ cm}^2 = c^2$$
$$137\text{ cm}^2 = c^2$$
$$11{,}7\text{ cm} \approx c \neq 13\text{ cm}$$
Das Dreieck ist nicht rechtwinklig.

b)
$$(18\text{ m})^2 + (24\text{ m})^2 = c^2$$
$$324\text{ m}^2 + 576\text{ m}^2 = c^2$$
$$900\text{ m}^2 = c^2$$
$$30\text{ m} = c$$
Das Dreieck ist rechtwinklig.

c)
$$(15\text{ dm})^2 + (20\text{ dm})^2 = c^2$$
$$225\text{ dm}^2 + 400\text{ dm}^2 = c^2$$
$$625\text{ dm}^2 = c^2$$
$$25\text{ dm} = c$$
Das Dreieck ist rechtwinklig.

d)
$$(8\text{ cm})^2 + (15\text{ cm})^2 = c^2$$
$$64\text{ cm}^2 + 225\text{ cm}^2 = c^2$$
$$289\text{ cm}^2 = c^2$$
$$17\text{ cm} = c$$
Das Dreieck ist rechtwinklig.

234 a) Kathete a = 2 cm
$$(2\text{ cm})^2 + (2\text{ cm})^2 = d_1^2$$
$$4\text{ cm}^2 + 4\text{ cm}^2 = d_1^2$$
$$8\text{ cm}^2 = d_1^2$$
$$2{,}8\text{ cm} \approx d_1$$
Kathete a = 2 cm
Kathete d_1 = 2,8 cm
$$(2\text{ cm})^2 + (2{,}8\text{ cm})^2 = d_2^2$$
$$4\text{ cm}^2 + 7{,}84\text{ cm}^2 = d_2^2$$
$$11{,}84\text{ cm}^2 = d_2^2$$
$$3{,}4\text{ cm} \approx d_2$$

b) Kathete a = 3 cm
Kathete b = 2 cm
$$(3\text{ cm})^2 + (2\text{ cm})^2 = d_1^2$$
$$9\text{ cm}^2 + 4\text{ cm}^2 = d_1^2$$
$$13\text{ cm}^2 = d_1^2$$
$$3{,}6\text{ cm} \approx d_1$$
Kathete c = 1,5 cm
Kathete d_1 = 3,6 cm
$$(1{,}5\text{ cm})^2 + (3{,}6\text{ cm})^2 = d_2^2$$
$$2{,}25\text{ cm}^2 + 12{,}96\text{ cm}^2 = d_2^2$$
$$15{,}21\text{ cm}^2 = d_2^2$$
$$3{,}9\text{ cm} = d_2$$

235 Bei dieser Aufgabe musst du jeweils zuerst die Flächendiagonale berechnen, um dann mithilfe der Flächendiagonalen die Raumdiagonale zu berechnen.

Paket	Breite	Tiefe	Höhe	Flächendiagonale	Raumdiagonale
XL	50 cm	30 cm	20 cm	$(50\text{ cm})^2 + (30\text{ cm})^2 = c^2$ $3\,400\text{ cm}^2 = c^2$ $58{,}31\text{ cm} \approx c$	$(58{,}31\text{ cm})^2 + (20\text{ cm})^2 = c^2$ $3\,800\text{ cm}^2 \approx c^2$ $61{,}64\text{ cm} \approx c$
L	40 cm	25 cm	15 cm	$(40\text{ cm})^2 + (25\text{ cm})^2 = c^2$ $2\,225\text{ cm}^2 = c^2$ $47{,}17\text{ cm} \approx c$	$(47{,}17\text{ cm})^2 + (15\text{ cm})^2 = c^2$ $2\,450\text{ cm}^2 \approx c^2$ $49{,}50\text{ cm} \approx c$
M	35 cm	25 cm	12 cm	$(35\text{ cm})^2 + (25\text{ cm})^2 = c^2$ $1\,850\text{ cm}^2 = c^2$ $43{,}01\text{ cm} \approx c$	$(43{,}01\text{ cm})^2 + (12\text{ cm})^2 = c^2$ $1\,994\text{ cm}^2 \approx c^2$ $44{,}65\text{ cm} \approx c$
S	25 cm	17,5 cm	10 cm	$(25\text{ cm})^2 + (17{,}5\text{ cm})^2 = c^2$ $931{,}25\text{ cm}^2 = c^2$ $30{,}52\text{ cm} \approx c$	$(30{,}52\text{ cm})^2 + (10\text{ cm})^2 = c^2$ $1\,031{,}5\text{ cm}^2 \approx c^2$ $32{,}12\text{ cm} \approx c$

a) Für die 49 cm lange Jonglierkeule reicht das Paket mit der Bezeichnung L.

b) Für die 35 cm lange Vase reicht das Paket mit der Bezeichnung M.

236 a) Kathete a = 2,5 cm

$(2{,}5\text{ cm})^2 + (2{,}5\text{ cm})^2 = d^2$

$6{,}25\text{ cm}^2 + 6{,}25\text{ cm}^2 = d^2$

$12{,}5\text{ cm}^2 = d^2$

$3{,}5\text{ cm} \approx d$

Kathete $\frac{d}{2} \approx 1{,}8$ cm

Kathete h = 3 cm

$(1{,}8\text{ cm})^2 + (3\text{ cm})^2 = k_s^2$

$3{,}24\text{ cm}^2 + 9\text{ cm}^2 = k_s^2$

$12{,}24\text{ cm}^2 = k_s^2$

$3{,}5\text{ cm} \approx k_s$

b) Kathete a = 3 cm
Kathete b = 2 cm

$(3\text{ cm})^2 + (2\text{ cm})^2 = d^2$

$9\text{ cm}^2 + 4\text{ cm}^2 = d^2$

$13\text{ cm}^2 = d^2$

$3{,}6\text{ cm} \approx d$

Kathete $\frac{d}{2} = 1{,}8$ cm

Kathete $k_s = 4$ cm

$(1{,}8\text{ cm})^2 + h^2 = (4\text{ cm})^2$

$h^2 = 16\text{ cm}^2 - 3{,}24\text{ cm}^2$

$h^2 = 12{,}76\text{ cm}^2$

$3{,}6\text{ cm} \approx h$

---

237 Kathete $\frac{d}{2} = 10$ cm

Kathete h = 25 cm

$(10\text{ cm})^2 + (25\text{ cm})^2 = s^2$

$100\text{ cm}^2 + 625\text{ cm}^2 = s^2$

$725\text{ cm}^2 = s^2$

$27\text{ cm} \approx s$

Seite s muss ca. 27 cm lang sein.

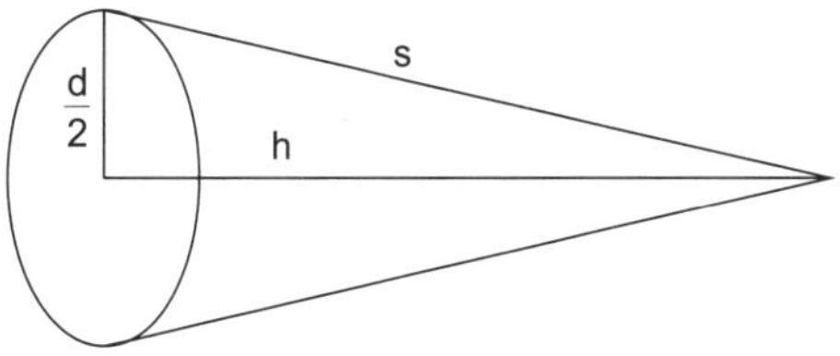

238

	Seite a	Flächendiagonale d	Umfang u	Flächeninhalt A
a)	12 cm	16,97 cm	48 cm	144 cm²
b)	11 cm	15,56 cm	44 cm	121 cm²
c)	19,25 cm	27,22 cm	77 cm	370,56 cm²
d)	7,2 m	10,18 m	28,8 m	51,84 m²

---

239 Grundstücksseite:

$665\text{ m}^2 = a^2$

$25{,}79\text{ m} \approx a$

Umfang des Grundstücks:
$25{,}79\text{ m} \cdot 4 = 103{,}16\text{ m}$

Gartenzaun:
$103{,}16\text{ m} - (4{,}50\text{ m} + 1{,}30\text{ m}) = 97{,}36\text{ m}$

Es müssen 97,36 m Gartenzaun aufgestellt werden.

---

240 Zimmerseite:

$17\text{ m} = 4a$

$4{,}25\text{ m} = a$

Kosten für die Randleiste:

$(17\text{ m} - 1{,}3\text{ m}) \cdot 8{,}90\,\frac{€}{\text{m}} = 139{,}73\text{ €}$

Gesamtkosten:
$278{,}16\text{ €} + 139{,}73\text{ €} = 417{,}89\text{ €}$

Fläche des Zimmers:

$A = (4{,}25\text{ m})^2$

$A = 18{,}0625\text{ m}^2$

Kosten für den Teppichboden:

$18{,}0625\text{ m}^2 \cdot 15{,}40\,\frac{€}{\text{m}^2} \approx 278{,}16\text{ €}$

241

	Seite a	Seite b	Umfang u	Flächendiagonale d	Flächeninhalt A
a)	4,5 dm	3 dm	15 dm	5,41 dm	13,5 dm^2
b)	4 cm	16 cm	40 cm	16,49 cm	64 cm^2
c)	6,69 m	5,09 m	23,56 m	8,41 m	34,05 m^2
d)	23 m	1,56 m	49,12 m	23,05 m	35,9 m^2
e)	13 dm	7 dm	40 dm	14,76 dm	91 dm^2
f)	12,31 cm	6,5 cm	37,62 cm	13,92 cm	80 cm^2

242 Fläche Firmengelände:
$A = 60\ m \cdot 130\ m$
$A = 7\,800\ m^2$

Seite b Hauptgebäude:
$160\ m = 2 \cdot 50\ m + 2 \cdot b$
$160\ m = 100\ m + 2 \cdot b$
$60\ m = 2 \cdot b$
$30\ m = b$

Fläche Hauptgebäude:
$A = 30\ m \cdot 50\ m$
$A = 1\,500\ m^2$

Fläche Nebengebäude:
$A = 30\ m \cdot 30\ m$
$A = 900\ m^2$

Rasenfläche:
$7\,800\ m^2 - 1\,500\ m^2 - 900\ m^2 = 5\,400\ m^2$

Es werden 5 400 m^2 Rasen benötigt.

243

	Grundseite g	Höhe h	Flächeninhalt A
a)	4,5 cm	54,76 cm	246,4 cm^2
b)	7 m	66 dm = 6,6 m	46,2 m^2
c)	45 cm	150 mm = 15 cm	675 cm^2
d)	3,7 m	0,8 m	2,96 m^2
e)	5,15 km	3,4 km	17,5 km^2

244 a) $A = 7,25\ m \cdot 22,7\ m$
$A = 164,575\ m^2$

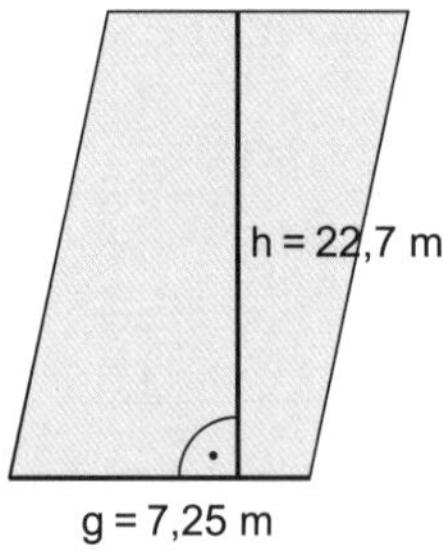

b) $A = 45\ cm \cdot 102\ cm$
$A = 4\,590\ cm^2$

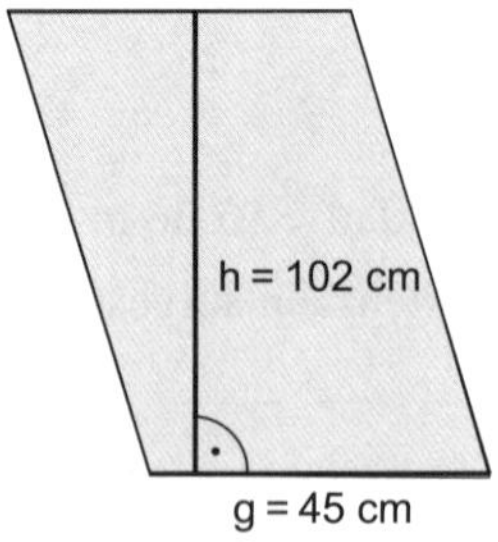

c) $A = 16\text{ cm} \cdot 13\text{ cm}$
$A = 208\text{ cm}^2$

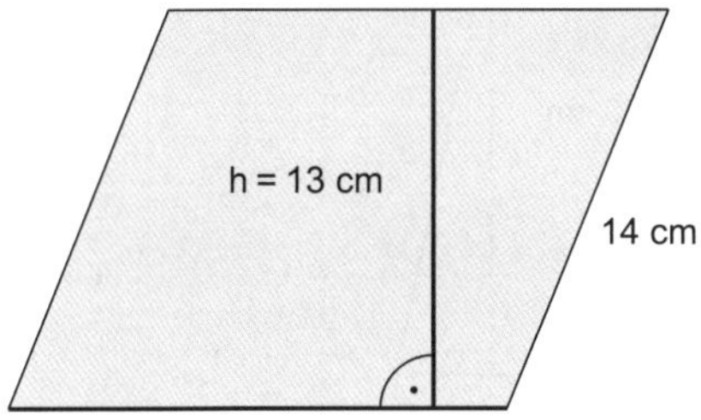

d) $A = 19\text{ cm} \cdot 20\text{ cm}$
$A = 380\text{ cm}^2$

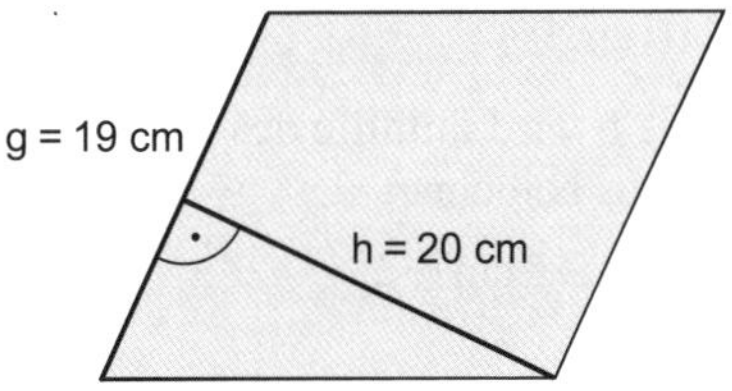

245

	Grundseite a	Grundseite c	Höhe h	Flächeninhalt A
a)	45,6 m	168,4 m	93,2 m	9 972,4 m²
b)	5,4 cm	9,9 cm	7,25 cm	55,46 cm²
c)	88,4 cm	45,6 cm	13,58 cm	9,10 dm² = 910 cm²
d)	10 dm	50 dm	11 dm	330 dm²
e)	4,6 km	0,2 km	1 km	2,4 km²

246 a) $a = 2 \cdot 3\text{ cm} = 6\text{ cm}$
$c = 5 \cdot 3\text{ cm} = 15\text{ cm}$
$h = 3 \cdot 3\text{ cm} = 9\text{ cm}$
$$A = \frac{6\text{ cm} + 15\text{ cm}}{2} \cdot 9\text{ cm}$$
$A = 94{,}5\text{ cm}^2$

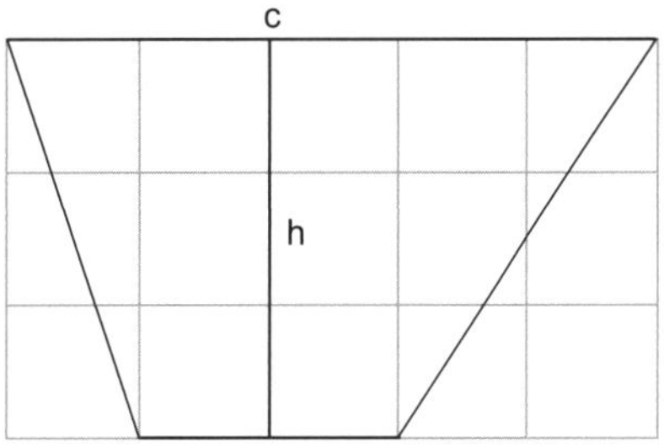

b) $a = 4 \cdot 3\text{ cm} = 12\text{ cm}$
$c = 1 \cdot 3\text{ cm} = 3\text{ cm}$
$h = 3 \cdot 3\text{ cm} = 9\text{ cm}$
$$A = \frac{12\text{ cm} + 3\text{ cm}}{2} \cdot 9\text{ cm}$$
$A = 67{,}5\text{ cm}^2$

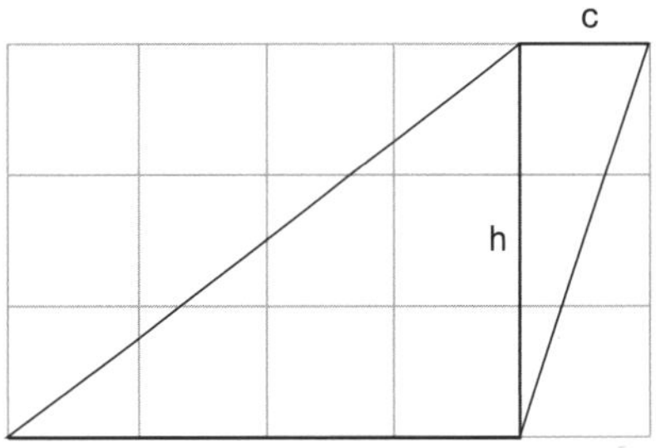

247 Flächeninhalt des Trapezes:
$$A = \frac{30\text{ m} + 22\text{ m}}{2} \cdot 47\text{ m}$$
$A = 1\,222\text{ m}^2$

Rechteckseite b:
$1\,222\text{ m}^2 = 40\text{ m} \cdot b$
$30{,}55\text{ m} = b$

Dreieckshöhe h_c:
$$1\,222\text{ m}^2 = \frac{50\text{ m} \cdot h_c}{2}$$
$2\,444\text{ m}^2 = 50\text{ m} \cdot h_c$
$48{,}88\text{ m} = h_c$

248 a) $A = \frac{16\text{ cm} + 5\text{ cm}}{2} \cdot 20\text{ cm}$

$A = 210\text{ cm}^2$

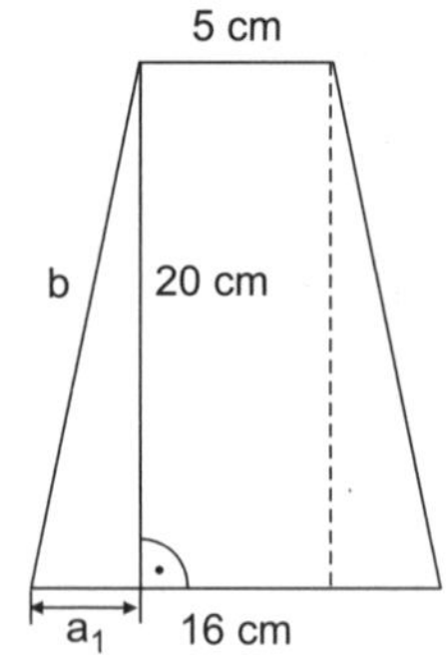

Die Seite b wird mithilfe des Satzes des Pythagoras berechnet.

$a_1 = (16\text{ cm} - 5\text{ cm}) : 2$
$a_1 = 5{,}5\text{ cm}$

$b^2 = (5{,}5\text{ cm})^2 + (20\text{ cm})^2$
$b^2 = 430{,}25\text{ cm}^2$
$b \approx 20{,}7\text{ cm}$

$u = a + 2 \cdot b + c$
$u = 16\text{ cm} + 2 \cdot 20{,}7\text{ cm} + 5\text{ cm}$
$u = 62{,}4\text{ cm}$

b) $u = 35\text{ m} + 2 \cdot 27{,}3\text{ m} + 18{,}5\text{ m}$
$u = 108{,}1\text{ m}$

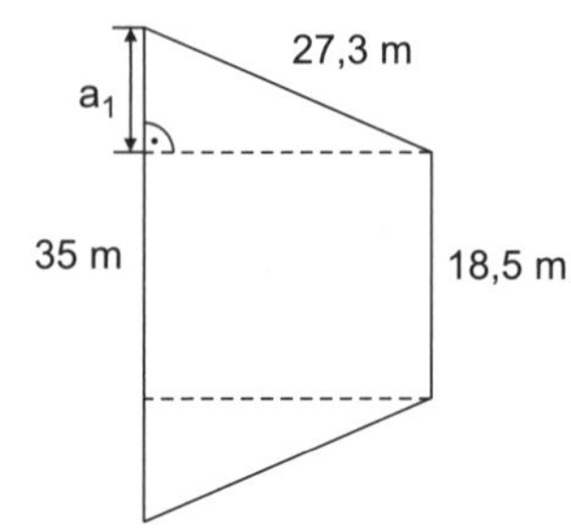

Die Höhe wird mithilfe des Satzes des Pythagoras berechnet.
$a_1 = (35\text{ m} - 18{,}5\text{ m}) : 2$
$a_1 \approx 8{,}3\text{ m}$

$$(27{,}3\text{ m})^2 = (8{,}3\text{ m})^2 + h^2$$
$$(27{,}3\text{ m})^2 - (8{,}3\text{ m})^2 = h^2$$
$$676{,}4\text{ m}^2 \approx h^2$$
$$26{,}0\text{ m} \approx h$$

$A = \frac{35\text{ m} + 18{,}5\text{ m}}{2} \cdot 26{,}0\text{ m}$

$A = 695{,}5\text{ m}^2$

---

249 Die Fläche kann in zwei berechenbare Teilflächen zerlegt werden: ein rechtwinkliges Dreieck BCD und ein Trapez ABDE.
Der Flächeninhalt des rechtwinkligen Dreiecks kann mithilfe der beiden gegebenen Katheten $\overline{BC} = 6\text{ cm}$ und $\overline{CD} = 8\text{ cm}$ berechnet werden:

$A_D = \frac{6\text{ cm} \cdot 8\text{ cm}}{2}$

$A_D = 24\text{ cm}^2$

Zur Berechnung des Flächeninhalts des Trapezes werden die beiden Grundseiten $\overline{BD}$ und $\overline{AE}$ sowie die Höhe des Trapezes benötigt: $\overline{AE} = 6\text{ cm}$; $h = 12\text{ cm}$
Die Grundseite $\overline{BD}$ kann mithilfe des Satzes von Pythagoras über das rechtwinklige Dreieck berechnet werden:

$\overline{BD}^2 = \overline{BC}^2 + \overline{CD}^2$
$\overline{BD}^2 = (6\text{ cm})^2 + (8\text{ cm})^2$
$\overline{BD}^2 = 100\text{ cm}^2$
$\overline{BD} = 10\text{ cm}$

Trapezfläche:

$A_T = \frac{10\text{ cm} + 6\text{ cm}}{2} \cdot 12\text{ cm}$

$A_T = 96\text{ cm}^2$

Gesamtfläche:
$A = A_D + A_T$
$A = 24\ cm^2 + 96\ cm^2$
$A = 120\ cm^2$

---

250 a) $A_T = \frac{41\ m + 29\ m}{2} \cdot 31\ m$
$A_T = 1\,085\ m^2$

b) Rechteck:
$A_R = 6\ m \cdot 3\ m$
$A_R = 18\ m^2$

Dreieck:
$A_D = \frac{5\ m \cdot 7\ m}{2}$
$A_D = 17{,}5\ m^2$

c) Gesamtfläche der Beete:
$18\ m^2 + 17{,}5\ m^2 = 35{,}5\ m^2$
$1\,085\ m^2 \mathrel{\hat{=}} 100\ \%$
$1\ m^2 \mathrel{\hat{=}} 0{,}0921...\ \%$
$35{,}5\ m^2 \mathrel{\hat{=}} 3{,}271...\ \% \approx 3{,}3\ \%$
Der Anteil der Beete beträgt 3,3 %.

---

251 a) $1\,200\ m^2 = \frac{72\ m + 48\ m}{2} \cdot h$
$1\,200\ m^2 = 60\ m \cdot h$
$20\ m = h$

b) $1\,200\ m^2 \mathrel{\hat{=}} 780\,000\ €$
$1\ m^2 \mathrel{\hat{=}} 650\ €$
1 m^2 kostet 650 €.

c) $u = 48\ m + 22\ m + 72\ m + 25\ m$
$u = 167\ m$
Faktor: $70\ \% = 0{,}70$
$167\ m \cdot 0{,}70 = 116{,}9\ m$
Der Zaun ist 116,9 m lang.

252

	Radius r	Durchmesser d	Umfang u	Flächeninhalt A
a)	3,9 m	7,8 m	24,49 m	47,76 m^2
b)	2 cm	4 cm	12,56 cm	12,56 cm^2
c)	0,90 m	1,80 m	5,65 m	2,54 m^2

---

253 a) $r = 3$ Kästchen $\mathrel{\hat{=}} 1{,}5\ cm$
$A = 3{,}14 \cdot (1{,}5\ cm)^2$
$A \approx 7{,}07\ cm^2$
$u = 2 \cdot 3{,}14 \cdot 1{,}5\ cm$
$u = 9{,}42\ cm$

b) $r = 3$ Kästchen $\mathrel{\hat{=}} 1{,}5\ cm$
$A = \frac{1}{2} \cdot 3{,}14 \cdot (1{,}5\ cm)^2$
$A \approx 3{,}53\ cm^2$
$u = \frac{1}{2} \cdot 2 \cdot 3{,}14 \cdot 1{,}5\ cm + 3\ cm$
$u = 7{,}71\ cm$

c) r = 4 Kästchen ≙ 2 cm

$A = \frac{1}{4} \cdot 3{,}14 \cdot (2\text{ cm})^2$

$A = 3{,}14\text{ cm}^2$

$u = \frac{1}{4} \cdot 2 \cdot 3{,}14 \cdot 2\text{ cm} + 2 \cdot 2\text{ cm}$

$u = 7{,}14\text{ cm}$

d) r = 3 Kästchen ≙ 3 cm

$A = \frac{3}{4} \cdot 3{,}14 \cdot (3\text{ cm})^2$

$A \approx 21{,}20\text{ cm}^2$

$u = \frac{3}{4} \cdot 2 \cdot 3{,}14 \cdot 3\text{ cm} + 2 \cdot 3\text{ cm}$

$u = 20{,}13\text{ cm}$

254 Stundenzeiger:
$u = 2 \cdot 3{,}14 \cdot 3{,}5\text{ m}$
$u = 21{,}98\text{ m}$
In 24 Stunden macht der Zeiger zwei Umdrehungen:
$21{,}98\text{ m} \cdot 2 = 43{,}96\text{ m}$

Minutenzeiger:
$u = 2 \cdot 3{,}14 \cdot 4\text{ m}$
$u = 25{,}12\text{ m}$
In 24 Stunden macht der Zeiger 24 Umdrehungen:
$25{,}12\text{ m} \cdot 24 = 602{,}88\text{ m}$

Der Stundenzeiger legt in 24 Stunden 43,96 Meter zurück, der Minutenzeiger 602,88 Meter.

255 a) r = 23 cm, eine Umdrehung
$u = 2 \cdot 3{,}14 \cdot 23\text{ cm}$
$u = 144{,}44\text{ cm}$

b) r = 77 cm, zwei Umdrehungen
$u = 2 \cdot 3{,}14 \cdot 77\text{ cm}$
$u = 483{,}56\text{ cm}$
$2 \cdot 483{,}56\text{ cm} = 967{,}12\text{ cm}$

c) r = 37 cm, drei Umdrehungen
$u = 2 \cdot 3{,}14 \cdot 37\text{ cm}$
$u = 232{,}36\text{ cm}$
$3 \cdot 232{,}36\text{ cm} = 697{,}08\text{ cm}$

256 a) $u = 2 \cdot 3{,}14 \cdot 32\text{ cm}$
$u = 200{,}96\text{ cm}$
$u \approx 2\text{ m}$
Ein Reifen hat einen Umfang von ca. 2 m.

b) 35 000 km = 35 000 000 m
35 000 000 m : 2 m = 17 500 000
Ein Reifen hat bis dahin 17 500 000 Umdrehungen gemacht.

257 a) $A = 3{,}14 \cdot (6{,}5\text{ m})^2$
$A = 132{,}665\text{ m}^2$
Die Ziege kann eine Fläche von 132,655 m² abgrasen.

b) $A = 3{,}14 \cdot (13\text{ m})^2$
$A = 530{,}66\text{ m}^2$
$530{,}66\text{ m}^2 : 132{,}665\text{ m}^2 = 4$
Die Ziege kann sogar die vierfache Fläche abgrasen.

258 a) $u = 3{,}14 \cdot 3\,476\text{ km}$
$u = 10\,914{,}64\text{ km}$
Der Äquator des Mondes ist 10 914,64 km lang.

b) $40\,075\text{ km} = 3{,}14 \cdot d$
$12\,762{,}74\text{ km} \approx d$
Die Erde hat am Äquator einen Durchmesser von 12 762,74 km.

259 a) $2 \cdot 7{,}40\text{ €} + 5{,}30\text{ €} + 4{,}30\text{ €} + 5{,}10\text{ €} = 29{,}50\text{ €}$
Sarah muss insgesamt 29,50 € bezahlen.

b) Bei jedem Pizzapreis ist die zweite Dezimalstelle eine 0. Deshalb muss auch bei der zweiten Dezimalstelle im Gesamtpreis die Ziffer 0 stehen.
Murat hat also recht, ein Gesamtpreis von 12,16 € ist nicht möglich.

c) $\overline{x} = \dfrac{6{,}20\text{ €} + 7{,}40\text{ €} + 5{,}50\text{ €} + 6{,}60\text{ €}}{4}$

$\overline{x} = 6{,}425\text{ €} \approx 6{,}43\text{ €}$

Eine große Pizza kostet im Durchschnitt 6,43 €.

d) Große Pizza: $d_1 = 35\text{ cm} \rightarrow r_1 = 17{,}5\text{ cm}$
Mittlere Pizza: $d_2 = 30\text{ cm} \rightarrow r_2 = 15\text{ cm}$
Kleine Pizza: $d_3 = 20\text{ cm} \rightarrow r_3 = 10\text{ cm}$

Pizzafläche:

Große Pizza	Mittlere Pizza	Kleine Pizza
$A_1 = 3{,}14 \cdot (17{,}5\text{ cm})^2$	$A_2 = 3{,}14 \cdot (15\text{ cm})^2$	$A_3 = 3{,}14 \cdot (10\text{ cm})^2$
$A_1 = 961{,}625\text{ cm}^2$	$A_2 = 706{,}5\text{ cm}^2$	$A_3 = 314\text{ cm}^2$

Kevin:

$961{,}625\text{ cm}^2 + 314\text{ cm}^2 = 1\,275{,}675\text{ cm}^2 \approx 1\,276\text{ cm}^2$

Jürgen:

$706{,}5\text{ cm}^2 \cdot 2 = 1\,413\text{ cm}^2$

$1\,276\text{ cm}^2 < 1\,413\text{ cm}^2$

Jürgen isst mehr Pizza.

e) $314\text{ cm}^2 \mathrel{\hat{=}} 100\ \%$

$1\text{ cm}^2 \mathrel{\hat{=}} 0{,}318...\ \%$

$706{,}5\text{ cm} \mathrel{\hat{=}} 225\ \%$

$225\ \% - 100\ \% = 125\ \%$

Die mittlere Pizza ist um 125 % größer als die kleine Pizza.

f) $706{,}5\text{ cm}^2 = a^2$

$26{,}58\text{ cm} \approx a$

Die Seiten der quadratischen Pizza müssen in etwa 26,58 cm lang sein.

---

260 a) Die Fläche wird in ein Dreieck und ein Trapez zerlegt.

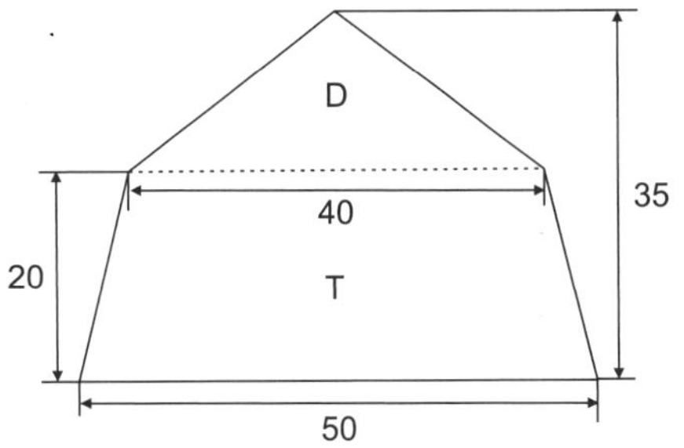

Flächeninhalt A_D:

$h = 35\text{ cm} - 20\text{ cm} = 15\text{ cm}$

$A_D = \dfrac{40\text{ cm} \cdot 15\text{ cm}}{2}$

$A_D = 300\text{ cm}^2$

Flächeninhalt A_T:

$A_T = \dfrac{50\text{ cm} + 40\text{ cm}}{2} \cdot 20\text{ cm}$

$A_T = 900\text{ cm}^2$

Gesamtfläche A_{ges}:

$A_{ges} = A_D + A_T$

$A_{ges} = 300\text{ cm}^2 + 900\text{ cm}^2$

$A_{ges} = 1\,200\text{ cm}^2$

b) Die Fläche besteht aus einem Quadrat, aus dem ein rechtwinkliges Dreieck ausgeschnitten wurde.

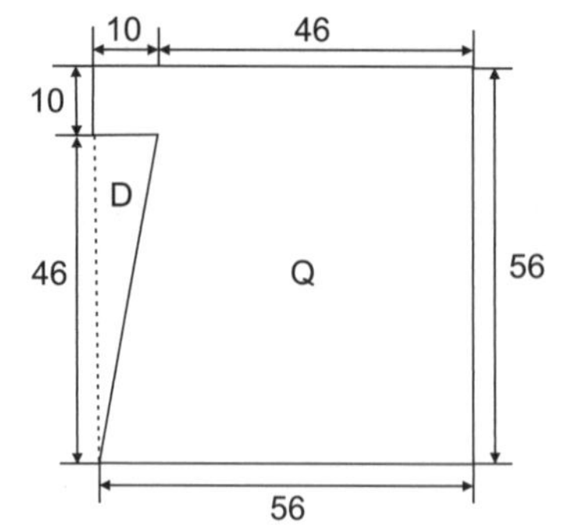

Flächeninhalt A_Q:

$A_Q = 56\text{ cm} \cdot 56\text{ cm}$

$A_Q = 3\,136\text{ cm}^2$

Flächeninhalt A_D:

$A_D = \dfrac{10\text{ cm} \cdot 46\text{ cm}}{2}$

$A_D = 230\text{ cm}^2$

Gesamtfläche A_{ges}:

$A_{ges} = A_Q - A_D$

$A_{ges} = 3\,136\text{ cm}^2 - 230\text{ cm}^2$

$A_{ges} = 2\,906\text{ cm}^2$

---

261 a) Die Figur besteht aus einem großen Rechteck R_1 (a = 40 dm; b = 60 dm), aus dem ein kleineres Rechteck R_2 (a = 30 dm; b = 40 dm) ausgeschnitten wurde.

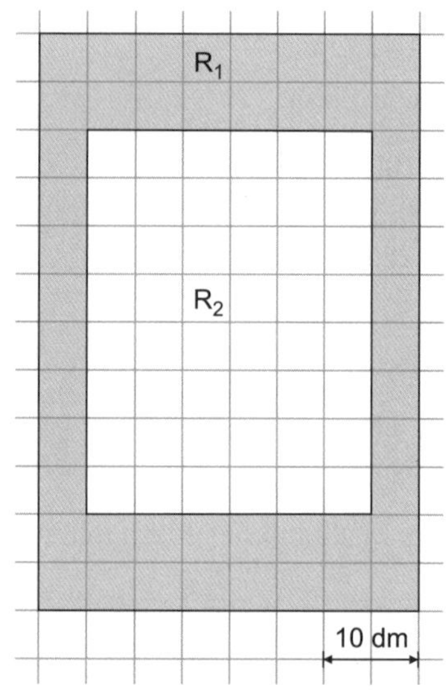

Berechnen der Teilflächen:

$A_{R_1} = 40\text{ dm} \cdot 60\text{ dm}$ $\quad$ $A_{R_2} = 30\text{ dm} \cdot 40\text{ dm}$

$A_{R_1} = 2\,400\text{ dm}^2$ $\quad$ $A_{R_2} = 1\,200\text{ dm}^2$

Flächeninhalt der grauen Fläche A_{ges}:

$A_{ges} = A_{R_1} - A_{R_2}$

$A_{ges} = 2\,400\text{ dm}^2 - 1\,200\text{ dm}^2$

$A_{ges} = 1\,200\text{ dm}^2$

b) Die Figur besteht aus einem großen Parallelogramm P (g = 14 cm; h = 10 cm), aus dem ein Quadrat Q (a = 4 cm) und ein gleichschenkliges Trapez T (a = 6 cm; c = 2 cm; h = 4 cm) ausgeschnitten wurden.

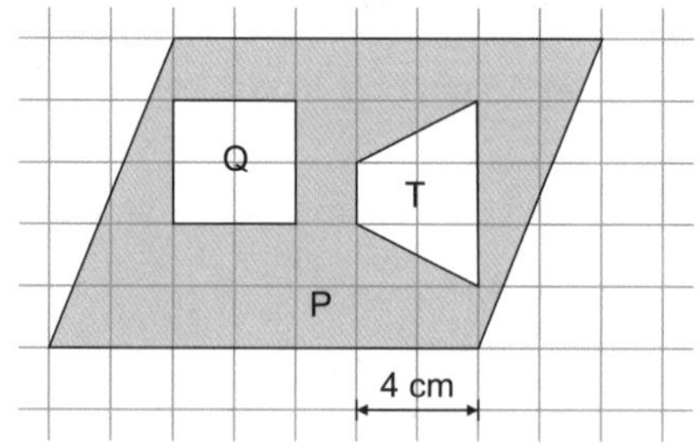

Berechnen der Teilflächen:

$A_P = 14\text{ cm} \cdot 10\text{ cm}$ $\quad$ $A_Q = 4\text{ cm} \cdot 4\text{ cm}$

$A_P = 140\text{ cm}^2$ $\quad$ $A_Q = 16\text{ cm}^2$

$A_T = \dfrac{6\text{ cm} + 2\text{ cm}}{2} \cdot 4\text{ cm}$

$A_T = 16\text{ cm}^2$

Flächeninhalt der grauen Fläche A_{ges}:

$A_{ges} = A_P - A_Q - A_T$

$A_{ges} = 140\text{ cm}^2 - 16\text{ cm}^2 - 16\text{ cm}^2$

$A_{ges} = 108\text{ cm}^2$

c) Die Figur besteht aus einem großen Quadrat Q ($a = 2{,}5$ cm), aus dem ein Dreieck D_1 ($g = 1$ cm; $h_g = 1{,}5$ cm) ausgeschnitten wurden. Abgeschnitten wurden ein Dreieck D_2 ($g = 1$ cm; $h_g = 1$ cm) und ein Rechteck R ($a = 1$ cm; $b = 0{,}5$ cm).

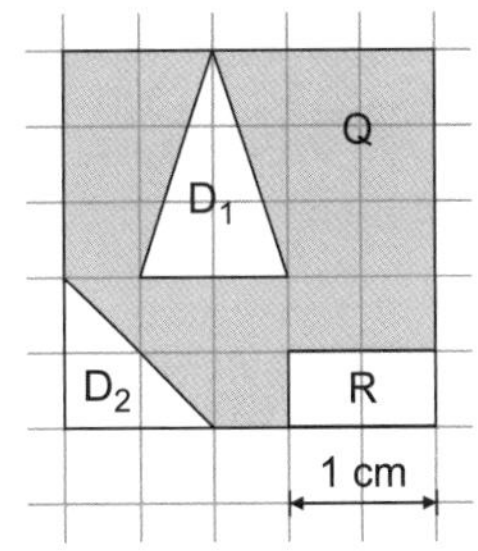

Berechnen der Teilflächen:

$A_Q = 2{,}5\text{ cm} \cdot 2{,}5\text{ cm}$
$A_Q = 6{,}25\text{ cm}^2$

$A_{D_1} = \dfrac{1\text{ cm} \cdot 1{,}5\text{ cm}}{2}$
$A_{D_1} = 0{,}75\text{ cm}^2$

$A_{D_2} = \dfrac{1\text{ cm} \cdot 1\text{ cm}}{2}$
$A_{D_2} = 0{,}5\text{ cm}^2$

$A_R = 1\text{ cm} \cdot 0{,}5\text{ cm}$
$A_R = 0{,}5\text{ cm}^2$

Flächeninhalt der grauen Fläche A_{ges}:
$A_{ges} = A_Q - A_{D_1} - A_{D_2} - A_R$
$A_{ges} = 6{,}25\text{ cm}^2 - 0{,}75\text{ cm}^2 - 0{,}5\text{ cm}^2 - 0{,}5\text{ cm}^2$
$A_{ges} = 4{,}5\text{ cm}^2$

---

262 Es entsteht eine Figur, die sich aus drei Teilflächen zusammensetzt.
Alle Streckenlängen werden der Zeichnung entnommen.

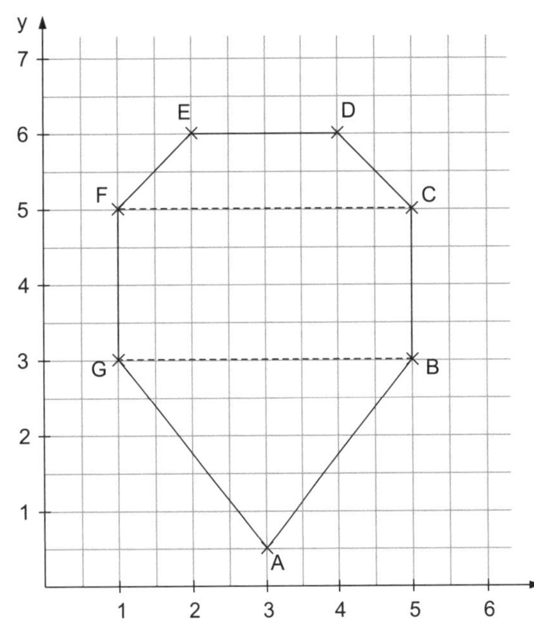

Dreieck ABG:
$g = \overline{GB} = 4$ cm
$h = 2{,}5$ cm
$A = \frac{1}{2} \cdot 4\text{ cm} \cdot 2{,}5\text{ cm}$
$A = 5\text{ cm}^2$

Rechteck GBCF:
$a = \overline{GB} = 4$ cm
$b = \overline{BC} = 2$ cm
$A = 4\text{ cm} \cdot 2\text{ cm}$
$A = 8\text{ cm}^2$

Trapez FCDE:
$g_1 = \overline{FC} = 4$ cm; $g_2 = \overline{ED} = 2$ cm
$h = 1$ cm
$A = \frac{1}{2} \cdot (4\text{ cm} + 2\text{ cm}) \cdot 1\text{ cm}$
$A = 3\text{ cm}^2$

Flächeninhalt:
$A_{ges} = 5\text{ cm}^2 + 8\text{ cm}^2 + 3\text{ cm}^2$
$A_{ges} = 16\text{ cm}^2$

Umfang:
$u = \overline{AB} + \overline{BC} + \overline{CD} + \overline{DE} + \overline{EF} + \overline{FG} + \overline{GA}$
$u = 3{,}2\text{ cm} + 2\text{ cm} + 1{,}4\text{ cm} + 2\text{ cm} + 1{,}4\text{ cm} + 2\text{ cm} + 3{,}2\text{ cm}$
$u = 15{,}2$ cm

263 Rechteck außen:
$b = 14$ cm; $a = 6$ cm $+ 2 \cdot 6{,}5$ cm $= 19$ cm
$A_1 = 19\text{ cm} \cdot 14\text{ cm}$
$A_1 = 266\text{ cm}^2$

Zwei Dreiecke:
$g = 8$ cm; $h = 6{,}5$ cm
$A_2 = 2 \cdot \frac{1}{2} \cdot 8\text{ cm} \cdot 6{,}5\text{ cm}$
$A_2 = 52\text{ cm}^2$

2 Halbkreise = 1 Kreis: $r = 3$ cm
$A_3 = 3{,}14 \cdot (3\text{ cm})^2$
$A_3 = 28{,}26\text{ cm}^2$

Kleines Rechteck:
$a = 8$ cm; $b = 6$ cm
$A_4 = 8\text{ cm} \cdot 6\text{ cm}$
$A_4 = 48\text{ cm}^2$

Graue Fläche:
$A_{\text{Graue Fläche}} = A_1 - (A_2 + A_3 + A_4)$
$A_{\text{Graue Fläche}} = 266\text{ cm}^2 - (52\text{ cm}^2 + 28{,}26\text{ cm}^2 + 48\text{ cm}^2)$
$A_{\text{Graue Fläche}} = 137{,}74\text{ cm}^2$

---

264 a) Die Figur setzt sich aus einem Kreis K ($r = 4$ cm) und einem Rechteck R ($a = 6$ cm; $b = 8$ cm) zusammen.

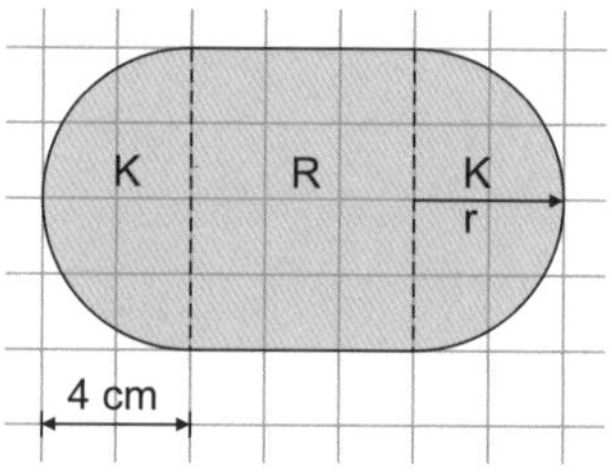

Berechnen der Teilflächen:

$A_K = 3{,}14 \cdot (4\text{ cm})^2$ $\quad$ $A_R = 6\text{ cm} \cdot 8\text{ cm}$
$A_K = 50{,}24\text{ cm}^2$ $\quad$ $A_R = 48\text{ cm}^2$

Gesamter Flächeninhalt A_{ges}:
$A_{ges} = A_K + A_R$
$A_{ges} = 50{,}24\text{ cm}^2 + 48\text{ cm}^2$
$A_{ges} = 98{,}24\text{ cm}^2$

Berechnen der Teilumfänge:
$u_K = 2 \cdot 3{,}14 \cdot 4\text{ cm}$ $\quad$ $u_R = 6\text{ cm} + 6\text{ cm}$
$u_K = 25{,}12\text{ cm}$ $\quad$ $u_R = 12\text{ cm}$

Gesamter Umfang u_{ges}:
$u_{ges} = u_K + u_R$
$u_{ges} = 25{,}12\text{ cm} + 12\text{ cm}$
$u_{ges} = 37{,}12\text{ cm}$

b) Die Figur setzt sich aus zwei Kreisen K ($r = 1$ cm) und einem Quadrat Q zusammen.

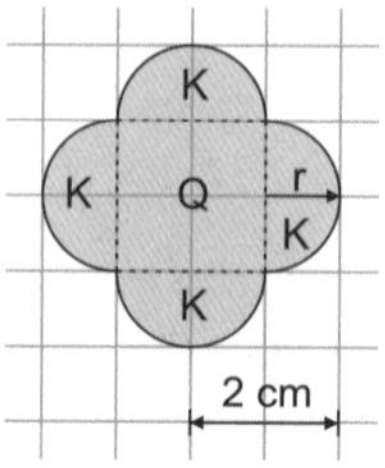

Berechnen der Teilflächen:
$A_K = 2 \cdot 3{,}14 \cdot (1\text{ cm})^2$ $\quad$ $A_Q = 2\text{ cm} \cdot 2\text{ cm}$
$A_K = 6{,}28\text{ cm}^2$ $\quad$ $A_Q = 4\text{ cm}^2$

Gesamter Flächeninhalt A_{ges}:
$A_{ges} = A_K + A_Q$
$A_{ges} = 6{,}28\text{ cm}^2 + 4\text{ cm}^2$
$A_{ges} = 10{,}28\text{ cm}^2$

Berechnen des Umfangs:
$u_K = 2 \cdot 2 \cdot 3{,}14 \cdot 1\ \text{cm}$
$u_K = 12{,}56\ \text{cm}$

c) Die Figur setzt sich aus einem großen Halbkreis HK ($r_{HK} = 0{,}75\ \text{cm}$), einem kleinen Kreis K ($r_K = 0{,}5\ \text{cm}$) und einem Dreieck D ($g = 1{,}5\ \text{cm}$; $h_g = 2\ \text{cm}$) zusammen.

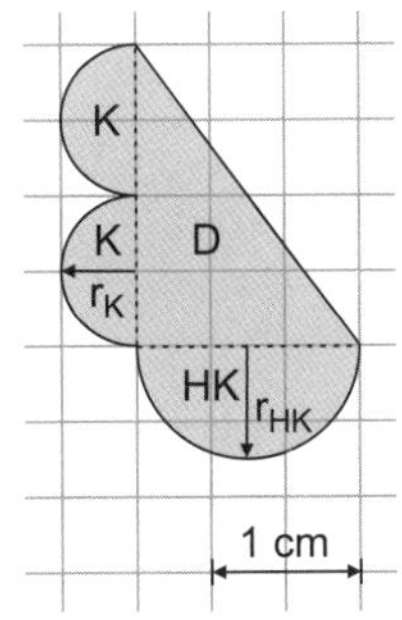

Berechnen der Teilflächen:

$A_{HK} = \frac{1}{2} \cdot 3{,}14 \cdot (0{,}75\ \text{cm})^2$

$A_{HK} \approx 0{,}883\ \text{cm}^2$

$A_K = 3{,}14 \cdot (0{,}5\ \text{cm})^2$ $\qquad A_D = \frac{1{,}5\ \text{cm} \cdot 2\ \text{cm}}{2}$

$A_K = 0{,}785\ \text{cm}^2$ $\qquad A_D = 1{,}5\ \text{cm}^2$

Gesamter Flächeninhalt A_{ges}:
$A_{ges} = A_{HK} + A_K + A_D$
$A_{ges} = 0{,}883\ \text{cm}^2 + 0{,}785\ \text{cm}^2 + 1{,}5\ \text{cm}^2$
$A_{ges} = 3{,}168\ \text{cm}^2$

Berechnen der Teilumfänge:

$u_{HK} = \frac{1}{2} \cdot 2 \cdot 3{,}14 \cdot 0{,}75\ \text{cm}$ $\qquad u_K = 2 \cdot 3{,}14 \cdot 0{,}5\ \text{cm}$ $\qquad (1{,}5\ \text{cm})^2 + (2\ \text{cm})^2 = c^2$

$u_{HK} = 2{,}355\ \text{cm}$ $\qquad u_K = 3{,}14\ \text{cm}$ $\qquad 6{,}25\ \text{cm}^2 = c^2$

$2{,}5\ \text{cm} = c$

Gesamter Umfang u_{ges}:
$u_{ges} = u_{HK} + u_K + c$
$u_{ges} = 2{,}355\ \text{cm} + 3{,}14\ \text{cm} + 2{,}5\ \text{cm}$
$u_{ges} = 7{,}995\ \text{cm}$

d) Die Figur wird in ein Rechteck R ($a = 12\ \text{cm}$; $b = 4\ \text{cm}$) und in 2,5 Kreise K ($r = 2\ \text{cm}$) zerlegt. Der sechste Halbkreis wird in das Rechteck eingesetzt.

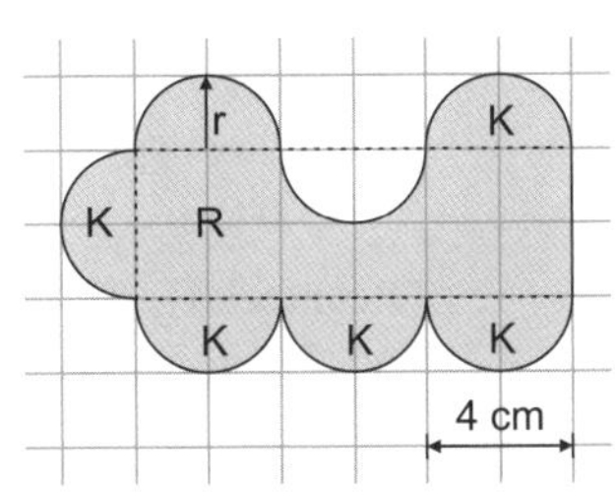

Berechnen der Teilflächen:

$A_K = 2{,}5 \cdot 3{,}14 \cdot (2\ \text{cm})^2$ $\qquad A_R = 12\ \text{cm} \cdot 4\ \text{cm}$

$A_K = 31{,}4\ \text{cm}^2$ $\qquad A_R = 48\ \text{cm}^2$

Gesamter Flächeninhalt A_{ges}:
$A_{ges} = A_K + A_R$
$A_{ges} = 31{,}4\ \text{cm}^2 + 48\ \text{cm}^2$
$A_{ges} = 79{,}4\ \text{cm}^2$

Berechnen der Teilumfänge:

$u_K = 3{,}5 \cdot 2 \cdot 3{,}14 \cdot 2\ \text{cm}$ $\qquad b = 4\ \text{cm}$

$u_K = 43{,}96\ \text{cm}$

Gesamter Umfang u_{ges}:
$u_{ges} = u_K + b$
$u_{ges} = 43{,}96\ \text{cm} + 4\ \text{cm}$
$u_{ges} = 47{,}96\ \text{cm}$

265 Durch geschickte Hilfslinien entstehen außen vier Quadrate mit der Seitenlänge b (längere Seite) und in der Mitte ein Quadrat mit der Seitenlänge a (kürzere Seite).
Daraus entsteht folgende Formel:
$4 \cdot (b \cdot b) + a \cdot a = 4b^2 + a^2$

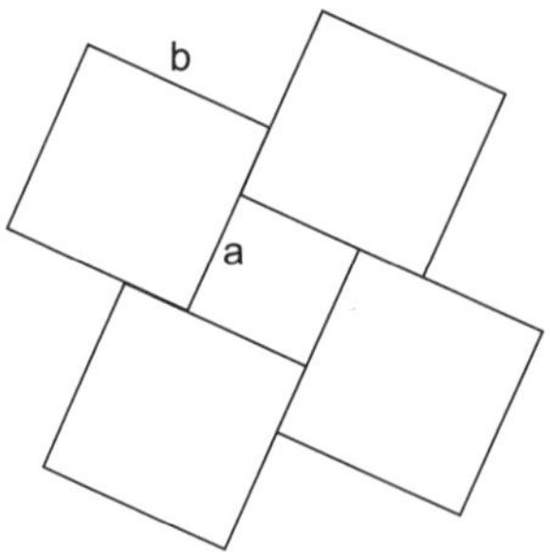

266 Zerlege die Zimmer in berechenbare Teilflächen und entnimm alle Streckenlängen der Zeichnung.
Maßstab 1 : 100 bedeutet, dass 1 cm auf dem Grundriss in Wirklichkeit 100 cm (= 1 m) entspricht.

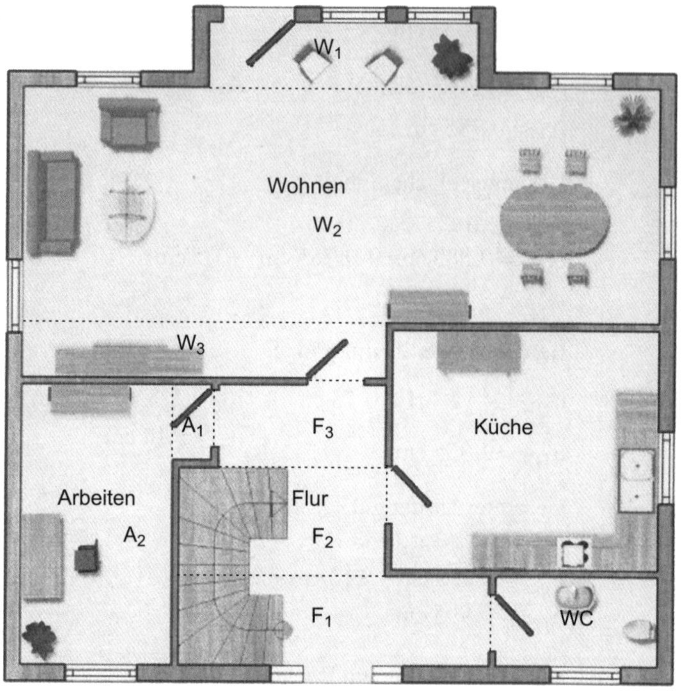

Parkett:

Rechteck W_1
$A = 3{,}5\ m \cdot 0{,}8\ m$
$A = 2{,}8\ m^2$

Rechteck W_2
$A = 8{,}5\ m \cdot 3{,}1\ m$
$A = 26{,}35\ m^2$

Rechteck W_3
$A = 4{,}9\ m \cdot 0{,}7\ m$
$A = 3{,}43\ m^2$

Gesamte Parkettfläche:
$2{,}8\ m^2 + 26{,}35\ m^2 + 3{,}43\ m^2 = 32{,}58\ m^2 \approx 33\ m^2$
(aufrunden, da Verschnitt)

Parkettkosten: $33\ m^2 \cdot 30\ \frac{€}{m^2} = 990\ €$

Fliesen:

Rechteck WC
$A = 2{,}2\ m \cdot 1{,}2\ m$
$A = 2{,}64\ m^2$

Rechteck F_1
$A = 4{,}2\ m \cdot 1{,}2\ m$
$A = 5{,}04\ m^2$

Rechteck F_2
$A = 2{,}7\ m \cdot 1{,}4\ m$
$A = 3{,}78\ m^2$

Rechteck F_3
$A = 2{,}2\ m \cdot 1{,}1\ m$
$A = 2{,}42\ m^2$

Rechteck Küche
$A = 3{,}6\ m \cdot 3{,}2\ m$
$A = 11{,}52\ m^2$

Gesamte Fliesenfläche:
$2{,}64\ m^2 + 5{,}04\ m^2 + 3{,}78\ m^2 + 2{,}42\ m^2 + 11{,}52\ m^2 = 25{,}4\ m^2 \approx 26\ m^2$ (aufrunden, da Verschnitt)

Fliesenkosten: $26\ m^2 \cdot 20\ \frac{€}{m^2} = 520\ €$

Kork:

Rechteck A_1
$A = 1{,}0\ m \cdot 0{,}5\ m$
$A = 0{,}5\ m^2$

Rechteck A_2
$A = 2{,}0\ m \cdot 3{,}7\ m$
$A = 7{,}4\ m^2$

Gesamte Korkfläche:
$0{,}5\ m^2 + 7{,}4\ m^2 = 7{,}9\ m^2 \approx 8\ m^2$ (aufrunden, da Verschnitt)

Korkkosten: $8\ m^2 \cdot 10\ \frac{€}{m^2} = 80\ €$

Gesamte Materialkosten: 990 € + 520 € + 80 € = 1 590 € ≈ 1 600 €

Die Gesamtkosten für das Material belaufen sich auf rund 1 600 €.
Der Verschnitt ist bei dieser Lösung jedoch sehr eng berechnet.

---

267 a) $\alpha + 35° + 90° = 180°$

$\alpha + 125° = 180°$

$\alpha = 55°$

b) Satz des Pythagoras:
Kathete a = 9 cm
Kathete b = 15 cm

$(9\text{ cm})^2 + (15\text{ cm})^2 = c^2$

$306\text{ cm}^2 = c^2$

$17{,}5\text{ cm} \approx c$

Die Hypotenuse ist 17,5 cm lang.

Umfang des Dreiecks:
$9\text{ cm} + 15\text{ cm} + 17{,}5\text{ cm} = 41{,}5\text{ cm}$

---

268 a) $A = \frac{7{,}5\text{ m} \cdot 5\text{ m}}{2}$

$A = 18{,}75\text{ m}^2$

b) $26{,}8\text{ m}^2 = \frac{6{,}7\text{ m} \cdot h}{2}$

$53{,}6\text{ m}^2 = 6{,}7\text{ m} \cdot h$

$8\text{ m} = h$

c) $24\text{ m}^2 = \frac{g \cdot h}{2}$

$48\text{ m}^2 = g \cdot h$

Mögliche Lösungen sind zum Beispiel:
$g_1 = 12\text{ m};\quad h_1 = 4\text{ m}$
$g_2 = 8\text{ m};\quad h_2 = 6\text{ m}$

---

269 a) Die Figur setzt sich aus einem großen Halbkreis HK ($r_{HK} = 3\text{ cm}$) und einem kleinen Kreis K ($r_K = 1{,}5\text{ cm}$) zusammen.

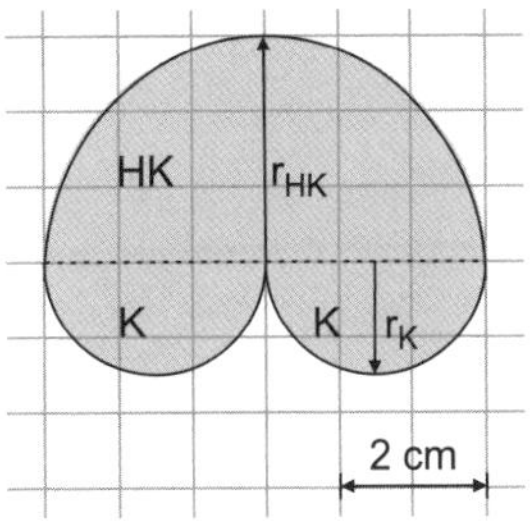

Berechnen der Teilflächen:

$A_{HK} = \frac{1}{2} \cdot 3{,}14 \cdot (3\text{ cm})^2$ $\quad$ $A_K = 3{,}14 \cdot (1{,}5\text{ cm})^2$

$A_{HK} = 14{,}13\text{ cm}^2$ $\quad$ $A_K = 7{,}065\text{ cm}^2$

Gesamter Flächeninhalt A_{ges}:

$A_{ges} = A_{HK} + A_K$

$A_{ges} = 14{,}13\text{ cm}^2 + 7{,}065\text{ cm}^2$

$A_{ges} = 21{,}195\text{ cm}^2$

Berechnen der Teilumfänge:

$u_{HK} = \frac{1}{2} \cdot 2 \cdot 3{,}14 \cdot 3\text{ cm}$ $\quad$ $u_K = 2 \cdot 3{,}14 \cdot 1{,}5\text{ cm}$

$u_{HK} = 9{,}42\text{ cm}$ $\quad$ $u_K = 9{,}42\text{ cm}$

Gesamter Umfang u_{ges}:
$u_{ges} = u_{HK} + u_K$
$u_{ges} = 9{,}42\text{ cm} + 9{,}42\text{ cm}$
$u_{ges} = 18{,}84\text{ cm}$

b) Die Figur besteht aus einem Rechteck R (a = 18 cm; b = 6 cm), aus dem drei Kreise K (r = 3 cm) herausgeschnitten wurden.

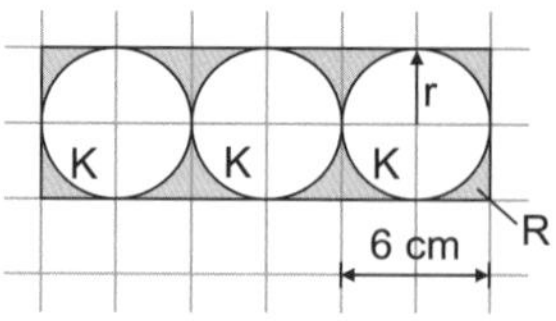

Berechnen der Teilflächen:
$A_R = 18\text{ cm} \cdot 6\text{ cm}$ $\quad A_K = 3 \cdot 3{,}14 \cdot (3\text{ cm})^2$
$A_R = 108\text{ cm}^2$ $\quad A_K = 84{,}78\text{ cm}^2$

Gesamter Flächeninhalt A_{ges}:
$A_{ges} = A_R - A_K$
$A_{ges} = 108\text{ cm}^2 - 84{,}78\text{ cm}^2$
$A_{ges} = 23{,}22\text{ cm}^2$

Berechnen der Teilumfänge:
$u_R = 2 \cdot 18\text{ cm} + 2 \cdot 6\text{ cm}$ $\quad u_K = 3 \cdot 2 \cdot 3{,}14 \cdot 3\text{ cm}$
$u_R = 48\text{ cm}$ $\quad u_K = 56{,}52\text{ cm}$

Gesamter Umfang u_{ges}:
$u_{ges} = u_R + u_K$
$u_{ges} = 48\text{ cm} + 56{,}52\text{ cm}$
$u_{ges} = 104{,}52\text{ cm}$

---

270 a) Grundstück 2: Trapez

$$A_2 = \frac{20\text{ m} + 10\text{ m}}{2} \cdot 10\text{ m}$$
$A_2 = 150\text{ m}^2$

Grundstück 3: Rechteck
$A_3 = 20\text{ m} \cdot 15\text{ m}$
$A_3 = 300\text{ m}^2$

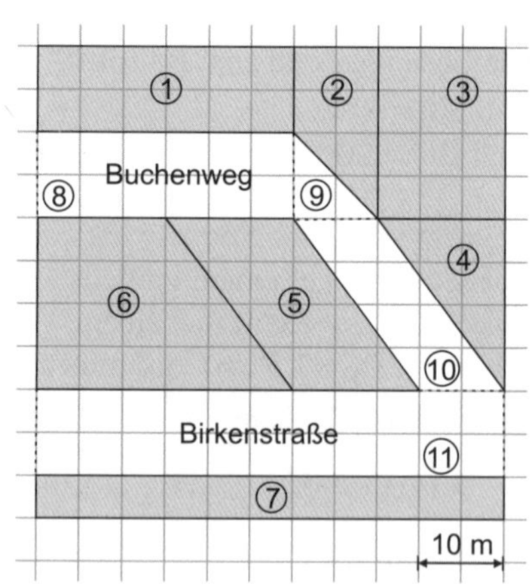

b) Teilflächen des Buchenwegs:
Rechteck 8
$A_8 = 30\text{ m} \cdot 10\text{ m}$
$A_8 = 300\text{ m}^2$

Dreieck 9
$$A_9 = \frac{10\text{ m} \cdot 10\text{ m}}{2}$$
$A_9 = 50\text{ m}^2$

Parallelogramm 10
$A_{10} = 10\text{ m} \cdot 20\text{ m}$
$A_{10} = 200\text{ m}^2$

Gesamter Flächeninhalt des Buchenwegs:
$300\text{ m}^2 + 50\text{ m}^2 + 200\text{ m}^2 = 550\text{ m}^2$

Flächeninhalt der Birkenstraße:
Rechteck 11
$A_{11} = 55\text{ m} \cdot 10\text{ m}$
$A_{11} = 550\text{ m}^2$

c) Grundstück 6: Trapez

Trapezseite b (Satz des Pythagoras)

$(15\text{ m})^2 + (20\text{ m})^2 = b^2$

$225\text{ m}^2 + 400\text{ m}^2 = b^2$

$625\text{ m}^2 = b^2$

$25\text{ m} = b$

$u_6 = 30\text{ m} + 25\text{ m} + 15\text{ m} + 20\text{ m}$

$u_6 = 90\text{ m}$

Nebenrechnung:

15·15	20·20
150	400
+ ₁75	+ 00
225	400

d) $300\,000\text{ €} : 150\text{ m}^2 = 2\,000\text{ €}/\text{m}^2$

Nebenrechnung:

300 000 : 150 = 2 000
−300
0 000

Ein Quadratmeter kostet 2 000 €.

e) 100 % ≙ 300 000 €

1 % ≙ 3 000 €

4 % ≙ 12 000 €

Neuer Grundstückswert:

300 000 € + 12 000 € = 312 000 €

Der neue Wert des Grundstücks beträgt 312 000 €.

8 Körper

271 a) $O = 6 \cdot (3\text{ cm})^2$
$O = 54\text{ cm}^2$

$V = 3\text{ cm} \cdot 3\text{ cm} \cdot 3\text{ cm}$
$V = 27\text{ cm}^3$

b) $O = 6 \cdot (152\text{ mm})^2$
$O = 138\,624\text{ mm}^2$

$V = 152\text{ mm} \cdot 152\text{ mm} \cdot 152\text{ mm}$
$V = 3\,511\,808\text{ mm}^3$

c) $O = 6 \cdot (5{,}4\text{ dm})^2$
$O = 174{,}96\text{ dm}^2$

$V = 5{,}4\text{ dm} \cdot 5{,}4\text{ dm} \cdot 5{,}4\text{ dm}$
$V = 157{,}464\text{ dm}^3$

d) $O = 6 \cdot (4{,}6\text{ m})^2$
$O = 126{,}96\text{ m}^2$

$V = 4{,}6\text{ m} \cdot 4{,}6\text{ m} \cdot 4{,}6\text{ m}$
$V = 97{,}336\text{ m}^3$

272 a) Der Umwandlungsfaktor bei Raummaßen ist 1 000.
Also: $1\,331\text{ cm}^3 = 1{,}331\text{ dm}^3$

b) $726\text{ cm}^2 = 6 \cdot a^2$
$121\text{ cm}^2 = a^2$
$11\text{ cm} = a$

Eine Kante ist 11 cm lang.

273

	Seite a	Grundfläche G	Oberfläche O	Volumen V
a)	4 cm	16 cm²	96 cm²	64 cm³
b)	5,2 dm	27,04 dm²	162,24 dm²	140,61 dm³
c)	6 m	36 m²	216 m²	216 m³
d)	7,5 cm	56,25 cm²	337,5 cm²	421,88 cm³
e)	9 mm	81 mm²	486 mm²	729 mm³

274 a) $V = 2{,}5\text{ cm} \cdot 2{,}5\text{ cm} \cdot 2{,}5\text{ cm}$
$V = 15{,}625\text{ cm}^3$

$O = 6 \cdot (2{,}5\text{ cm})^2$
$O = 37{,}5\text{ cm}^2$

b) $15{,}625\text{ cm}^3 \mathrel{\hat{=}} 100\,\%$
$1\text{ cm}^3 \mathrel{\hat{=}} 6{,}4\,\%$
$14\text{ cm}^3 \mathrel{\hat{=}} 89{,}6\,\%$

Es bleiben $100\,\% - 89{,}6\,\% = 10{,}4\,\%$ des Kartons leer.

c) Flächendiagonale d (Satz des Pythagoras):
$d^2 = (2{,}5\text{ cm})^2 + (2{,}5\text{ cm})^2$
$d^2 = 12{,}5\text{ cm}^2$
$d \approx 3{,}5\text{ cm}$

275 a) Körper I: $V = 3\text{ cm} \cdot 5\text{ cm} \cdot 3\text{ cm}$
$V = 45\text{ cm}^3$
Körper II: $V = 4\text{ cm} \cdot 2{,}5\text{ cm} \cdot 6{,}5\text{ cm}$
$V = 65\text{ cm}^3$

b) Körper I: $O = 2 \cdot 3\text{ cm} \cdot 5\text{ cm} + 2 \cdot 3\text{ cm} \cdot 3\text{ cm} + 2 \cdot 5\text{ cm} \cdot 3\text{ cm}$
$O = 78\text{ cm}^2$
Körper II: $O = 2 \cdot 4\text{ cm} \cdot 2{,}5\text{ cm} + 2 \cdot 4\text{ cm} \cdot 6{,}5\text{ cm} + 2 \cdot 2{,}5\text{ cm} \cdot 6{,}5\text{ cm}$
$O = 104{,}5\text{ cm}^2$

c) Körper I: $78\text{ cm}^2 = 6 \cdot a^2$
$13\text{ cm}^2 = a^2$
$3{,}6\text{ cm} \approx a$
Körper II: $104{,}5\text{ cm}^2 = 6 \cdot a^2$
$17{,}42\text{ cm}^2 \approx a^2$
$4{,}2\text{ cm} \approx a$

276

	Seite a	Seite b	Seite c	Volumen V	Oberfläche O
a)	3 dm	80 cm = 8 dm	8,5 dm	204 dm^3	235 dm^2
b)	7,5 m	2,5 m	84 dm = 8,4 dm	157,5 m^3	205,5 m^2
c)	16 cm	9,5 cm	19 cm	2 888 cm^3	1 273 cm^2
d)	4 500 cm = 45 m	45 dm = 4,5 m	2,2 m	445,5 m^3	622,8 m^2

277 a) $V = 360\ \ell = 360\text{ dm}^3$
$360\text{ dm}^3 = 18\text{ dm} \cdot 5\text{ dm} \cdot c$
$360\text{ dm}^3 = 90\text{ dm}^2 \cdot c$
$4\text{ dm} = c$
Das Wasser steht 4 dm hoch.

b) $4\text{ dm} \cdot 2 = 8\text{ dm}$
Das Aquarium ist 8 dm hoch.

c) $V = 18\text{ dm} \cdot 5\text{ dm} \cdot 6{,}5\text{ dm}$
$V = 585\text{ dm}^3 = 585\ \ell$
Jetzt sind 585 Liter im Aquarium.

278 a) $66\,690\ \ell = 66\,690\text{ dm}^3 = 66{,}69\text{ m}^3$
$66{,}69\text{ m}^3 = 6{,}5\text{ m} \cdot 3{,}8\text{ m} \cdot c$
$66{,}69\text{ m}^3 = 24{,}7\text{ m}^2 \cdot c$
$2{,}7\text{ m} = c$
Der Tank wird 2,7 m hoch.

b) $O = 2 \cdot 6{,}5\text{ m} \cdot 3{,}8\text{ m} + 2 \cdot 3{,}8\text{ m} \cdot 2{,}7\text{ m} + 2 \cdot 6{,}5\text{ m} \cdot 2{,}7\text{ m}$
$O = 49{,}4\text{ m}^2 + 20{,}52\text{ m}^2 + 35{,}1\text{ m}^2$
$O = 105{,}02\text{ m}^2$

Zur Herstellung des Tanks werden 105,02 m^2 Stahlblech benötigt.

279 a) Der Körper besteht aus zwei Quadern.

$V_1 = 25\ \text{mm} \cdot 20\ \text{mm} \cdot 20\ \text{mm}$

$V_1 = 10\,000\ \text{mm}^3$

$V_2 = 25\ \text{mm} \cdot 50\ \text{mm} \cdot 50\ \text{mm}$

$V_2 = 62\,500\ \text{mm}^3$

$V_{ges} = V_1 + V_2$

$V_{ges} = 72\,500\ \text{mm}^3$

b) Der Körper besteht aus drei Quadern.

$V_1 = 20\ \text{mm} \cdot 15\ \text{mm} \cdot 30\ \text{mm}$

$V_1 = 9\,000\ \text{mm}^3$

$V_2 = 30\ \text{mm} \cdot 15\ \text{mm} \cdot 30\ \text{mm}$

$V_2 = 13\,500\ \text{mm}^3$

$V_3 = 15\ \text{mm} \cdot 15\ \text{mm} \cdot 15\ \text{mm}$

$V_3 = 3\,375\ \text{mm}^3$

$V_{ges} = V_1 + V_2 + V_3$

$V_{ges} = 25\,875\ \text{mm}^3$

---

280 a) Volumen der Treppe:

$V = 0{,}6\ \text{m} \cdot 1{,}05\ \text{m} \cdot 1{,}2\ \text{m}$

$V = 0{,}756\ \text{m}^3$

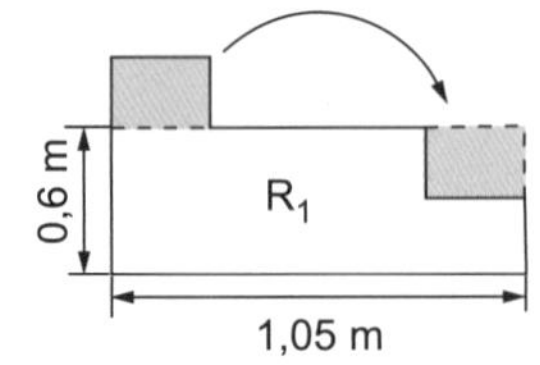

b) Vorder- und Rückseite:

Zwei Rechtecke R_1

$A_{R_1} = 2 \cdot 0{,}6\ \text{m} \cdot 1{,}05\ \text{m}$

$A_{R_1} = 1{,}26\ \text{m}^2$

Boden- und Deckfläche:

Zwei Rechtecke R_2

$A_{R_2} = 2 \cdot 1{,}05\ \text{m} \cdot 1{,}2\ \text{m}$

$A_{R_2} = 2{,}52\ \text{m}^2$

Rückwand und Vorderseiten der Stufen:

Zwei Rechtecke R_3

$A_{R_3} = 2 \cdot 0{,}9\ \text{m} \cdot 1{,}2\ \text{m}$

$A_{R_3} = 2{,}16\ \text{m}^2$

Gesamtfläche:

$A_{ges} = A_{R_1} + A_{R_2} + A_{R_3}$

$A_{ges} = 1{,}26\ \text{m}^2 + 2{,}52\ \text{m}^2 + 2{,}16\ \text{m}^2$

$A_{ges} = 5{,}94\ \text{m}^2$

Er muss eine Fläche von 5,94 m² lackieren.

---

281 a)

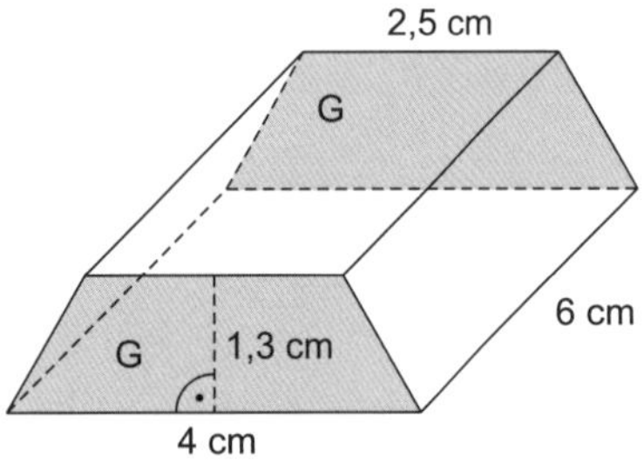

Grundfläche G:

$$G = \frac{4\ \text{cm} + 2{,}5\ \text{cm}}{2} \cdot 1{,}3\ \text{cm}$$

$G = 4{,}225\ \text{cm}^2$

Volumen:

$V = 4{,}225\ \text{cm}^2 \cdot 6\ \text{cm}$

$V = 25{,}35\ \text{cm}^3$

b)

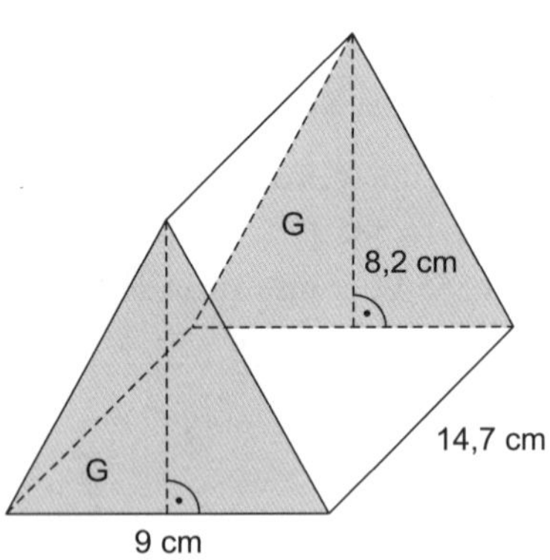

Grundfläche G:

$$G = \frac{9\ \text{cm} \cdot 8{,}2\ \text{cm}}{2}$$

$G = 36{,}9\ \text{cm}^2$

Volumen:

$V = 36{,}9\ \text{cm}^2 \cdot 14{,}7\ \text{cm}$

$V = 542{,}43\ \text{cm}^3$

c)

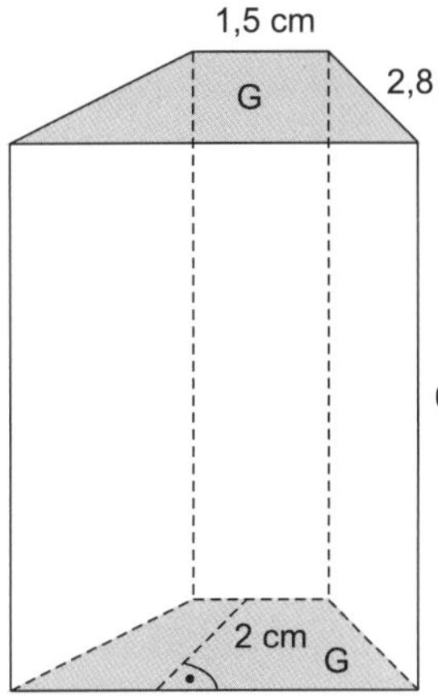

Grundfläche G:

$$G = \frac{4{,}5\text{ cm} + 1{,}5\text{ cm}}{2} \cdot 2\text{ cm}$$

$G = 6\text{ cm}^2$

Volumen:

$V = 6\text{ cm}^2 \cdot 6\text{ cm}$

$V = 36\text{ cm}^3$

d)

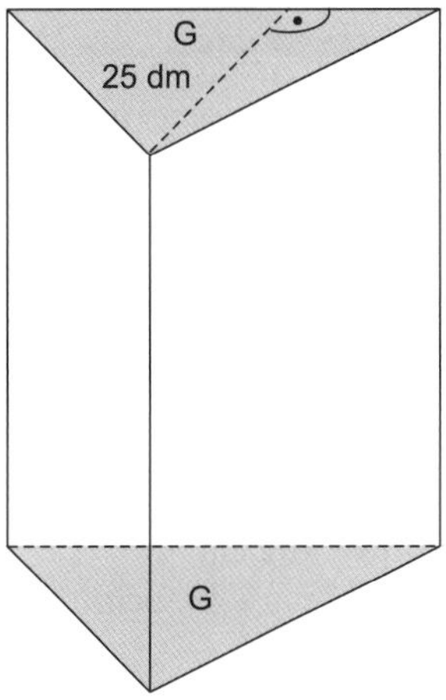

Grundfläche G:

$$G = \frac{38\text{ dm} \cdot 25\text{ dm}}{2}$$

$G = 475\text{ dm}^2$

Volumen:

$V = 475\text{ dm}^2 \cdot 46\text{ dm}$

$V = 21\,850\text{ dm}^3$

282

	Grundseite g	Dreieckshöhe h_g	Grundfläche G	Körperhöhe h	Volumen V
a)	6 cm	12 cm	36 cm²	9 cm	324 cm³
b)	18 mm	7 mm	63 mm²	9 mm	567 mm³
c)	24 cm	23,5 cm	282 cm²	23 cm	6 486 cm³
d)	15,7 m	24 m	188,4 m²	12,2 m	2 298,48 m³
e)	28 dm	22,7 dm	317,8 dm²	32 dm	10 169,6 dm³

283 a) Grundfläche:

$$G = \frac{9\text{ cm} + 4\text{ cm}}{2} \cdot 7\text{ cm}$$

$G = 45{,}5\text{ cm}^2$

Höhe:

$568{,}75\text{ cm}^3 = 45{,}5\text{ cm}^2 \cdot h$

$12{,}5\text{ cm} = h$

b) Grundfläche:

$$G = \frac{3\text{ cm} \cdot 4\text{ cm}}{2}$$

$G = 6\text{ cm}^2$

Höhe:

$568{,}75\text{ cm}^3 = 6\text{ cm}^2 \cdot h$

$94{,}8\text{ cm} = h$

284 a) Grundfläche G:

$$G = \frac{4\text{ cm} \cdot 3\text{ cm}}{2}$$

$G = 6\text{ cm}^2$

Seite x (Satz des Pythagoras):

$(2\text{ cm})^2 + (3\text{ cm})^2 = x^2$

$4\text{ cm}^2 + 9\text{ cm}^2 = x^2$

$13\text{ cm}^2 = x^2$

$3{,}6\text{ cm} \approx x$

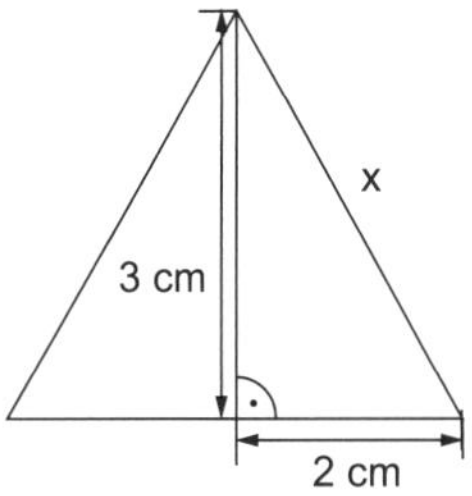

Umfang der Grundfläche:
$u = 3{,}6\ \text{cm} + 3{,}6\ \text{cm} + 4\ \text{cm}$
$u = 11{,}2\ \text{cm}$

Mantelfläche M:
$M = 11{,}2\ \text{cm} \cdot 10\ \text{cm}$
$M = 112\ \text{cm}^2$

Oberfläche O:
$O = 2 \cdot 6\ \text{cm}^2 + 112\ \text{cm}^2$
$O = 124\ \text{cm}^2$

b) $100\ \% + 19\ \% = 119\ \% = 1{,}19$
$124\ \text{cm}^2 \cdot 1{,}19 = 147{,}56\ \text{cm}^2$
Es wird 147,56 cm^2 Geschenkpapier benötigt.

c) $u_{\text{Geschenkband}} = u + 36{,}2\ \text{cm}$
$u_{\text{Geschenkband}} = 11{,}2\ \text{cm} + 36{,}2\ \text{cm}$
$u_{\text{Geschenkband}} = 47{,}4\ \text{cm}$
Er benötigt 47,4 cm Geschenkband.

---

285 a) Grundfläche G der Grube:
$$G = \frac{40\ \text{m} + 26\ \text{m}}{2} \cdot 8\ \text{m}$$
$G = 264\ \text{m}^2$

Volumen der Grube:
$V = 264\ \text{m}^2 \cdot 55\ \text{m}$
$V = 14\,520\ \text{m}^3$

b) $14\,520\ \text{m}^3 \mathrel{\hat{=}} 100\ \%$
$1\ \text{m}^3 \mathrel{\hat{=}} 0{,}0068\ldots\ \%$
$420\ \text{m}^3 \mathrel{\hat{=}} 2{,}892\ldots\ \% \approx 2{,}9\ \%$
$100\ \% - 2{,}9\ \% = 97{,}1\ \%$
97,1 % der Grube sind nicht mit Wasser gefüllt.

c) $6\ \text{h} = 360\ \text{min}$
$420\ \text{m}^3 = 420\,000\ \text{dm}^3 = 420\,000\ \ell$
$420\,000\ \ell : 360 \approx 1116{,}7\ \ell$
In einer Minute müssen etwa 1 166,7 Liter abgepumpt werden.

---

286 $16\,956\ \text{cm}^3 = 3{,}14 \cdot r^2 \cdot 24\ \text{cm}$
$225\ \text{cm}^2 = r^2$
$15\ \text{cm} = r$

---

287 Radius:
$616\ \text{m}^2 = 3{,}14 \cdot r^2$
$14\ \text{m} \approx r$

Höhe:
$17\,248\ \text{m}^3 = 616\ \text{m}^2 \cdot h$
$28\ \text{m} = h$

Mantel:
$M = 2 \cdot 3{,}14 \cdot 14\ \text{m} \cdot 28\ \text{m}$
$M \approx 2\,461{,}76\ \text{m}^2$

288

	Radius r	Grundfläche G	Höhe h	Volumen V	Mantelfläche M	Oberfläche O
a)	4,7 cm	69,36 cm^2	12,3 cm	853,16 cm^3	363,05 cm^2	501,77 cm^2
b)	2,8 cm	24,6 cm^2	42,8 cm	1 052,88 cm^3	752,60 cm^2	801,80 cm^2
c)	2,29 m	16,48 m^2	102,5 m	1 689,41 m^3	1 474,07 m^2	1 507,01 m^2
d)	7,08 cm	157,40 cm^2	15,3 cm	2 408,22 cm^3	680,54 cm^2	995,34 cm^2

289 a) Der Körper setzt sich aus zwei Zylindern zusammen.

$V = 3{,}14 \cdot (7{,}5\text{ cm})^2 \cdot 2{,}5\text{ cm} + 3{,}14 \cdot (3{,}75\text{ cm})^2 \cdot 7{,}5\text{ cm}$

$V \approx 441{,}56\text{ cm}^3 + 331{,}17\text{ cm}^3$

$V = 772{,}73\text{ cm}^3$

b) Der Körper setzt sich aus drei Zylindern zusammen, wovon zwei Zylinder das gleiche Volumen haben.

$V = 2 \cdot 3{,}14 \cdot (6\text{ cm})^2 \cdot 1{,}5\text{ cm} + 3{,}14 \cdot (2\text{ cm})^2 \cdot 9\text{ cm}$

$V = 339{,}12\text{ cm}^3 + 113{,}04\text{ cm}^3$

$V = 452{,}16\text{ cm}^3$

290 a) $G = 3{,}14 \cdot (2{,}5\text{ cm})^2$

$G = 3{,}14 \cdot 6{,}25\text{ cm}^2$

$G = 19{,}625\text{ cm}^2$

b) $0{,}2\ \ell = 0{,}2\text{ dm}^3 = 200\text{ cm}^3$

$200\text{ cm}^3 = 19{,}625\text{ cm}^2 \cdot h$

$10{,}2\text{ cm} \approx h$

c) $V = 19{,}625\text{ cm}^2 \cdot 13\text{ cm}$

$V = 255{,}125\text{ cm}^3$

$V \approx 0{,}26\ \ell$

d) $2{,}5\ \ell : 0{,}2\ \ell = 12{,}5$

Das Glas muss 12-mal gefüllt werden und einmal zur Hälfte.

291 a) $850\text{ cm}^3 = 3{,}14 \cdot (5\text{ cm})^2 \cdot h$

$850\text{ cm}^3 = 78{,}5\text{ cm}^2 \cdot h$

$10{,}8\text{ cm} \approx h$

Die Dose ist 10,8 cm hoch.

b) Mindestgröße der quadratischen Blechteile:

$10\text{ cm} \cdot 10\text{ cm} = 100\text{ cm}^2$

c) Blech für Boden und Deckel:

$100\text{ cm}^2 \cdot 2 = 200\text{ cm}^2$

Grund- und Deckfläche der Dose:

$G = 2 \cdot 3{,}14 \cdot (5\text{ cm})^2$

$G = 157\text{ cm}^2$

Abfall in cm^2:

$200\text{ cm}^2 - 157\text{ cm}^2 = 43\text{ cm}^2$

Abfall in Prozent:

$43 : 200 \cdot 100\,\% = 21{,}5\,\%$

292

	Kante a	Körperhöhe h	Seitenhöhe h_a	Volumen V	Mantelfläche M
a)	10 cm	18 cm	18,7 cm	600 cm^3	374 cm^2
b)	3 m	6,3 m	6,5 m	18,9 m^3	39 m^2
c)	5,6 dm	7,2 dm	7,75 dm	75,3 dm^3	86,8 dm^2
d)	14 cm	7,9 cm	10,6 cm	517,4 cm^3	296,8 cm^2

293 $2\,768\,003\ m^3 = \frac{1}{3} \cdot 56\,644\ m^2 \cdot h$

$146{,}6\ m \approx h$

Die Cheopspyramide war ursprünglich rund 146,6 m hoch.

---

294 a)

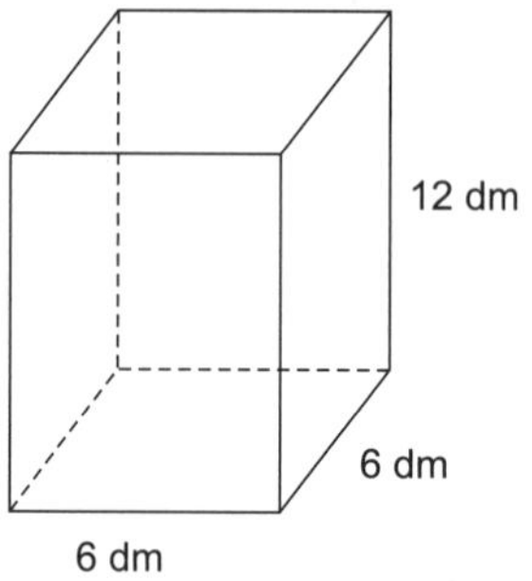

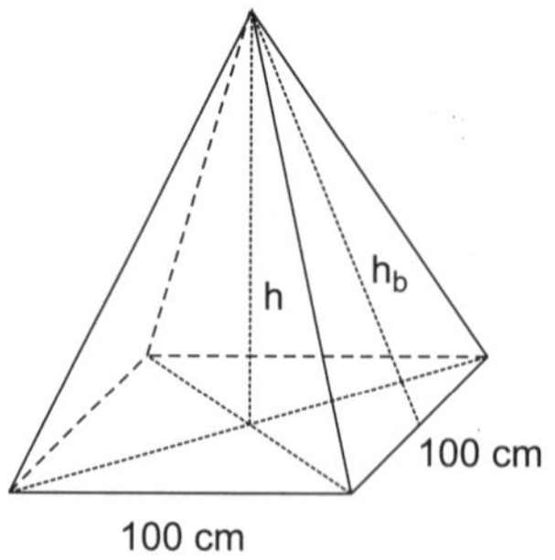

b) Oberfläche des Quaders:

$O = 2 \cdot 6\ dm \cdot 6\ dm + 4 \cdot 6\ dm \cdot 12\ dm$

$O = 360\ dm^2$

Oberfläche der vier Seitendreiecke (Mantelfläche) der Pyramide:

$M = O - G$

$M = 360\ dm^2 - (10\ dm \cdot 10\ dm)$

$M = 260\ dm^2$

Oberfläche von einem Dreieck:

$260\ dm^2 : 4 = 65\ dm^2$

Höhe eine Seitendreiecks:

$65\ dm^2 = \frac{10\ dm \cdot h_b}{2}$

$13\ dm = h_b$

c) Berechnung von h (Satz des Pythagoras):

Kathete $\frac{b}{2} = 5\ dm$

Hypotenuse $h_b = 13\ dm$

$h^2 + (5\ dm)^2 = (13\ dm)^2$

$h^2 = 144\ dm^2$

$h = 12\ dm$

---

295 a) $V = \frac{1}{3} \cdot a \cdot a \cdot h$

$V = \frac{1}{3} \cdot 2\ cm \cdot 2\ cm \cdot 1{,}8\ cm$

$V = 2{,}4\ cm^3$

b) Kathete $\frac{a}{2} = 1\ cm$

Kathete $h = 1{,}8\ cm$

$h_a^2 = (1\ cm)^2 + (1{,}8\ cm)^2$

$h_a^2 = 4{,}24\ cm^2$

$h_a \approx 2{,}1\ cm$

c) $12\text{ g} \mathrel{\hat{=}} 1{,}80\text{ €}$
$1\text{ g} \mathrel{\hat{=}} 0{,}15\text{ €}$
$32\text{ g} \mathrel{\hat{=}} 4{,}80\text{ €}$
Eine Schokoladenspitze mit 32 g kostet 4,80 €.

296

	Radius r	Höhe h	Grundfläche G	Volumen V
a)	6,4 cm	12,8 cm	128,61 cm^2	548,74 cm^3
b)	6,7 dm	5,86 dm	140,95 dm^2	275,32 dm^3
c)	2,17 dm	1,85 dm	14,79 dm^2	9,12 dm^3
d)	0,66 m	33,04 m	1,35 m^2	14,87 m^3

297 Radius:
$54{,}6\text{ m} = 2 \cdot 3{,}14 \cdot r$
$8{,}69\text{ m} \approx r$
Höhe:
$148{,}75\text{ m}^3 = \frac{1}{3} \cdot 3{,}14 \cdot (8{,}69\text{ m})^2 \cdot h$
$1{,}88\text{ m} \approx h$
Der Sandhaufen hat eine Höhe von 1,88 m.

298 Volumen Würfel:
$V = 8\text{ cm} \cdot 8\text{ cm} \cdot 8\text{ cm}$
$V = 512\text{ cm}^3$
Das Volumen des Kegels ist gleich dem Volumen des Würfels.
Höhe Kegel:
$512\text{ cm}^3 = \frac{1}{3} \cdot 3{,}14 \cdot (4\text{ cm})^2 \cdot h$
$30{,}57\text{ cm} \approx h$

299 a) $M = 3{,}14 \cdot 3{,}5\text{ m} \cdot 15\text{ m}$
$M = 164{,}85\text{ m}^2$
Das Dach hat eine Fläche von 164,85 m^2.

b) $5\text{ dm}^2 = 0{,}05\text{ m}^2$
$164{,}85\text{ m}^2 : 0{,}05\text{ m}^2 = 3\,297$
Man benötigt mindestens 3 297 Ziegel.

c) Kathete $r = 3{,}5\text{ m}$
Hypothenuse $s = 15\text{ m}$
$h^2 = (15\text{ m})^2 - (3{,}5\text{ m})^2$
$h^2 = 212{,}75\text{ m}^2$
$h \approx 14{,}59\text{ m}$

d) $V = \frac{1}{3} \cdot 3{,}14 \cdot (3{,}5\text{ m})^2 \cdot 14{,}59\text{ m}$
$V \approx 187{,}1\text{ m}^3$

e) $u = 2 \cdot 3{,}14 \cdot 3{,}5\text{ m}$
$u = 21{,}98\text{ m}$
Die Dachrinne ist 21,98 Meter lang.

f) $22{,}50\text{ €} \cdot 21{,}98 = 494{,}55\text{ €}$
19 % MwSt.: $100\,\% + 19\,\% = 119\,\% = 1{,}19$
$494{,}55\text{ €} \cdot 1{,}19 \approx 588{,}51\text{ €}$
3 % Skonto: $100\,\% - 3\,\% = 97\,\% = 0{,}97$
$588{,}51\text{ €} \cdot 0{,}97 \approx 570{,}86\text{ €}$
Die Dachrinne kostet 570,86 €.

300 a) Maxi-Volumen:

$V = \frac{1}{3} \cdot 3{,}14 \cdot (3\text{ cm})^2 \cdot 9\text{ cm}$

$V = 84{,}78\text{ cm}^3$

Mini-Volumen:

$V = \frac{1}{3} \cdot 3{,}14 \cdot (2{,}2\text{ cm})^2 \cdot 6{,}5\text{ cm}$

$V = 32{,}93\text{ cm}^3$

b) $84{,}78\text{ cm}^3 \mathrel{\hat=} 100\,\%$

$1\text{ cm}^3 \mathrel{\hat=} 1{,}1795\ldots\,\%$

$32{,}93\text{ cm}^3 \mathrel{\hat=} 38{,}8417\ldots\,\% \approx 38{,}84\,\%$

$100\,\% - 38{,}84\,\% = 61{,}16\,\%$

Das Fassungsvermögen des Mini-Hörnchens ist um 61,16 % kleiner.

c) Kathete r = 2,2 cm

Kathete h = 6,5 cm

$s^2 = (6{,}5\text{ cm})^2 + (2{,}2\text{ cm})^2$

$s^2 = 47{,}09\text{ cm}^2$

$s \approx 6{,}9\text{ cm}$

d) $M = 2{,}2\text{ cm} \cdot 3{,}14 \cdot 6{,}9\text{ cm}$

$M = 47{,}7\text{ cm}^2$

Die Waffelfläche beträgt $47{,}7\text{ cm}^2$.

301

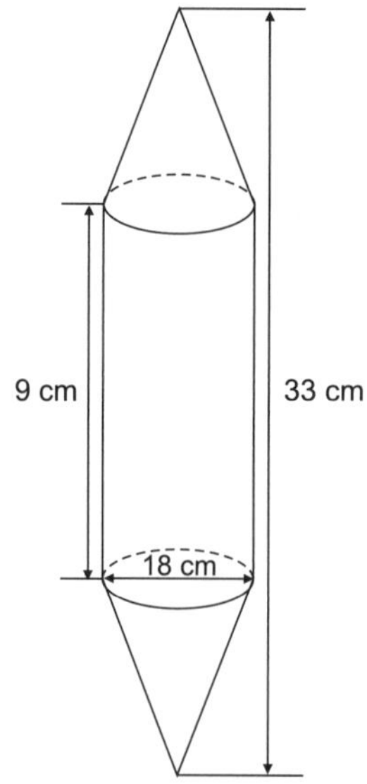

Mantelfläche des Zylinders:

$M_{Zylinder} = 2 \cdot 3{,}14 \cdot 9\text{ cm} \cdot 9\text{ cm}$

$M_{Zylinder} = 508{,}68\text{ cm}^2$

Mantelfläche des Kegels:

$h_{Kegel} = (33\text{ cm} - 9\text{ cm}) : 2$

$h_{Kegel} = 12\text{ cm}$

$s = \sqrt{(9\text{ cm})^2 + (12\text{ cm})^2}$

$s = 15\text{ cm}$

$M_{Kegel} = 3{,}14 \cdot 9\text{ cm} \cdot 15\text{ cm}$

$M_{Kegel} = 423{,}9\text{ cm}^2$

Oberfläche des Körpers:

$O = M_{Kegel} + M_{Zylinder}$

$O = 423{,}9\text{ cm}^2 + 508{,}68\text{ cm}^2$

$O = 932{,}58\text{ cm}^2$

302 a) $V = \frac{4}{3} \cdot 3{,}14 \cdot (7{,}5\text{ m})^3$

$V = 1\,766{,}25\text{ m}^3$

Zum Füllen ist $1\,766{,}25\text{ m}^3$ Gas notwendig.

b) $O = 4 \cdot 3{,}14 \cdot (7{,}5\text{ cm})^2$

$O = 706{,}5\text{ m}^2$

303 a) $15\,000\text{ m}^3 = \frac{4}{3} \cdot 3{,}14 \cdot r^3$

$3\,582{,}8\text{ m}^3 \approx r^3 \quad |\sqrt[3]{\ }$

$15{,}3\text{ m} \approx r$

$\Rightarrow\ d = 30{,}6\text{ m}$

b) $O = 4 \cdot (15{,}3\text{ m})^2 \cdot 3{,}14$

$O = 2\,940{,}1704\text{ m}^2$

$O \approx 2\,940\text{ m}^2$

304 Radius r:

$2\,826\text{ cm}^2 = 4 \cdot 3{,}14 \cdot r^2$

$225\text{ cm}^2 = r^2$

$15\text{ cm} = r$

Volumen:

$V = \frac{4}{3} \cdot 3{,}14 \cdot (15\ \text{cm})^3$

$V = 14\,130\ \text{cm}^3$

Sofie muss 14 130 cm^3 Luft in den Ballon blasen.

---

305 Kugel:

$V = \frac{4}{3} \cdot 3{,}14 \cdot (12\ \text{cm})^3$

$V = 7\,234{,}56\ \text{cm}^3$

Würfel:

$V = (12\ \text{cm})^3$

$V = 1\,728\ \text{cm}^3$

Zylinder:

$V = 3{,}14 \cdot (12\ \text{cm})^2 \cdot 12\ \text{cm}$

$V = 5\,425{,}92\ \text{cm}^3$

Kegel:

$V = \frac{1}{3} \cdot 3{,}14 \cdot (12\ \text{cm})^2 \cdot 24\ \text{cm}$

$V = 3\,617{,}28\ \text{cm}^3$

$V_{\text{Würfel}} < V_{\text{Kegel}} < V_{\text{Zylinder}} < V_{\text{Kugel}}$

---

306 a) $d = 10\ \text{cm} \Rightarrow r = 5\ \text{cm}$

$V = 750\ m\ell = 750\ \text{cm}^3$

$750\ \text{cm}^3 = (5\ \text{cm})^2 \cdot 3{,}14 \cdot h$

$9{,}6\ \text{cm} \approx h$

Das Wasser steht 9,6 cm hoch im Zylinder.

b) Volumen der Eisenkugel:

$V = \frac{4}{3} \cdot 3{,}14 \cdot (4\ \text{cm})^3$

$V \approx 268\ \text{cm}^3$

Erhöhung des Wasserstandes:

$268\ \text{cm}^3 = 3{,}14 \cdot (5\ \text{cm})^2 \cdot h$

$3{,}4\ \text{cm} \approx h$

Das Wasser steigt um 3,4 cm.

---

307 a) Der aufgesetzte Quader rechts passt genau in den ausgeschnittenen Quader links, sodass ein großer Quader mit folgenden Maßen entsteht:

$a = 40\ \text{m} + 10\ \text{m} + 10\ \text{m} = 60\ \text{m};\ b = 80\ \text{m};\ c = 10\ \text{m} + 10\ \text{m} = 20\ \text{m}$

$V_Q = 60\ \text{m} \cdot 80\ \text{m} \cdot 20\ \text{m}$

$V_Q = 96\,000\ \text{m}^3$

b) Es handelt sich um ein Dreiecksprisma, aus dem ein Quader herausgeschnitten wurde.

Dreiecksprisma:

$g = 25\ \text{cm};\ h_D = 35\ \text{cm};\ h = 80\ \text{cm}$

$V_D = \frac{25\ \text{cm} \cdot 35\ \text{cm}}{2} \cdot 80\ \text{cm}$

$V_D = 35\,000\ \text{cm}^3$

Quader:

$a = 5\ \text{cm};\ b = 80\ \text{cm};\ c = 10\ \text{cm}$

$V_Q = 5\ \text{cm} \cdot 80\ \text{cm} \cdot 10\ \text{cm}$

$V_Q = 4\,000\ \text{cm}^3$

Gesamtvolumen:

$V = V_D - V_Q$

$V = 35\,000\ \text{cm}^3 - 4\,000\ \text{cm}^3$

$V = 31\,000\ \text{cm}^3$

c) Der Körper setzt sich aus einem Quader und einem Dreiecksprisma zusammen.

Quader:

$a = 100\text{ mm};\ b = 400\text{ mm};\ c = 40\text{ mm}$

$V_Q = 100\text{ mm} \cdot 400\text{ mm} \cdot 40\text{ mm}$

$V_Q = 1\,600\,000\text{ mm}^3$

Dreiecksprisma:

$g = 100\text{ mm};\ h_D = 90\text{ mm};\ h = 200\text{ mm}$

$V_D = \frac{100\text{ mm} \cdot 90\text{ mm}}{2} \cdot 200\text{ mm}$

$V_D = 900\,000\text{ mm}^3$

Gesamtvolumen:

$V = V_Q + V_D$

$V = 1\,600\,000\text{ mm}^3 + 900\,000\text{ mm}^3$

$V = 2\,500\,000\text{ mm}^3$

d) Der Körper ist ein Trapezprisma, aus dem ein Quader ausgeschnitten wurde.

Trapezprisma:

$a = 36\text{ dm};\ c = 65\text{ dm};\ h_T = 22\text{ dm};\ h = 16\text{ dm}$

$V_T = \frac{36\text{ dm} + 65\text{ dm}}{2} \cdot 22\text{ dm} \cdot 16\text{ dm}$

$V_T = 17\,776\text{ dm}^3$

Quader:

$a = 20\text{ dm};\ b = 22\text{ dm};\ c = 6\text{ dm}$

$V_Q = 20\text{ dm} \cdot 22\text{ dm} \cdot 6\text{ dm}$

$V_Q = 2\,640\text{ dm}^3$

Gesamtvolumen:

$V = V_T - V_Q$

$V = 17\,776\text{ dm}^3 - 2\,640\text{ dm}^3$

$V = 15\,136\text{ dm}^3$

---

308 a) $V = 2 \cdot 5\text{ cm} \cdot 5\text{ cm} \cdot 7\text{ cm}$

$V = 350\text{ cm}^3$

b) $V = \frac{5\text{ cm} \cdot 2{,}5\text{ cm}}{2} \cdot 20\text{ cm}$

$V = 125\text{ cm}^3$

c) Länge $a = 20\text{ cm} - 2 \cdot 5\text{ cm} = 10\text{ cm}$

Tiefe $b = 5\text{ cm}$

Höhe $c = 7\text{ cm}$

---

309 a) Volumen des Quaders:

$V_{Quader} = 60\text{ mm} \cdot 50\text{ mm} \cdot 180\text{ mm}$

$V_{Quader} = 540\,000\text{ mm}^3$

Volumen der vier Dreiecksprismen:

$V_{Dreiecksprismas} = 4 \cdot \frac{20\text{ mm} \cdot 15\text{ mm}}{2} \cdot 180\text{ mm}$

$V_{Dreiecksprismas} = 108\,000\text{ mm}^3$

Volumen des Stahlkörpers:

$V = V_{Quader} - V_{Dreieckprismas}$

$V = 540\,000\text{ mm}^3 - 108\,000\text{ mm}^3$

$V = 432\,000\text{ mm}^3 = 432\text{ cm}^3$

b) Gewichtsverlust:

$108\,000\text{ mm}^3 = 108\text{ cm}^3 = 0{,}108\text{ dm}^3$

$m = 7{,}2\,\frac{\text{km}}{\text{dm}^3} \cdot 0{,}108\text{ dm}^3$

$m = 0{,}7776\text{ kg} = 777{,}6\text{ g}$

Der Körper wurde um 777,6 g leichter.

310 a)

Netz I:	Netz II:	Netz III:	Netz IV:
1 + 6 = 7 (w)	1 + 6 = 7 (w)	1 + 6 = 7 (w)	1 + 3 = 4 (f)
2 + 4 = 6 (f)	4 + 3 = 7 (w)	3 + 4 = 7 (w)	4 + 6 = 10 (f)
3 + 5 = 8 (f)	2 + 5 = 7 (w)	2 + 5 = 7 (w)	2 + 5 = 7 (w)

b) Mögliche Lösungen:

I

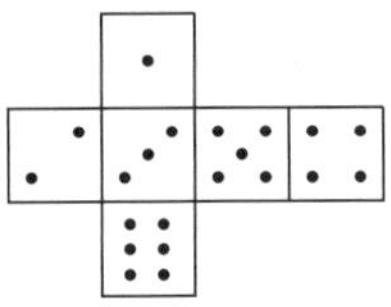

II

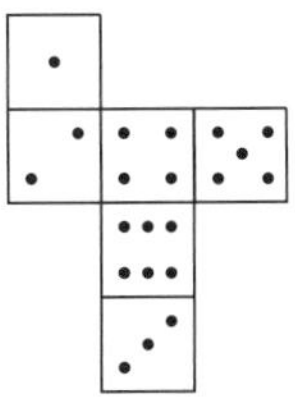

311 a)

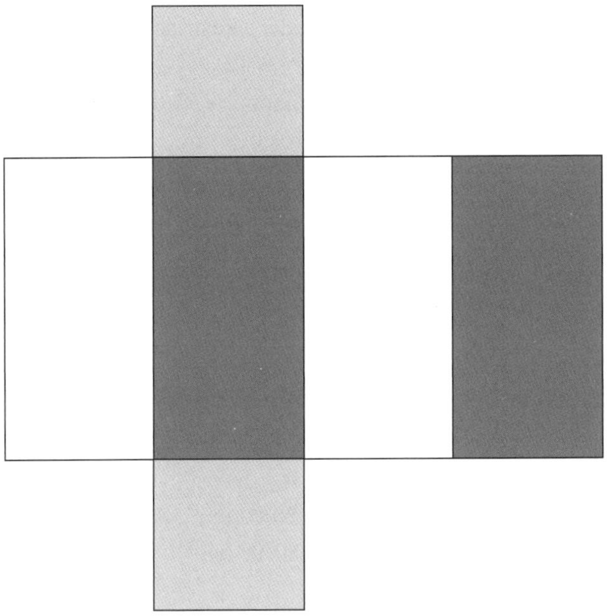

b)

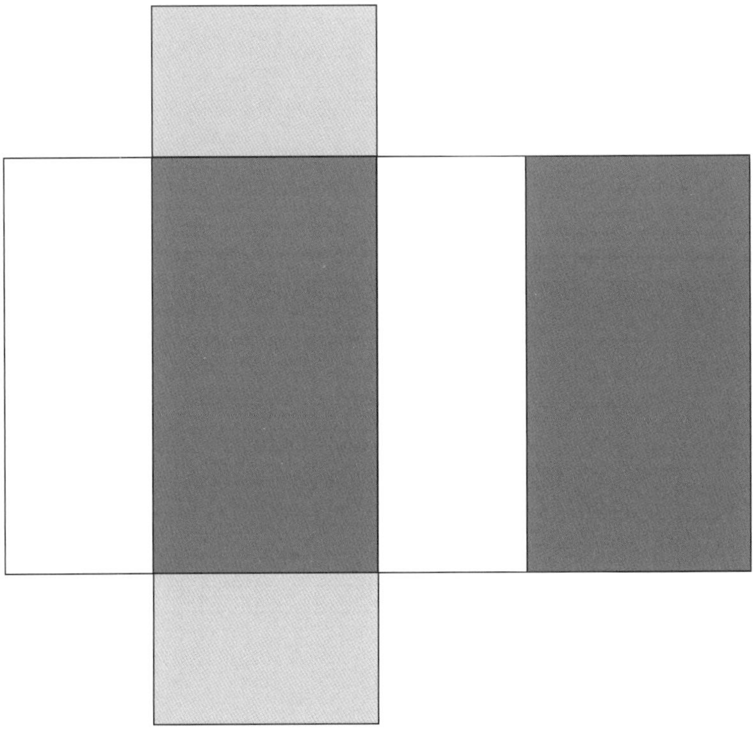

312 a) Mantelfläche M:

$u_G = 14 \text{ cm} + 48 \text{ cm} + 17 \text{ cm} + 19 \text{ cm}$
$u_G = 98 \text{ cm}$
$M = u_G \cdot h$
$M = 98 \text{ cm} \cdot 8 \text{ cm}$
$M = 784 \text{ cm}^2$

b) Mantelfläche M:

$u_G = 7 \text{ dm} + 15 \text{ dm} + 6 \text{ dm} + 9 \text{ dm}$
$u_G = 37 \text{ dm}$
$M = u_G \cdot h$
$M = 37 \text{ dm} \cdot 7 \text{ dm}$
$M = 259 \text{ dm}^2$

---

313 a) Rechteck 1:

$A_1 = 7 \text{ cm} \cdot 4 \text{ cm}$
$A_1 = 28 \text{ cm}^2$

Rechtecke 2 und 3:

$A_2 = 3 \text{ cm} \cdot 4 \text{ cm}$
$A_2 = 12 \text{ cm}^2$
$A_3 = A_2 = 12 \text{ cm}^2$

Trapeze 4 und 5:

$$A_4 = \frac{11{,}2 \text{ cm} + 7 \text{ cm}}{2} \cdot 2{,}2 \text{ cm}$$
$A_4 = 20{,}02 \text{ cm}^2$
$A_5 = A_4 = 20{,}02 \text{ cm}^2$

Gesamte Fläche:

$A_{ges} = A_1 + 2 \cdot A_2 + 2 \cdot A_4$
$A_{ges} = 28 \text{ cm}^2 + 2 \cdot 12 \text{ cm}^2 + 2 \cdot 20{,}02 \text{ cm}^2$
$A_{ges} = 92{,}04 \text{ cm}^2$

b) Rechteckfläche des Blechs A_R:

$a = 3 \text{ cm} + 7 \text{ cm} + 3 \text{ cm} = 13 \text{ cm}$
$b = 2{,}2 \text{ cm} + 4 \text{ cm} + 2{,}2 \text{ cm} = 8{,}4 \text{ cm}$
$A_R = 13 \text{ cm} \cdot 8{,}4 \text{ cm}$
$A_R = 109{,}2 \text{ cm}^2$

Berechnung der „Restfläche“:

$A_{Rest} = A_R - A_{ges}$
$A_{Rest} = 109{,}2 \text{ cm}^2 - 92{,}04 \text{ cm}^2$
$A_{Rest} = 17{,}16 \text{ cm}^2$

Berechnung des prozentualen Anteils:

$G = 109{,}2 \text{ cm}^2;\ P = 17{,}16 \text{ cm}^2$
$$p\ \% = \frac{17{,}16 \text{ cm}^2 \cdot 100}{109{,}2 \text{ cm}^2}\ \%$$
$p\ \% \approx 15{,}7\ \%$

15,7 % des Blechs wird nicht verwendet.

c)

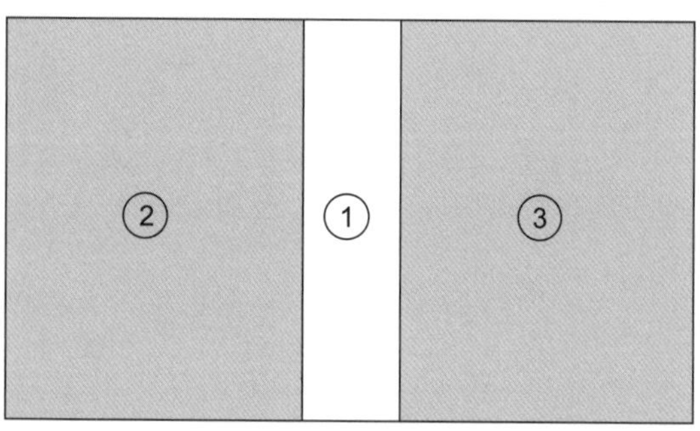

d) $V = A_4 \cdot h$
$V = 20{,}02 \text{ cm}^2 \cdot 4 \text{ cm}$
$V = 80{,}08 \text{ cm}^3$

314

	Anzahl der Ecken	Anzahl der Flächen	Anzahl der Kanten
a)	8	6	12
b)	5	5	8
c)	1	2	1
d)	12	8	18

---

315 a)

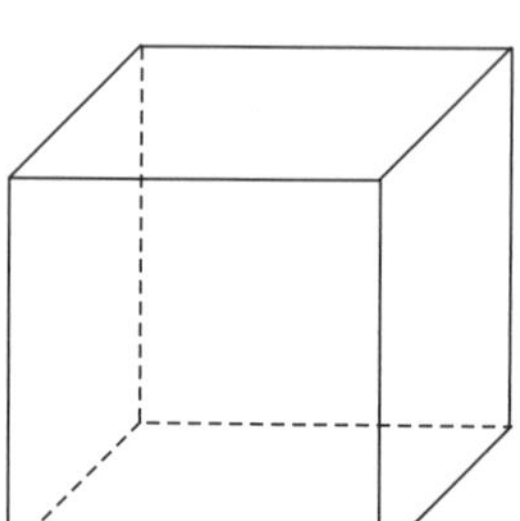

b)

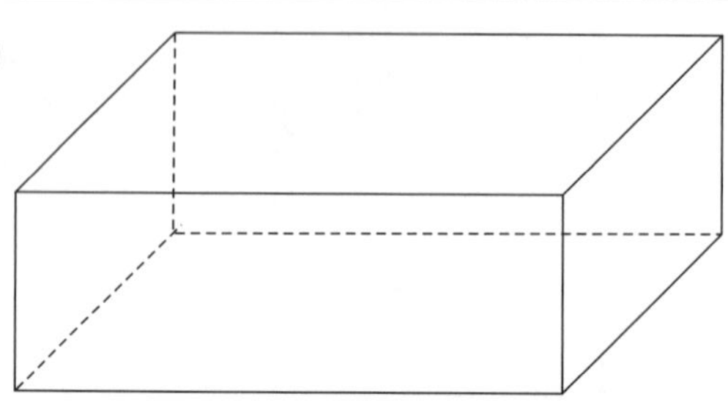

c)

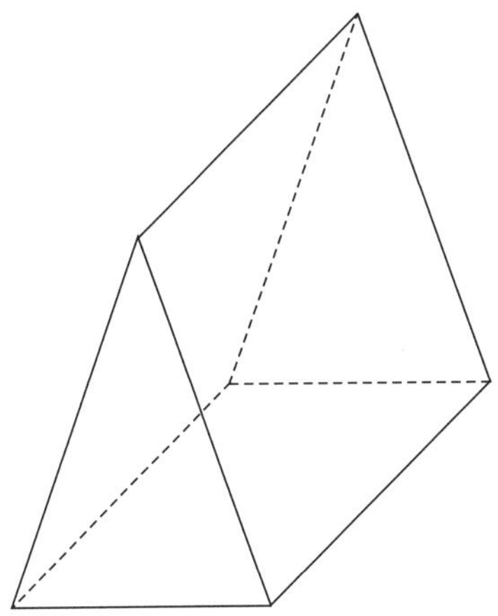

d)

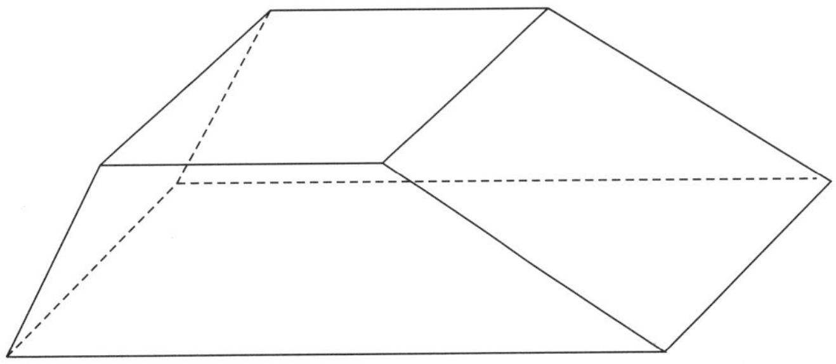

316 a)

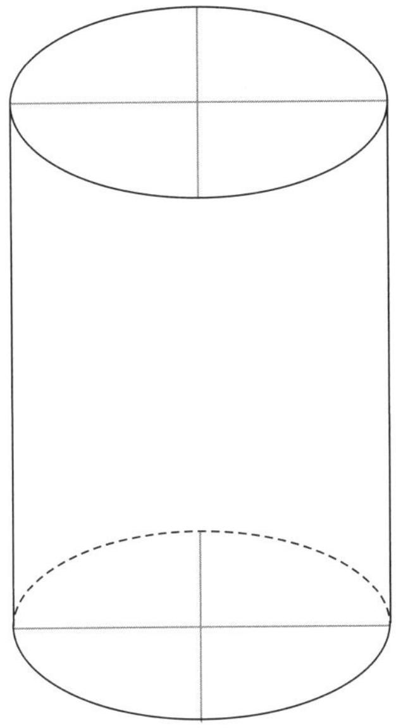

b)

317 a)

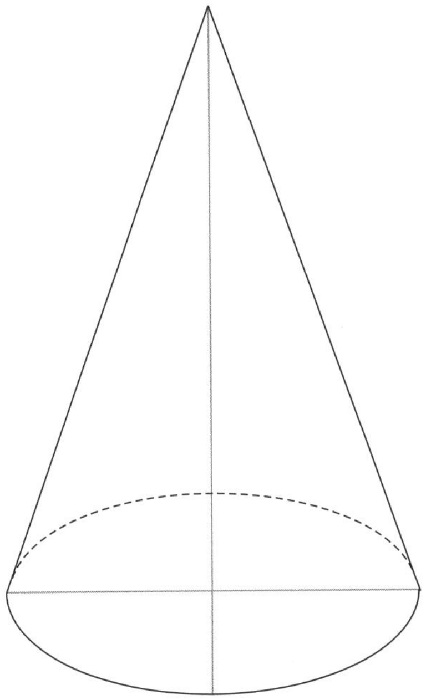

b)

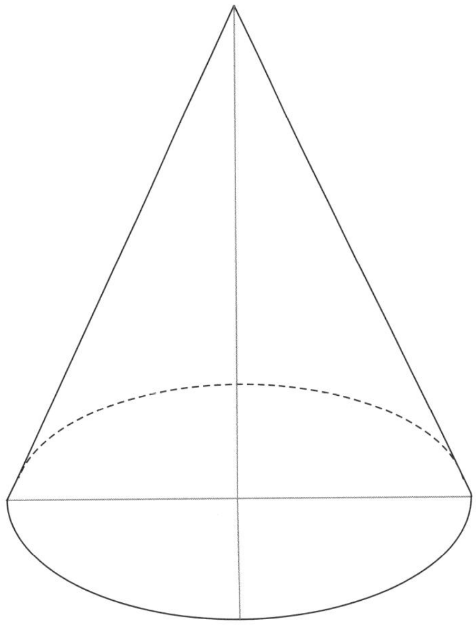

318 a)

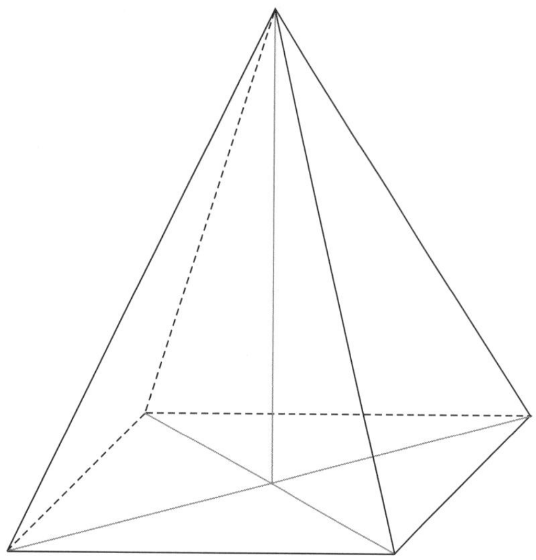

b)

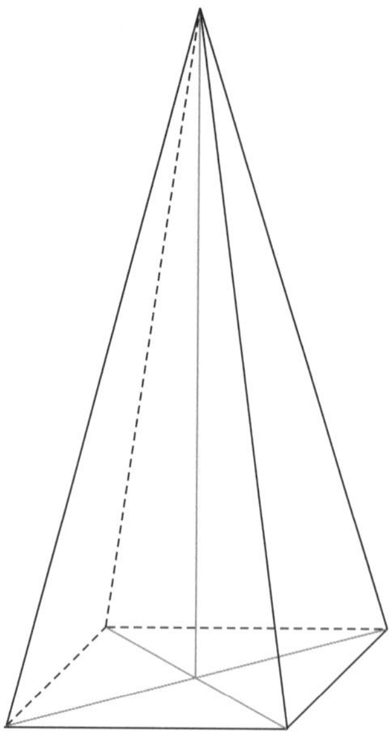

319 $1\,\ell = 1\text{ dm}^3 = 1\,000\text{ cm}^3$

$1\,000\text{ cm}^3 = G \cdot 20\text{ cm}$

$50\text{ cm}^2 = G$

Die Grundfläche muss mindestens 50 cm^2 groß sein.

320 a) A: Zylinder
B: Kegel
C: Quader
D: quadratische Pyramide

b) Zylinder:

$V_Z = 3{,}14 \cdot (4\text{ cm})^2 \cdot 15\text{ cm}$

$V_Z = 753{,}6\text{ cm}^3$

Kegel:

$V_K = \frac{1}{3} \cdot 3{,}14 \cdot (4\text{ cm})^2 \cdot 15\text{ cm}$

$V_K = 251{,}2\text{ cm}^3$

Quader:

$V_Q = 6\text{ cm} \cdot 6\text{ cm} \cdot 15\text{ cm}$

$V_Q = 540\text{ cm}^3$

quadratische Pyramide:

$V_P = \frac{1}{3} \cdot 6\text{ cm} \cdot 6\text{ cm} \cdot 15\text{ cm}$

$V_P = 180\text{ cm}^3$

c) Der Zylinder V_Z hat das 3-fache Volumen des Kegels V_K und somit das 3-fache Gewicht. Dasselbe 3-fache Volumenverhältnis besteht zwischen Quader V_Q und quadratischer Pyramide V_P. Die Aussage von Tamara ist richtig.

d) Holzdichte: $520\,\frac{g}{dm^3} \Rightarrow 0{,}520\,\frac{g}{cm^3}$

Zylinder: $753{,}6\text{ cm}^3 \cdot 0{,}520\,\frac{g}{cm^3} \approx 392\text{ g}$

Kegel: $251{,}2\text{ cm}^3 \cdot 0{,}520\,\frac{g}{cm^3} \approx 131\text{ g}$

Quader: $540\text{ cm}^3 \cdot 0{,}520\,\frac{g}{cm^3} \approx 281\text{ g}$

quadratische Pyramide: $180\text{ cm}^3 \cdot 0{,}520\,\frac{g}{cm^3} \approx 94\text{ g}$

321 a) Die Rakete setzt sich aus einem Kegel (oben) und einem Zylinder (unten) zusammen.

b) $152\ cm^3 = 15{,}2\ cm^2 \cdot h_Z$

$10\ cm = h_Z$

c) Der Zylinder und der Kegel haben dieselbe Grundfläche.

$35{,}47\ cm^3 = \frac{1}{3} \cdot 15{,}2\ cm^2 \cdot h_K$

$7{,}0\ cm \approx h_K$

Gesamthöhe der Rakete:

$10\ cm + 7\ cm = 17\ cm$

d) $15{,}2\ cm^2 = 3{,}14 \cdot r^2$

$2{,}2\ cm \approx r$

e) $u = 3{,}14 \cdot 2 \cdot 2{,}2\ cm$

$u \approx 13{,}8\ cm$

---

322 a) $V_{Turm} = 49\ m^2 \cdot 32\ m$

$V_{Turm} = 1\,568\ m^3$

$V_{Spitze} = \frac{1}{3} \cdot 49\ m^2 \cdot 14\ m$

$V_{Spitze} \approx 228{,}7\ m^3$

b) Quader V_Q:

$V_Q = 41\ m \cdot 19\ m \cdot 13\ m$

$V_Q = 10\,127\ m^3$

Dreiecksprisma V_D:

$V_D = 76\ m^2 \cdot 41\ m$

$V_D = 3\,116\ m^3$

Kirchenschiff V_{ges}:

$V_{ges} = 10\,127\ m^3 + 3\,116\ m^3$

$V_{ges} = 13\,243\ m^3$

c) Höhe der Grundseite h_1:

$76\ m^2 = \frac{19\ m \cdot h_1}{2}$

$152\ m^2 = 19\ m \cdot h_1$

$8\ m = h_1$

Höhe des Kirchenschiffs h_{ges}:

$h_{ges} = 8\ m + 13\ m$

$h_{ges} = 21\ m$

d) Seite a der Turmfläche:

$49\ m^2 = a^2$

$7\ m = a$

Grundriss der Kirche im Maßstab 1 : 1 000:

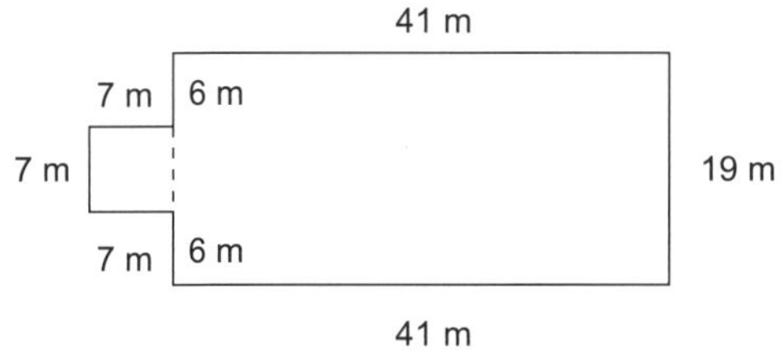

Umfang der Kirche:

$u_{ges} = 7\ m + 7\ m + 7\ m + 6\ m + 6\ m + 41\ m + 41\ m + 19\ m$

$u_{ges} = 134\ m$

323 a) $565{,}2\ cm^3 = 3{,}14 \cdot r^2 \cdot 20\ cm$
$565{,}2\ cm^3 = 62{,}8\ cm \cdot r^2$
$9\ cm^2 = r^2$
$3\ cm = r$

b) Grundfläche G:
$G = 3{,}14 \cdot (3\ cm)^2$
$G = 28{,}26\ cm^2$

Mantelfläche M:
$M = 2 \cdot 3{,}14 \cdot 3\ cm \cdot 20\ cm$
$M = 376{,}8\ cm^2$

Oberfläche O:
$O = 2 \cdot 28{,}26\ cm^2 + 376{,}8\ cm^2$
$O = 433{,}32\ cm^2$

Zentrale Prüfung 2013

Hinweise und Tipps

Prüfungsteil 1: Aufgabe 1

a) a_1) Längste PC-Nutzungszeit: **Samstag**
Kürzeste PC-Nutzungszeit: **Sonntag**

Entnimm die Wochentage der Tabelle.

a_2) $\overline{x} = \frac{60+70+125+95+55+155+35}{7}$ min

$\overline{x} = \frac{595}{7}$ min

$\overline{x} = \mathbf{85\ min}$

Till sitzt pro Tag durchschnittlich 85 Minuten vor dem PC.

Bestimme den Durchschnitt, indem du alle Computerzeiten addierst und dann durch die Anzahl der Tage dividierst.

a_3) Rangliste:
35 min | 55 min | 60 min | **70 min** | 95 min | 125 min | 155 min
Der Median beträgt 70 Minuten.

Erstelle eine Rangliste, d. h., sortiere die Werte der Größe nach. Bei einer ungeraden Anzahl von Daten (7 Werte) liegt der Median in der Mitte der Liste.

b) b_1) Grundpreis: 2,50 €
Preis pro Kilometer: 2,00 €
Länge der Fahrt: 10 km

$10 \cdot 2$ € + 2,50 € = **22,50 €**

Die 10 km lange Taxifahrt kostet 22,50 €.

Pro km müssen 2 € bezahlt werden, für 10 km also $10 \cdot 2$ €. Vergiss nicht, den Grundpreis zu addieren.

b_2) Gesamtpreis: 17,50 €
Grundpreis: 2,50 €
Preis pro Kilometer: 2,00 €

Bestimme alle notwendigen Daten aus dem Kasten und aus der Aufgabe b_2.

Kosten ohne Grundpreis:
17,50 € − 2,50 € = 15,00 €

Der Grundpreis muss immer bezahlt werden und richtet sich nicht nach den Kilometern. Subtrahiere deshalb den Grundpreis von den Gesamtkosten.

Anzahl der Kilometer:

$15\text{ €} : 2\,\frac{\text{€}}{\text{km}} = \mathbf{7{,}5\ km}$

Frau Tind ist 7,5 km mit dem Taxi gefahren.

Wenn du die Fahrtkosten durch den Preis pro Kilometer dividierst, ergibt sich die Anzahl der Kilometer.

b_3) Grundpreis: 2,50 €
Preis pro Kilometer: 2,00 €
Anzahl der Kilometer: x

Entnimm die Angaben der Aufgabe.

2x + 2,50

Der Wert des Terms ändert sich in Abhängigkeit von den gefahrenen Kilometern.
Denke an den Grundpreis.

c) c_1) 1 Kästchen ≙ 1 cm
Durchmesser: 5 Kästchen ≙ 5 cm
Radius: r = 5 cm : 2 = 2,5 cm

Da c = 5 cm und 5 Kästchen lang ist, muss ein Kästchen 1 cm lang sein.

Der Radius entspricht der Hälfte des Durchmessers.

Halbe Kreisfläche:

$A_{\frac{1}{2}\text{-Kreis}} = \frac{\pi \cdot r^2}{2}$

$A_{\frac{1}{2}\text{-Kreis}} = \frac{\pi \cdot (2{,}5\text{ cm})^2}{2}$

$A_{\frac{1}{2}\text{-Kreis}} \approx \mathbf{9{,}8\ cm^2}$

Die graue Fläche ist 9,8 cm² groß.

Berechne die Fläche mithilfe der Kreisformel: $A = \pi \cdot r^2$
Die graue Fläche ist ein Halbkreis, halbiere daher dein Ergebnis:
$A = \frac{\pi \cdot r^2}{2}$

Hinweise und Tipps

c$_2$) Kathete a = 5 Kästchen = 5 cm
Kathete b = 5 Kästchen = 5 cm

Hypotenuse d:

$$a^2 + b^2 = d^2$$
$$(5\text{ cm})^2 + (5\text{ cm})^2 = d^2$$
$$25\text{ cm}^2 + 25\text{ cm}^2 = d^2$$
$$50\text{ cm}^2 = d^2 \quad |\sqrt{\ }$$
$$d \approx \mathbf{7{,}1\text{ cm}}$$

Die Seite d ist 7,1 cm lang.

Bestimme die Länge der Katheten mithilfe der Zahl der Kästchen.

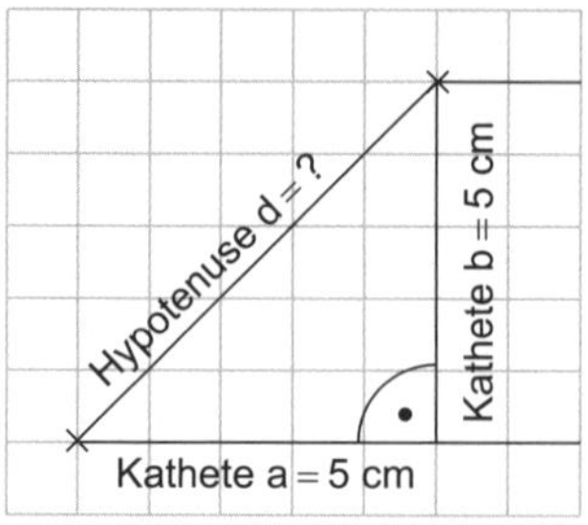

Wende den Satz des Pythagoras an und berechne die Länge der Hypotenuse.

d) d$_1$) 1 min = 60 s

$$\frac{1}{4}\text{ h} = 15\text{ min}$$
$$30\text{ s} < \mathbf{40\text{ s}} < 1\text{ min} < \mathbf{4\text{ min}} < \frac{1}{4}\text{ h} < \mathbf{18\text{ min}}$$

Wandle die Zeitspannen, die du vergleichst, jeweils in die gleiche Einheit um.

1. Platzhalter: Die Größe muss zwischen 30 s und 60 s liegen, z. B. 40 s, 50 s, 55 s.

2. Platzhalter: Die Größe muss zwischen 1 min und 15 min liegen, z. B. 3 min, 5 min, 10 min.

3. Platzhalter: Der Wert ist größer als 15 min, z. B. 16 min, 50 min, 1 h.

d$_2$)
$$-\frac{1}{4} = -\frac{25}{100} = -0{,}25$$
$$\frac{1}{5} = \frac{20}{100} = 0{,}2$$
$$-0{,}75 < -\frac{1}{4} < \frac{1}{5} < 0{,}5 < 0{,}9$$

Wandle alle Brüche in Dezimalzahlen um, dann sind die Zahlen leichter zu vergleichen.

Ordne die Zahlen am Zahlenstrahl. Die Zahl, die am weitesten links steht, ist die kleinste Zahl.

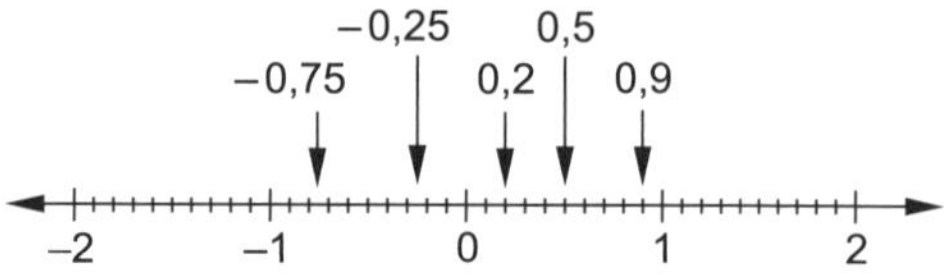

e) Grundseite des Dreiecks: g = 8 cm
Höhe des Dreiecks: h_g = 4 cm

Entnimm die Werte der Aufgabe.

Fläche Dreieck A_G:

$$A_G = \frac{g \cdot h_g}{2}$$
$$A_G = \frac{8\text{ cm} \cdot 4\text{ cm}}{2}$$
$$A_G = 16\text{ cm}^2$$

Berechne die dreieckige Grundfläche mithilfe der Formel.

Grundfläche des Prismas: $A_G = 16\text{ cm}^2$
Volumen des Prismas: $V = 192\text{ cm}^3$

Höhe des Prismas:

$$V = A_G \cdot h$$
$$192\text{ cm}^3 = 16\text{ cm}^2 \cdot h \quad |:16\text{ cm}^2$$
$$h = \mathbf{12\text{ cm}}$$

Das Prisma ist 12 cm hoch.

Nutze das Zwischenergebnis sowie die Volumenangabe und setze die Werte in die Formel zur Berechnung des Volumens eines Prismas ein.
Stelle die Formel um und ermittle die Höhe h.

Hinweise und Tipps

Prüfungsteil 2: Aufgabe 2

a) **418 852,79 €**

Verschaffe dir zunächst einen Überblick. Du findest die Gesamtkosten in Zelle B14.

b) Gesamtkosten: 418 852,79 €
Tieranzahl pro Tag: 151
Anzahl der Tage: 365

$418\,852{,}79\ € : 151 : 365 \approx \mathbf{7{,}60\ €}$

Jedes Tier kostet durchschnittlich pro Tag 7,60 €.

Zelle B14
Zelle B3
Die Anzahl der Tage ist im Text zu finden.
Die Gesamtkosten dividiert durch die Tieranzahl und durch die Anzahl der Tage ergibt die Durchschnittskosten pro Tier an einem Tag.

c) Gesamtkosten pro Tier und Tag: 7,60 €
Kosten pro Tier und Tag für Katzen: 7,02 €

$7{,}60\ € - 7{,}02\ € = 0{,}58\ €$

	€	%	
: 7,60	7,60 €	100 %	: 7,60
· 0,58	1 €	13,157… %	· 0,58
	0,58 €	**≈ 7,6 %**	

Die Aussage von Arne ist falsch.
Die täglichen Kosten für Katzen liegen 7,6 % unter den Kosten für alle Tiere.

Zelle B16
Zelle F16
Ermittle die Differenz zwischen den Kosten für die tägliche Katzenhaltung und den Gesamtkosten pro Tier und Tag.
Berechne den Prozentsatz mit dem Dreisatz. Der Grundwert sind die Gesamtkosten pro Tier und Tag.
Du kannst auch mit der Formel rechnen: $p = \frac{P \cdot 100}{G}$

d) Grundwert $G = 16\,623{,}00\ €$
Prozentsatz $p\,\% = 60\,\%$

$$P = \frac{G \cdot p}{100}$$

$$P = \frac{16\,623\ € \cdot 60}{100}$$

$P = \mathbf{9\,973{,}80\ €}$

Die Reinigungskosten für die Katzen (Zelle F11) betragen 9 973,80 €.

Zelle B11
Zelle E11
Berechne das Ergebnis mit der Formel oder mit dem Dreisatz. Hier wird mit der Formel gerechnet.

e) Tageskosten für Hunde: 12,39 €
Tageskosten für Katzen: 7,02 €
Tageskosten für Kleintiere: 4,95 €

Tageskosten für Katzen und Kleintiere:
$7{,}02\ € + 4{,}95\ € = 11{,}97\ €$

Vergleich:
$11{,}97\ € < 12{,}39\ €$

Lena hat recht. Ein Hund kostet mehr als eine Katze und ein Kleintier zusammen.

Zelle D16
Zelle F16
Zelle H16
Addiere die Tageskosten für Katzen und Kleintiere.
Vergleiche dann mit den Tageskosten eines Hundes.

f) Hunde: 49x
Katzen: 35y
Kleintiere: 9z

$\mathbf{49x + 35y + 9z}$

Ordne den Variablen x, y und z die täglichen Futterkosten zu.
Addiere die Werte und du erhältst den Term für die Futterkosten aller Tiere.

Hinweise und Tipps

Prüfungsteil 2: Aufgabe 3

a) $A_Q = 4\ \text{dm}^2 = 400\ \text{cm}^2$

Seitenlänge:

$$A_Q = a^2$$

$$400\ \text{cm}^2 = a^2 \qquad |\sqrt{\ }$$

$$a = \mathbf{20\ cm}$$

Jede quadratische Glasscheibe hat eine Seitenlänge von 20 cm.

Eine Scheibe hat laut Text eine Fläche von 4 dm². Wandle in cm² um.
Setze den Wert in die Formel zur Flächenberechnung des Quadrats ein und ziehe die Wurzel.

b) Anzahl der Rahmen: 2
Rahmenbreite: 3 cm
Anzahl der Sprossen: 3
Sprossenbreite: 1,5 cm
Anzahl der Glasscheiben: 4
Breite der Glasscheibe: 20 cm

Breite der Tür:
$2 \cdot 3\ \text{cm} + 3 \cdot 1{,}5\ \text{cm} + 4 \cdot 20\ \text{cm} = 90{,}5\ \text{cm}$

Radius des äußeren Rundbogens:
$90{,}5\ \text{cm} : 2 = \mathbf{45{,}25\ cm}$

Der Radius des äußeren Rundbogens beträgt 45,25 cm.

Entnimm die Informationen der Abbildung und dem Text.

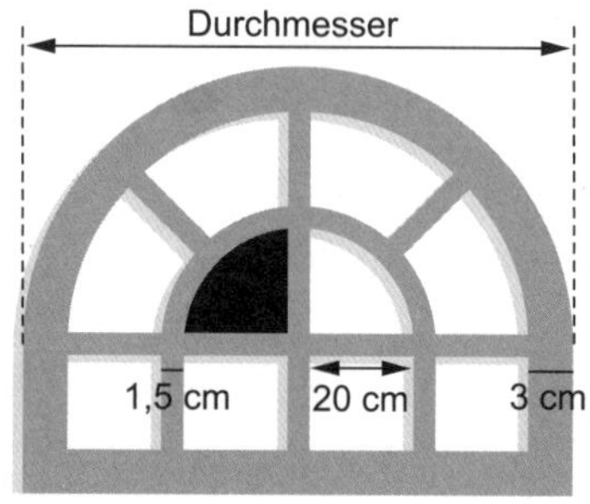

Der Durchmesser des äußeren Rundbogens entspricht der Breite der Tür.

c) Länge der Glasscheibe im Maßstab 1 : 5:

$20\ \text{cm} \xrightarrow{:5} 4\ \text{cm}$

Breite der Sprosse im Maßstab 1 : 5:

$1{,}5\ \text{cm} \xrightarrow{:5} 0{,}3\ \text{cm}$

Radius des äußeren Bogens im Maßstab 1 : 5:
$4\ \text{cm} + 0{,}3\ \text{cm} = 4{,}3\ \text{cm}$

Die Originallänge dividiert durch 5 ergibt die zu zeichnende Länge im Maßstab 1 : 5.

Zeichnung im Maßstab 1 : 5:

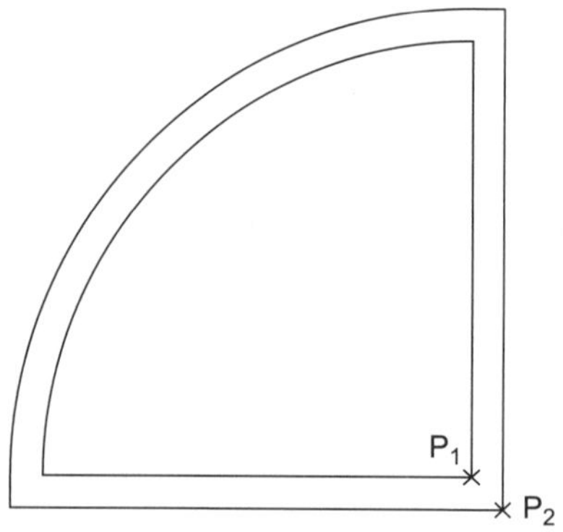

Zeichne zunächst die Seitenlängen der Glasscheibe (4 cm).
Zeichne dann einen Viertelkreis mit Radius $r = 4$ cm um den Eckpunkt P_1.
Zeichne einen Viertelkreis mit Radius $r = 4{,}3$ cm um den Eckpunkt P_1
Miss von P_1 ausgehend 0,3 cm senkrecht nach unten und dann 0,3 cm nach rechts. Setze dort den Eckpunkt P_2. Zeichne die äußeren Seitenkanten mit einer Länge von 4,6 cm.

d) Radius: $r = 20$ cm

$$A_{\frac{1}{4}\text{-Kreis}} = \frac{\pi \cdot r^2}{4}$$

$$A_{\frac{1}{4}\text{-Kreis}} = \frac{\pi \cdot (20\ \text{cm})^2}{4}$$

$$A_{\frac{1}{4}\text{-Kreis}} \approx \mathbf{314\ cm^2}$$

Die Fläche der kaputten Scheibe beträgt ca. 314 cm².

Die Länge der Glasscheibe ist gleich dem Radius.
Berechne die Fläche des Kreises und dividiere durch 4. Dies ergibt die Fläche der kaputten Scheibe.

Hinweise und Tipps

e) $A = 314\text{ cm}^2 = 3{,}14\text{ dm}^2 = 0{,}0314\text{ m}^2$

Kosten für 1 Quadratmeter: 97,50 €

	m^2	€	
$\cdot 0{,}0314$	1 m^2	97,50 €	$\cdot 0{,}0314$
	0,0314 m^2	≈ 3,06 €	

Aufpreis für den Zuschnitt:
30 % + 100 % = 130 % = 1,3

3,06 € · 1,3 ≈ **3,98 €**

Die neue Scheibe kostet 3,98 €.

Wandle die Fläche in m^2 um.
$1\text{ m}^2 = 100\text{ dm}^2 = 10\,000\text{ cm}^2$

1 m^2 entspricht 97,50 €.
Es handelt sich um eine proportionale Zuordnung.
Du kannst auch rechnen:

$0{,}0314\text{ m}^2 \cdot 97{,}50\,\frac{€}{\text{m}^2} \approx 3{,}06\,€$

Ermittle den Faktor für den Aufpreis des Zuschnitts.

Multipliziere den Preis für die Scheibe mit dem Faktor und du erhältst den Gesamtpreis.

Du kannst den Prozentwert auch mit der Formel oder mit dem Dreisatz berechnen.

Prüfungsteil 2: Aufgabe 4

a) eine Tankfüllung: 2 400 ℓ
Gewicht 1 ℓ Treibstoff: 0,73 kg

$2\,400\,\ell \cdot 0{,}73\,\frac{\text{kg}}{\ell} = \mathbf{1\,752\text{ kg}}$

Das Gewicht einer Tankfüllung liegt bei 1 752 kg.

Entnimm die Daten der Tabelle und der Frage a.

Die Anzahl der Liter multipliziert mit dem Gewicht eines Liters ergibt das Gewicht einer Tankfüllung.

b) Reichweite der Ju: 825 km
Tankfüllung: 2 400 ℓ
Restlicher Treibstoff: 240 ℓ

Verbrauchter Treibstoff:
2 400 ℓ – 240 ℓ = 2 160 ℓ

Durchschnittlicher Verbrauch auf 1 km:
2 160 ℓ : 825 ≈ 2,62 ℓ

Durchschnittlicher Verbrauch auf 100 km:
2,62 ℓ · 100 = **262 ℓ**

Die Ju hat auf 100 km durchschnittlich 262 ℓ verbraucht.

Die Informationen sind in der Frage und der Tabelle zu finden.

Berechne zunächst, wie viel Treibstoff verbraucht wurde.

Berechne den Verbrauch auf 1 km.

Ermittle dann den durchschnittlichen Verbrauch auf 100 km.

c) Strecke: 270 km
Flugzeit: 1 h 28 min ≈ 1,47 h

$v = \frac{s}{t}$

$v = \frac{270\text{ km}}{1{,}47\text{ h}}$

$v \approx \mathbf{183{,}7\,\frac{km}{h}}$

Die durchschnittliche Fluggeschwindigkeit beträgt $183{,}7\,\frac{\text{km}}{\text{h}}$.

Wandle die Minuten in Stunden um.

$1\text{ h} = 60\text{ min} \Rightarrow 28\text{ min} = \frac{28}{60}\text{ h} \approx 0{,}47\text{ h}$

Setze die Werte in die Formel für die Geschwindigkeit ein.

d) Steiggeschwindigkeit: $6{,}6\,\frac{\text{m}}{\text{s}}$

Dauer des Steigflugs: 5 min = 300 s

Flughöhe nach 5 min:

$300\text{ s} \cdot 6{,}6\,\frac{\text{m}}{\text{s}} = \mathbf{1\,980\text{ m}}$

Nach 5 Minuten hat das Flugzeug eine Höhe von 1 980 m erreicht.

Wandle die Einheiten um: 1 min = 60 s

Um die Flughöhe zu bestimmen, musst du die Geschwindigkeit mit der Dauer des Steigflugs multiplizieren.

Du kannst auch die Formel für die Geschwindigkeit nach der Strecke s auflösen und die Werte einsetzen:
$s = v \cdot t$

✎ Hinweise und Tipps

e) Maximale Flughöhe: 3 200 m
Steiggeschwindigkeit: $6{,}6\,\frac{m}{s}$

Verwende die Informationen aus der Tabelle.

Zeitspanne des Steigfluges:

$3\,200\text{ m} : 6{,}6\,\frac{m}{s} \approx 485\text{ s}$

Die Zeitspanne ergibt sich, wenn man die maximale Flughöhe durch die Steiggeschwindigkeit pro Sekunde dividiert.

$(485 : 60)\text{ min} \approx \mathbf{8{,}08\ min}$

Wandle die Sekunden in Minuten um.

Die maximale Flughöhe erreicht das Flugzeug nach 8,08 Minuten.

Du kannst auch die Formel für die Geschwindigkeit nach der Zeit t auflösen und die Werte einsetzen: $t = \frac{s}{v}$

f) **Graph 2** gehört zur Ju.
Begründung:
Bei Graph 1 steigt das Flugzeug innerhalb von 5 Minuten über 4 000 m.
An Graph 2 ist ablesbar, dass das Flugzeug in 5 Minuten ca. 2 000 m steigt.
Deshalb gehört dieser Graph zur Ju.

Prüfe beide Graphen und vergleiche mit deinen Ergebnissen aus den vorherigen Aufgaben.

g) Flughöhe: 5 000 m
Flugzeit: 5,5 min = 330 s

Entnimm geeignete Werte aus dem Diagramm. Achte auf die Einheiten.

Steiggeschwindigkeit:

$v = \frac{s}{t}$

Setze in die Formel ein.

$v = \frac{5\,000\text{ m}}{330\text{ s}}$

$v \approx \mathbf{15\,\frac{m}{s}}$

Die Steiggeschwindigkeit des Flugzeugs beträgt ca. $15\,\frac{m}{s}$.

Punkteverteilung:

Aufgabe	1	2	3	4	Umgang mit Maßeinheiten	Darstellungsleistung
Punkte	19	12	14	12	2	4

Zentrale Prüfung 2014

Prüfungsteil 1

Aufgabe 1

a) 100 % – 20 % = 80 %

Tomaten:

	Prozent	Euro	
: 100	100 %	0,90 €	: 100
· 80	1 %	0,009 €	· 80
	80 %	**0,72 €**	

200 g Tomaten kosten nur noch 0,72 €.

Möhren:

	Prozent	Euro	
: 100	100 %	1,90 €	: 100
· 80	1 %	0,019 €	· 80
	80 %	**1,52 €**	

1 kg Möhren kosten vergünstigt 1,52 €.

Die Werbung auf dem Plakat **stimmt**.

✎ Hinweise und Tipps

Die Ware ist um 20 % günstiger und kostet nur noch 80 % des ursprünglichen Preises.

Berechne den Prozentwert mit dem Dreisatz oder mit der Formel. Hier wird mit dem Dreisatz gerechnet. 100 % entsprechen dem ursprünglichen Preis auf dem Werbeplakat. 80 % entsprechen dem vergünstigten Preis.

Du kannst auch bei beiden Angeboten zuerst berechnen, wie viel gespart wird und dann den Prozentsatz bestimmen: 1,90 € – 1,52 € = 0,38 €

$p = \frac{p \cdot 100}{G}$

$p = \frac{0{,}38 € \cdot 100}{1{,}90 €}$

p % = **20 %**

b) Kosten für 500 g Tomaten:

	Masse	Euro	
: 200	200 g	0,72 €	: 200
· 500	1 g	0,0036 €	· 500
	500 g	**1,80 €**	

Kosten für 1,5 kg Möhren:

	Masse	Euro	
· 1,5	1 kg	1,52 €	· 1,5
	1,5 kg	**2,28 €**	

Gesamtkosten:

1,80 € + 2,28 € = **4,08 €**

Christas Geld **reicht nicht**.

Entnimm die Angaben dem Plakat und der Aufgabe b.

Es handelt sich um eine proportionale Zuordnung. Berechne den Preis für 500 g Tomaten mit dem Dreisatz.

Auf den Preis von 1,5 kg Möhren kannst du direkt schließen.

Addiere die Kosten der Tomaten und Möhren. Vergleiche die Gesamtkosten mit Christas Geld: 4 € < 4,08 €

Aufgabe 2

- ☐ 0,10
- ☐ 10 %
- ☒ ein Zwanzigstel
- ☐ ein Fünftel
- ☒ 5 %

Berechne den Anteil der verfaulten Pflaumen.

Prozentwert P = 175 g

Grundwert G = 3,5 kg = 3 500 g

$p = \frac{175 \cdot 100}{3\,500}$

p % = **5 %**

Schreibe die Prozentzahl als Bruch und Dezimalbruch:

$5\,\% = 0{,}05 = \frac{5}{100} = \frac{1}{20}$

Kreuze die richtigen Ergebnisse an.

✎ Hinweise und Tipps

Aufgabe 3

a = 36 cm
b = 16,5 cm
c = 12 cm

Entnimm die benötigten Maße zur Berechnung des Quaders der Aufgabenstellung.

$V_Q = a \cdot b \cdot c$
$V_Q = 36\text{ cm} \cdot 16{,}5\text{ cm} \cdot 12\text{ cm}$

Setze die Maße in die Formel zur Volumenberechnung eines Quaders ein.

$V_Q = 7\,128\text{ cm}^3 = 7{,}128\text{ dm}^3 = \mathbf{7{,}128\ \ell}$

Wandle in Liter um: $1\,000\text{ cm}^3 = 1\text{ dm}^3 = 1\ \ell$

Es passen 7,128 ℓ Speiseeis in den Behälter.

Aufgabe 4

a) **9,63 s**

Lies die Aufgabe und verschaffe dir einen Überblick. Du findest die beste Laufzeit in Zelle D8.

b) $\overline{x} = \frac{11{,}99 + 9{,}94 + 9{,}79 + 9{,}98 + 9{,}88 + 9{,}80 + 9{,}63 + 9{,}75}{8}\text{ s}$

$\overline{x} = \frac{80{,}76}{8}\text{ s}$

$\overline{x} = \mathbf{10{,}095\ s}$

Um die durchschnittliche Zeit zu ermitteln, muss die Summe aller Laufzeiten durch ihre Anzahl dividiert werden.

c) **= (D2 + D3 + D4 + D5 + D6 + D7 + D8 + D9) / 8**
oder:
= SUMME(D2 : D9) / 8

Du musst eine Formel mit Zellbezug angeben. Denke an das „=" zu Beginn der Formel. Setze die Klammern richtig.

Aufgabe 5

a) Anzahl der blauen Kugeln: 6
Anzahl der roten Kugeln: 4
Anzahl der grünen Kugeln: 2

Entnimm die Angaben aus der Aufgabenstellung.

Anzahl aller Kugeln:
6 + 4 + 2 = 12

Berechne die Anzahl aller Kugeln.

Wahrscheinlichkeit:

$\text{p(blaue Kugel)} = \frac{6}{12} = \mathbf{\frac{1}{2} = 0{,}5 = 50\ \%}$

$p = \frac{\text{Anzahl der günstigen Ergebnisse}}{\text{Anzahl aller Ergebnisse}}$

b) Anzahl der blauen und roten Kugeln:
6 + 4 = 10

Wenn keine grüne Kugel gezogen werden soll, muss eine rote oder eine blaue Kugel gezogen werden.

Wahrscheinlichkeit:

$\text{p(keine grüne Kugel)} = \frac{10}{12} = \mathbf{\frac{5}{6}} \approx \mathbf{0{,}83} \approx \mathbf{83\ \%}$

Die Anzahl der nicht grünen Kugeln dividiert durch die Anzahl aller Kugeln ergibt die gesuchte Wahrscheinlichkeit.

c) Anzahl der blauen Kugeln: 6
Anzahl der roten Kugeln: 3

Beachte, dass nicht mehr alle Kugeln in dem Behälter sind.

Anzahl aller Kugeln:
6 + 3 = 9

Berechne die Anzahl aller Kugeln.

Wahrscheinlichkeit:

$\text{p(rote Kugel)} = \frac{3}{9} = \mathbf{\frac{1}{3}} \approx \mathbf{0{,}33} \approx \mathbf{33\ \%}$

Berechne die Wahrscheinlichkeit.

Hinweise und Tipps

Prüfungsteil 2

Aufgabe 1: Lebensmittelabfälle

a) Tägliche Abfallmenge pro Bürger: 225 g
Anzahl der Tage eines Jahres: 365

$225\text{ g} \cdot 365 = 82\,125\text{ g} = \mathbf{82{,}125\text{ kg}}$

Ein Bürger wirft im Durchschnitt pro Jahr 82,125 kg Lebensmittel in den Müll.

Unterstreiche alle wichtigen Informationen im Text und in Aufgabe a.

Die tägliche Abfallmenge eines Bürgers multipliziert mit der Anzahl der Tage eines Jahres ergibt die Menge, die ein Bürger pro Jahr wegwirft. Wandle Gramm in Kilogramm um: 1 000 g = 1 kg

b) Wert der Lebensmittel pro Bürger: 235 €
Anzahl der Bundesbürger: 82 000 000

$235\text{ €} \cdot 82\,000\,000 = \mathbf{19\,270\,000\,000\text{ €}}$

Jan **hat recht**. In Deutschland werden jährlich Lebensmittel im Wert von ca. 19 Milliarden Euro weggeworfen.

Notiere die relevanten Angaben.
82 Millionen = 82 000 000

Multipliziere den Wert der weggeworfenen Lebensmittel pro Bürger mit der Anzahl der Bundesbürger. Du erhältst die Kosten für die weggeworfenen Lebensmittel aller Bundesbürger.

c) Grundwert G = 135 Tonnen
Prozentsatz p % = 47 %

$$P = \frac{G \cdot p}{100}$$

$$P = \frac{135\text{ t} \cdot 47}{100}$$

$P = 63{,}45\text{ t} = \mathbf{63\,450\text{ kg}}$

63 450 kg der weggeworfenen Lebensmittel sind noch essbar.

Berechne den Prozentwert mit der Formel oder mit dem Dreisatz. Hier wird mit der Formel gerechnet.

Wandle Tonnen in Kilogramm um: 1 t = 1 000 kg

d) Obst: 18 %
Gemüse: 26 %
Fleisch und Fisch: 6 %

$18\,\% + 26\,\% + 6\,\% = \mathbf{50\,\%}$

50 % der noch essbaren Lebensmittel sind „Obst", „Gemüse" und „Fleisch und Fisch".

Entnimm die Angaben aus dem Kreisdiagramm.

Addiere die Prozentangaben.

e)

Von den noch essbaren Lebensmitteln …	trifft zu	trifft nicht zu	nicht entscheidbar
wird dreimal so viel Obst weggeworfen wie Fleisch und Fisch.	☒	☐	☐
werden mehr Getränke und Milchprodukte weggeworfen als Back- und Teigwaren.	☐	☒	☐
verderben Obst und Gemüse besonders schnell.	☐	☐	☒

Obst: 18 %
Fisch und Fleisch: 6 %

Getränke und Milchprodukte: 7 % + 8 % = 15 %
Back- und Teigwaren: 15 % + 5 % = 20 %

Das Diagramm gibt keine Auskunft darüber, wie schnell die Lebensmittel verderben.

f) Grundwert G = 63 450 kg
Prozentsatz p % = 26 %

$63\,450\text{ kg} \cdot 0{,}26 = 16\,497\text{ kg}$

Weggeworfenes, essbares Gemüse: 16 497 kg = 16 497 000 g
Anzahl der Bewohner in Düsseldorf: 600 000

$16\,497\,000\text{ g} : 600\,000 = 27{,}495\text{ g}$

$27{,}495\text{ g} \cdot 3 = \mathbf{82{,}485\text{ g}}$

In einer dreiköpfigen Familie in Düsseldorf werden pro Tag 82,485 g noch essbares Gemüse weggeworfen.

Berechne zunächst, wie viel essbares Gemüse pro Tag insgesamt weggeworfen wird. Entnimm die nötigen Angaben aus Aufgabe c und aus dem Diagramm. Du kannst mit dem Faktor rechnen: 26 % = 0,26

Berechne dann, wie viel eine Person davon pro Tag wegwirft. Wandle dazu Kilogramm in Gramm um: 1 kg = 1 000 g

Jetzt kannst du die Menge an noch essbarem Gemüse berechnen, die eine dreiköpfige Familie wegwirft.

Aufgabe 2: Fahrradtour

a) Die beiden brauchen für die ersten 10 km **50 Minuten**.

b) In der Zeitspanne von 90 bis 110 Minuten verläuft der Graph parallel zur x-Achse, d. h., Sevda und Ines legen in dieser Zeit keine Strecke zurück. Sie machen also eine Pause.

c) Sevda **hat recht**. Vor der Pause ist die Steigung des Graphen steiler als danach. Somit sind die Mädchen vor der Pause schneller gefahren.

oder:

Vor der Pause legen die Mädchen in einer Stunde 12 km zurück, danach legen sie in einer Stunde nur noch 8 km zurück.

d)

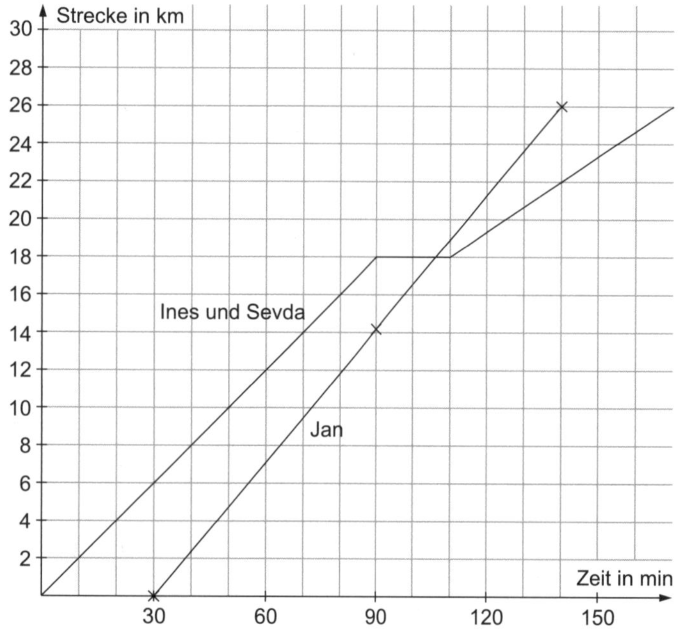

e) Fahrzeit: 1 h
Strecke: ca. 14 km

$v = \frac{s}{t}$

$v = \frac{14\text{ km}}{1\text{ h}}$

$v = \mathbf{14\ \frac{km}{h}}$

Jan fährt mit einer Geschwindigkeit von ca. 14 $\frac{\text{km}}{\text{h}}$.

f) Ines Behauptung ist **richtig**.
Im Diagramm ist erkennbar, dass sich die Graphen während der Pause von Ines und Sevda schneiden.

✎ Hinweise und Tipps

Lies die Kilometer an der y-Achse ab und gehe waagrecht zum Graphen. Lies die dazugehörige Zeit von der x-Achse ab. 1 Kästchen entspricht 10 min.

Es sind verschiedene Begründungen möglich.

Jan fährt 30 Minuten später los. Zeichne den Startpunkt also auf der x-Achse bei 30 Minuten ein. Da Jan 30 Minuten eher am See ankommt, liegt der Endpunkt auf gleicher Höhe aber 3 Kästchen links vom Endpunkt von Ines und Sevda.

Lies aus dem Graphen ab, wie viele Kilometer Jan in einer Stunde zurücklegt.

Setze die Werte in die Formel für die Geschwindigkeit ein.

Du kannst auch andere zusammengehörende Werte in die Formel einsetzen, z. B.:
s = 26 km, t = 110 min ≈ 1,8 h

Wenn sich die zwei Graphen schneiden, bedeutet es in diesem Fall, dass sich Jan und die beiden Mädchen zur selben Zeit am gleichen Ort aufhalten. Während Jan weiterfährt, machen Ines und Sevda noch Pause.

Aufgabe 3: Hausrenovierung

a) Grundseite $g = 7{,}4$ m
Höhe $h = 3{,}7$ m

$$A = \frac{g \cdot h}{2}$$

$$A = \frac{7{,}4\ \text{m} \cdot 3{,}7\ \text{m}}{2}$$

$$A = \mathbf{13{,}69\ m^2}$$

13,69 m^2 sollen mit Holz verkleidet werden.

Hinweise und Tipps: Es handelt sich um ein Dreieck. Entnimm die Maße aus der Zeichnung.

Setze die Maße in die Formel zur Flächenberechnung eines Dreiecks ein.

b) Kathete $h = 3{,}7$ m

Kathete $\frac{g}{2} = 3{,}7$ m

$$c^2 = h^2 + \left(\frac{g}{2}\right)^2$$

$$c^2 = (3{,}7\ \text{m})^2 + (3{,}7\ \text{m})^2$$

$$c^2 = 27{,}38\ \text{m}^2 \quad |\sqrt{\ }$$

$$c \approx \mathbf{5{,}23\ m}$$

Die beiden Leisten sind jeweils 5,23 m lang.

Hinweise und Tipps: Die Fläche kann in 2 gleich große rechtwinklige Dreiecke zerlegt werden.
Skizze:

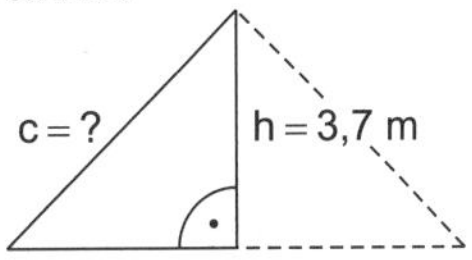

Wende den Satz des Pythagoras an.

c) Anzahl der kleinen Fenster: 8
Länge der kleinen Fenster: $a = 1{,}6$ m
Breite der kleinen Fenster: $b = 1{,}2$ m

Länge des großen Fensters: $a = 6{,}8$ m
Breite des großen Fensters: $b = 2$ m

Fläche eines kleinen Fensters:
$A_k = a \cdot b$
$A_k = 1{,}6\ \text{m} \cdot 1{,}2\ \text{m}$
$A_k = 1{,}92\ \text{m}^2$

Fläche von 8 kleinen Fenstern:
$1{,}92\ \text{m}^2 \cdot 8 = 15{,}36\ \text{m}^2$

Fläche des großen Fensters:
$A_g = a \cdot b$
$A_g = 6{,}8\ \text{m} \cdot 2\ \text{m}$
$A_g = 13{,}6\ \text{m}^2$

Gesamte Fensterfläche:
$15{,}36\ \text{m}^2 + 13{,}6\ \text{m}^2 = 28{,}96\ \text{m}^2$

Grundwert $G = 109{,}32\ \text{m}^2$
Prozentwert $P = 28{,}96\ \text{m}^2$

$$p = \frac{P \cdot 100}{G}$$

$$p = \frac{28{,}96 \cdot 100}{109{,}32}$$

$$p\ \% \approx \mathbf{26\ \%}$$

26 % der Wandfläche unterhalb der Wandverkleidung bestehen aus Fenstern.

Hinweise und Tipps: Entnimm die Informationen aus der Zeichnung.

Berechne den Flächeninhalt eines kleinen Fensters mithilfe der Rechteckformel.

Bestimme die Fläche von 8 kleinen Fenstern.

Setze die Werte in die Formel zur Flächenberechnung eines Rechtecks ein.

Ermittle die gesamte Fensterfläche.

Berechne das Ergebnis mit der Prozentformel oder mit dem Dreisatz. Hier wird mit der Formel gerechnet.

d) $d = 1{,}05\text{ m} \Rightarrow r = 0{,}525\text{ m}$

$A_K = \pi \cdot r^2$
$A_K = \pi \cdot (0{,}525\text{ m})^2$
$A_K \approx \mathbf{0{,}87\text{ m}^2}$

Das runde Fenster ist $0{,}87\text{ m}^2$ groß.

e) Preis pro Quadratmeter: 126,48 €
Fläche des runden Fensters: $0{,}87\text{ m}^2$
Preisaufschlag: 120 %

Fläche	Euro
1 m^2	126,48 €
$0{,}87\text{ m}^2$	110,04 €

($\cdot 0{,}87$ auf beiden Seiten)

Preisaufschlag:
$110{,}04\text{ €} \cdot 1{,}2 \approx 132{,}05\text{ €}$

Gesamtpreis:
$110{,}04\text{ €} + 132{,}05\text{ €} \approx$ **242,09 €**

Das runde Fenster kostet 242,09 €.

Hinweise und Tipps

Bestimme den Radius. Er ist halb so groß wie der Durchmesser.

Setze den Wert in die Formel zur Berechnung der Kreisfläche ein.

Entnimm die Angaben den Aufgaben d und e.

Es handelt sich um eine proportionale Zuordnung. Multipliziere jeweils mit dem Faktor 0,87, dann erhältst du den Preis für ein normales Fenster dieser Größe.

Du kannst mit dem Faktor rechnen.
Der Preisaufschlag beträgt 120 % = 1,2.

Berechne den Preis mit Preisaufschlag.

Punkteverteilung:

	Prüfungsteil 1	Prüfungsteil 2			Umgang mit Maßeinheiten	Darstellungsleistung
Aufgabe	1 bis 5	1	2	3		
Punkte	18	12	11	13	2	4

Zentrale Prüfung 2015

Prüfungsteil 1

Hinweise und Tipps

Aufgabe 1

$-3 < -2{,}5 < \frac{4}{10} < 0{,}44 < 0{,}5$

Wandle die Bruchzahl in eine Dezimalzahl um:

$\frac{4}{10} = 0{,}4$

Ordne die Zahlen am Zahlenstrahl. Die Zahl, die am weitesten links steht, ist die kleinste Zahl.

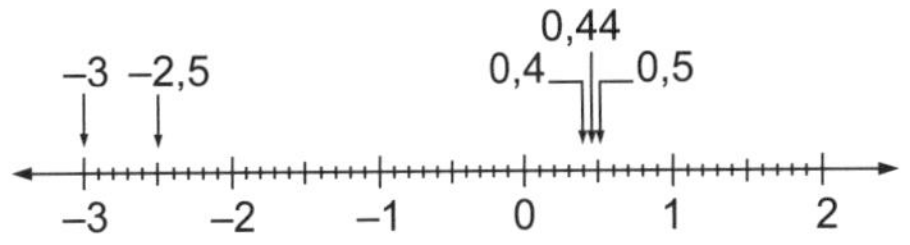

Aufgabe 2

$20 \text{ m} = \mathbf{2\,000} \text{ cm}$

$2{,}2 \text{ m} = \mathbf{220} \text{ cm}$

$0{,}021 \text{ km} = \mathbf{21} \text{ m}$

Wandle die Maßeinheiten schrittweise um:

$20 \text{ m} = 200 \text{ dm} = 2\,000 \text{ cm}$

$2{,}2 \text{ m} = 22 \text{ dm} = 220 \text{ cm}$

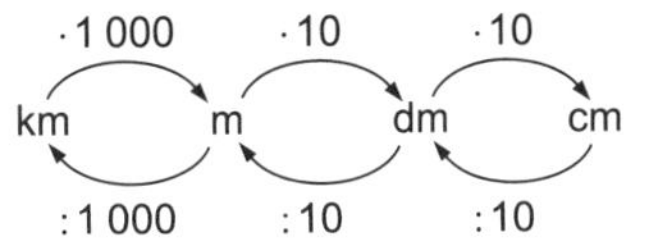

Aufgabe 3

$$
\begin{aligned}
2x + 1{,}8 &= 3{,}6 - x \quad &&|+x\\
3x + 1{,}8 &= 3{,}6 &&|-1{,}8\\
3x &= 1{,}8 &&|:3\\
x &= \mathbf{0{,}6}
\end{aligned}
$$

Bringe alle Variablen auf eine Seite.

Bringe die Zahl ohne Variable durch Subtraktion auf die Gegenseite.

Prüfe dein Ergebnis mit der Probe auf Richtigkeit:

$2 \cdot \mathbf{0{,}6} + 1{,}8 = 3{,}6 - \mathbf{0{,}6}$

$3 = 3$ (wahr)

Aufgabe 4

$$
\left.\begin{aligned}
&\text{Jan: } && x\\
&\text{Hendrik: } && 2x\\
&\text{Ole: } && x+3
\end{aligned}\right\} 31
$$

$$
\begin{aligned}
x + 2x + x + 3 &= 31\\
4x + 3 &= 31 \quad &&|-3\\
4x &= 28 &&|:4\\
x &= 7
\end{aligned}
$$

Jan: $x = \mathbf{7\ €}$

Hendrik: $2 \cdot x = 2 \cdot 7\ € = \mathbf{14\ €}$

Ole: $x + 3\ € = 7\ € + 3\ € = \mathbf{10\ €}$

Lege die Variable fest. Hier wird das Taschengeld von Jan mit x bezeichnet. Hendrik erhält doppelt so viel wie Jan, also ergibt sich für ihn der Faktor 2. Ole bekommt 3 € mehr als Jan, also +3.

Zusammen erhalten sie 31 €.

Stelle die Gleichung auf, fasse die Glieder zusammen und berechne den x-Wert.

Setze den x-Wert in die Terme ein und bestimme das Taschengeld der Jungen.

Du kannst die Lösung alternativ auch durch Probieren herausfinden.

✎ Hinweise und Tipps

Aufgabe 5

a) $d = 80\text{ cm} \Rightarrow r = 40\text{ cm}$
$h = 94\text{ cm}$

$V = \pi \cdot r^2 \cdot h$
$V = \pi \cdot (40\text{ cm})^2 \cdot 94\text{ cm}$
$V \approx 472\,495{,}5\text{ cm}^3 \approx 472{,}5\text{ dm}^3 = \mathbf{472{,}5\ \ell}$
Die Regentonne fasst ungefähr 472,5 ℓ.

Der halbe Durchmesser entspricht dem Radius.

Berechne das Volumen des Zylinders mithilfe der Zylinderformel. Verwende für π den exakten Wert aus dem Taschenrechner.
Wandle cm^3 in dm^3 um, denn $1\text{ dm}^3 = 1\ \ell$.

b) Fassungsvermögen: 472,5 ℓ
Füllstand: $\frac{1}{3}$
$472{,}5\ \ell : 3 = \mathbf{157{,}7\ \ell}$
In der Regentonne sind ungefähr 157,7 ℓ Wasser.

Entnimm die Informationen aus den Aufgaben 5a und 5b.

Wenn die Tonne zu einem Drittel gefüllt ist, kannst du das Fassungsvermögen durch 3 dividieren, um die enthaltene Wassermenge zu berechnen.

Aufgabe 6

Der Arbeiter ist ca. 1,80 m groß.

Der Arbeiter passt etwa 4-mal in den Durchmesser des Bohrkopfes.

$1{,}80\text{ m} \cdot 4 = \mathbf{7{,}20\text{ m}}$
Der Durchmesser des Bohrkopfes beträgt etwa 7,20 m.

Finde eine Vergleichsgröße, z. B. die Größe des Mannes.
Miss den Arbeiter und den Durchmesser des Bohrkopfes in der Zeichnung.
Berechne den Durchmesser mit den Schätzwerten.
Alle Lösungen zwischen 7 m und 10,5 m sind bei entsprechender Herleitung richtig.

Aufgabe 7

a) Gesamte Anzahl der Kugeln: $2 + 4 + 3 = 9$
Anzahl der roten Kugeln: 3
$p(\text{rote Kugel}) = \frac{3}{9} = \mathbf{\frac{1}{3} \approx 0{,}33 \approx 33\ \%}$
Die Wahrscheinlichkeit, eine rote Kugel zu ziehen, beträgt 33 %.

Entnimm die Daten aus der Aufgabenstellung.

Die Anzahl der roten Kugeln dividiert durch die gesamte Anzahl der Kugeln ergibt die Wahrscheinlichkeit.

b) Gesamte Anzahl der Kugeln: 9
Keine gelben Kugeln: $2 + 3 = 5$
$p(\text{keine gelbe Kugel}) = \mathbf{\frac{5}{9} \approx 0{,}56 \approx 56\ \%}$
Die Wahrscheinlichkeit, keine gelbe Kugel zu ziehen, liegt bei 56 %.

„Keine gelben Kugeln“ entspricht den roten und blauen Kugeln.

Hinweise und Tipps

Prüfungsteil 2

Aufgabe 1: Bahnfahrt

a) **53 Minuten**

Abfahrt Essen Hauptbahnhof: 15:04
Ankunft Köln Hauptbahnhof: 15:57

b) Ticketpreis: 13 € = 1 300 Cent
Strecke: 87 km

Wandle Euro in Cent um.

1 300 Cent : 87 ≈ **14,94 Cent**

Der Ticketpreis dividiert durch die gefahrenen Kilometer ergibt den Fahrpreis pro Kilometer.

Die Werbung stimmt nicht.
Der gefahrene Kilometer kostet ca. 15 Cent.

c) In den waagrechten Abschnitten steht der Zug am Bahnhof. Während dieser Zeit legt der Zug keine Strecke zurück.

An der Hochachse sind die gefahrenen Kilometer ablesbar, an der Querachse die Standzeit am Bahnhof bzw. die Fahrzeiten zwischen den Städten.

d) Die höchste Durchschnittsgeschwindigkeit wird auf dem Streckenabschnitt zwischen Duisburg Hauptbahnhof und Düsseldorf Hauptbahnhof erzielt.
Begründung:
Der Graph ist in diesem Abschnitt am steilsten.

Je steiler der Graph, desto schneller fährt der Zug. Vergleiche die Steigung des Graphen in den 3 Teilabschnitten.

e) Bahnstrecke: 27 km
Fahrzeit: 14 Minuten $= \frac{14}{60}$ h

Entnimm die Angaben aus dem Text und der Tabelle.
Wandle die Minuten in Stunden um.

$$v = \frac{s}{t}$$

$$v = \frac{27\text{ km}}{\frac{14}{60}\text{ h}}$$

$$v \approx \mathbf{115{,}7\ \frac{km}{h}}$$

Die Geschwindigkeit berechnet sich als Strecke s dividiert durch die Zeit t.
Setze die Werte in die Formel ein.

Die Durchschnittsgeschwindigkeit des Zuges zwischen den Städten Duisburg und Düsseldorf beträgt 115,7 $\frac{\text{km}}{\text{h}}$.

Aufgabe 2: Das erste eigene Auto

a) Laufzeit: 3 Jahre
Betrag: 1 200,00 € pro Jahr

Entnimm die Daten aus der Aufgabe.

1 200 € · 3 = **3 600 €**

In 3 Jahren hat Emre insgesamt 3 600 € auf sein Sparkonto einbezahlt.

b) Zinsen Z = 21,00 €
Kapital K = 1 200,00 €

Die Werte stehen in den Zellen B7 und C7.

$$p = \frac{Z \cdot 100}{K}$$

$$p = \frac{21\text{ €} \cdot 100}{1\,200\text{ €}}$$

$$p\,\% = \mathbf{1{,}75\ \%}$$

Berechne den Prozentsatz mit der Prozentformel oder mit dem Dreisatz.
Hier wird mit der Formel gerechnet.

Hinweise und Tipps

c) Guthaben nach 3 Jahren: 3 727,48 €
Einbezahlter Betrag: 3 600,00 €

3 727,48 € – 3 600,00 € = **127,48 €**

oder:

21 € + 42,37 € + 64,11 € = **127,48 €**

Nach 3 Jahren hat Emre insgesamt 127,48 € Zinsen erhalten.

Das Guthaben findest du in Zelle D9, der einbezahlte Betrag wurde in Aufgabe a ermittelt.

Wenn du vom Guthaben nach 3 Jahren den einbezahlten Betrag subtrahierst, erhältst du die Höhe der Zinsen.
Oder: Addiere die in Spalte C aufgelisteten Zinsen.

d) **=C3+D7**

Die jährliche Einzahlung (Zelle C3) addiert mit dem Guthaben am Ende des ersten Jahres (Zelle D7) ergibt das Guthaben zu Beginn des zweiten Sparjahres (Zelle B8).

e) **= B8 * C4 / 100**

Das Kapital (Zelle B8) multipliziert mit dem Zinssatz (Zelle C4) und dividiert durch 100 ergibt die Zinsen (Zelle C8).

$$Z = \frac{K \cdot p}{100}$$

f) Grundwert G = 25 000 €
Prozentsatz p % = 20 %

$$P = \frac{G \cdot p}{100}$$

$$P = \frac{25\,000\,€ \cdot 20}{100}$$

$$P = \mathbf{5\,000\,€}$$

Emres Guthaben am Ende des dritten Sparjahres reicht nicht für die Anzahlung des Neuwagens.

Berechne den Prozentwert mit der Prozentformel oder mit dem Dreisatz.
Hier wird mit der Formel gerechnet.

Aufgabe 3: Trapeztische

a) Höhe des Trapezes: 60,6 cm
Anzahl der Trapeztische: 2

60,6 cm · 2 = **121,2 cm**

Die Tischkanten der Plätze A sind 121,2 cm voneinander entfernt.

Entnimm die Informationen aus der Zeichnung und dem Text.

b) Seite a = 140 cm
Seite c = 70 cm
Höhe h = 60,6 cm

Fläche für einen Trapeztisch:

$$A_T = \frac{a+c}{2} \cdot h$$

$$A_T = \frac{140\text{ cm} + 70\text{ cm}}{2} \cdot 60{,}6\text{ cm}$$

$$A_T = 6\,363\text{ cm}^2$$

Ermittle zuerst den Flächeninhalt eines Trapezes mit der Flächenformel.

Fläche für 2 Trapeztische:
$6\,363\text{ cm}^2 \cdot 2 = 12\,726\text{ cm}^2 \approx \mathbf{1{,}3\text{ m}^2}$

Der Flächeninhalt der sechseckigen Tischkombination beträgt ca. 1,3 m^2.

Verdopple den Flächeninhalt und wandle das Ergebnis in m^2 um:
$12\,726\text{ cm}^2 = 127{,}26\text{ dm}^2 = 1{,}2726\text{ m}^2$

Hinweise und Tipps

c)

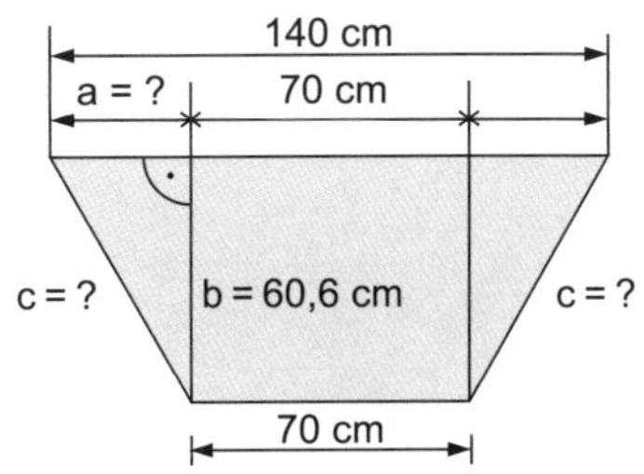

Fertige eine Skizze des gleichschenkligen Trapezes an und beschrifte sie.

Berechnung der Kathete a:
140 cm − 70 cm = 70 cm
70 cm : 2 = 35 cm

Der mittlere Abschnitt der oberen Seite des gleichschenkligen Trapezes ist 70 cm lang. Die übrigen 70 cm werden zu gleichen Teilen auf die beiden anderen Abschnitte aufgeteilt.

Berechnung der Hypotenuse c:
Kathete a = 35 cm
Kathete b = 60,6 cm

$$a^2 + b^2 = c^2$$
$$(35\text{ cm})^2 + (60{,}6\text{ cm})^2 = c^2$$
$$1\,225\text{ cm}^2 + 3\,672{,}36\text{ cm}^2 = c^2$$
$$4\,897{,}36\text{ cm}^2 = c^2 \quad |\sqrt{\ }$$
$$c \approx \mathbf{70\text{ cm}}$$

Wende den Satz des Pythagoras an.

Die Kanten an den Sitzplätzen B und C sind jeweils 70 cm lang.

d)

Benutze das Geodreieck oder das Lineal.
Verlängere die Außenkanten der Trapeztische, dann erhältst du die Eckpunkte.
Die neuen Sitzplätze sind grau markiert.

Nun können 15 Personen am Tisch sitzen.

oder:

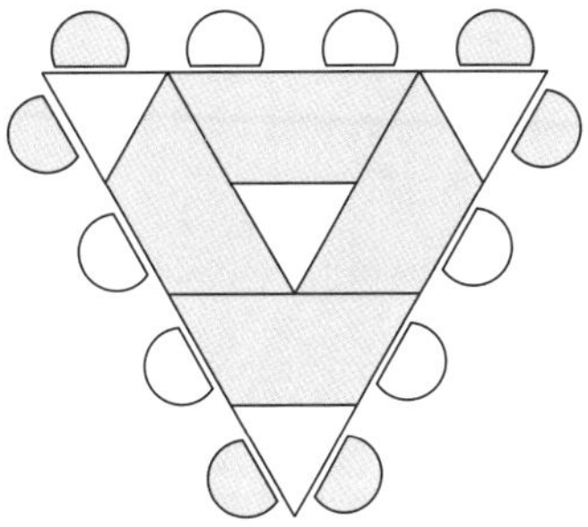

An dieser Tischkombination gibt es Platz für 12 Personen.

e)

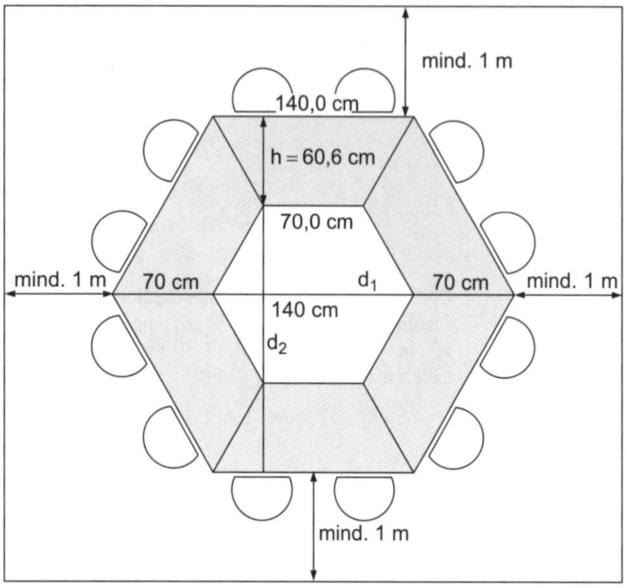

Raumlänge:
100 cm + 70 cm + 140 cm + 70 cm + 100 cm = **480 cm**

Raumbreite:
100 cm + 4 · 60,6 cm + 100 cm = **442,4 cm**

Der Raum muss mindestens 480 cm lang und 442,4 cm breit sein.

Hinweise und Tipps

In die Mitte würden 2 Trapeztische passen.
Entnimm die fehlenden Maße den vorherigen Aufgaben.

Punkteverteilung:

	Prüfungsteil 1	Prüfungsteil 2			Umgang mit Maßeinheiten	Darstellungsleistung
Aufgabe	1 bis 7	1	2	3		
Punkte	19	12	11	14	2	4

Zentrale Prüfung 2016

Prüfungsteil 1

Hinweise und Tipps

Aufgabe 1

a)

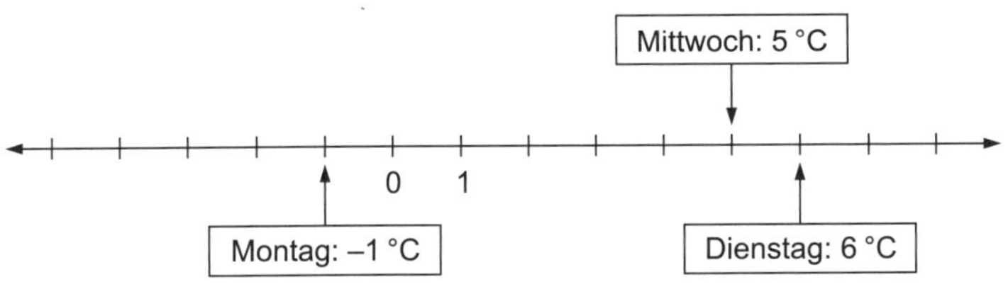

Auf der Zahlengeraden entspricht jeder Strich einem Grad Celsius. Die negativen Zahlen stehen links der Null, die positiven Zahlen befinden sich rechts davon.

b) Montag: $-1-(-5)=-1+5=\mathbf{4}$

Dienstag: $6-(-2)=6+2=\mathbf{8}$

Der Temperaturunterschied am Montag beträgt 4 °C, der Temperaturunterschied am Dienstag beträgt 8 °C.

Entnimm die Temperaturen aus der Tabelle und bilde die Differenz.
Beachte: 2 aufeinanderfolgende Minuszeichen werden zu einem Pluszeichen zusammengefasst.

Aufgabe 2

a) $0{,}01 > 0{,}0\mathbf{09}$

Vergleiche die Stellenwerte der Zahlen von links nach rechts. Die Einer- und Zehntelstellen beider Zahlen sind gleich. Somit ist die Zahl kleiner, die die kleinere Hundertstelstelle hat. Kleiner als 1 ist nur 0.

b) $\mathbf{0}^2 < 4^2$

$4^2 = 4 \cdot 4 = 16$

Mögliche Lösungen sind:

Zahl	Quadrat der Zahl	Vergleich	Lösung
0	$0 \cdot 0 = 0$	$0 < 16$	$\mathbf{0}^2 < 4^2$
1	$1 \cdot 1 = 1$	$1 < 16$	$\mathbf{1}^2 < 4^2$
2	$2 \cdot 2 = 4$	$4 < 16$	$\mathbf{2}^2 < 4^2$
3	$3 \cdot 3 = 9$	$9 < 16$	$\mathbf{3}^2 < 4^2$

c) $\frac{5}{\mathbf{9}} < \frac{5}{8}$

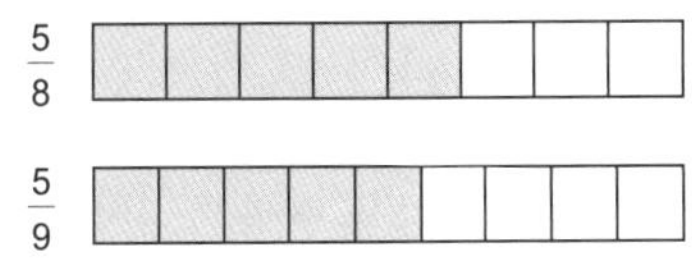

Die Neuntel-Teilstücke sind jeweils kleiner als die Achtel-Teilstücke. Daher sind auch 5 Neuntel kleiner als 5 Achtel.
Haben 2 Brüche denselben Zähler, ist also immer der Bruch mit größerem Nenner kleiner. Alle Zahlen, die größer als 8 sind, wären als Lösung daher richtig.

Aufgabe 3

a) Wahrscheinlichkeit: $\frac{1}{3}$

Anzahl der Felder: 12

$12 \cdot \frac{1}{3} = \mathbf{4}$

Es müssen 4 Felder rot gefärbt werden.

Die Wahrscheinlichkeit, ein rotes Feld zu erhalten, multipliziert mit der Anzahl aller Felder, ergibt die Anzahl der roten Felder.

Hinweise und Tipps

b) Wahrscheinlichkeit: $25\,\% = \frac{1}{4}$

Schreibe die Prozentzahl als Bruch.

Anzahl der Felder: 12

$12 \cdot \frac{1}{4} = \mathbf{3}$

Es müssen 3 Felder blau gefärbt werden.

Aufgabe 4

a) $a = 9\text{ cm}$

$h = 7{,}5\text{ cm}$

$V = \frac{1}{3} \cdot G \cdot h$

Benutze die Formel zur Berechnung des Volumens einer quadratischen Pyramide.

$V = \frac{1}{3} \cdot a \cdot a \cdot h$

$V = \frac{1}{3} \cdot 9\text{ cm} \cdot 9\text{ cm} \cdot 7{,}5\text{ cm}$

$V = \mathbf{202{,}5\ cm^3}$

Beachte die Einheiten ($cm \cdot cm \cdot cm = cm^3$).

Das Volumen beträgt $202{,}5\text{ cm}^3$.

b) Dichte: $3{,}4\,\frac{g}{cm^3}$

1 cm^3 Glas wiegt 3,4 g.

Volumen: $202{,}5\text{ cm}^3$

Entnimm die Volumenangabe aus Aufgabe a.

$m = 202{,}5\text{ cm}^3 \cdot 3{,}4\,\frac{g}{cm^3}$

$m = \mathbf{688{,}5\ g}$

Volumen multipliziert mit der Dichte ergibt die Masse.

Die Glaspyramide wiegt 688,5 g.

Aufgabe 5

Beschreibung:

Du musst deine Schätzung begründen.

Ich schätze, dass der Oberkörper des Mannes von der Hüfte bis zum Hals in Wirklichkeit ca. 75 cm lang ist. Im Bild beträgt diese Länge 4 cm. Der Burger ist auf dem Foto 6,4 cm „dick“.

Rechne mit dem Dreisatz.

	Bild	Wirklichkeit	
:4	4 cm	75 cm	:4
	1 cm	18,75 cm	
· 6,4	6,4 cm	120 cm	· 6,4

Der Burger ist in Wirklichkeit 120 cm dick.

Genaue Informationen zum Kunstwerk:

Tom Friedman
Big Big Mac, 2013
Styrofoam and paint
38 1/2 × 50 × 38 inches
(97,79 × 127 × 96,5 cm)

Hinweise und Tipps

Prüfungsteil 2

Aufgabe 1: Gartentrampolin

a) $d = 244\text{ cm} \quad \Rightarrow \quad r = 122\text{ cm} = 1{,}22\text{ m}$

$A_1 = \pi \cdot r^2$

$A_1 = \pi \cdot (1{,}22\text{ m})^2$

$A_1 \approx \mathbf{4{,}7\ m^2}$

In der Zeichnung ist der Durchmesser angegeben. Für die Formel zur Berechnung der Kreisfläche benötigst du den Radius. Halbiere also den Durchmesser. Wandle zudem die Einheit cm in m um, da das zu zeigende Ergebnis in m^2 angegeben ist. Setze dann den Radius in die Formel ein.

b) Innerer Durchmesser: 244 cm
Randabdeckung: 33 cm

$244\text{ cm} + 2 \cdot 33\text{ cm} = \mathbf{310\ cm}$

Die Behauptung **stimmt**.

Entnimm den inneren Durchmesser aus der Zeichnung.

Die Breite der Randabdeckung ist 2-mal zu berücksichtigen.

c) $d = 310\text{ cm} \quad \Rightarrow \quad r = 155\text{ cm} = 1{,}55\text{ m}$

Kreisfläche A_2 inklusive Randabdeckung:

$A_2 = \pi \cdot r^2$

$A_2 = \pi \cdot (1{,}55\text{ m})^2$

$A_2 \approx \mathbf{7{,}5\ m^2}$

Randabdeckung:

$A_{\text{Randabdeckung}} = A_2 - A_1$

$A_{\text{Randabdeckung}} = 7{,}5\text{ m}^2 - 4{,}7\text{ m}^2$

$A_{\text{Randabdeckung}} = \mathbf{2{,}8\ m^2}$

Die Randabdeckung hat eine Fläche von $2{,}8\text{ m}^2$.

Bei der Fläche der Randabdeckung handelt es sich um einen Kreisring. Um diese Fläche zu berechnen, muss zunächst die gesamte Fläche des Trampolins berechnet werden. Davon musst du dann die Fläche des Sprungtuchs abziehen.

d) Kathete $a = 50\text{ cm}$
Kathete $b = 75\text{ cm}$

$c^2 = a^2 + b^2$

$c^2 = (50\text{ cm})^2 + (75\text{ cm})^2$

$c^2 = 2\,500\text{ cm}^2 + 5\,625\text{ cm}^2$

$c^2 = 8\,125\text{ cm}^2 \qquad |\sqrt{\ }$

$c \approx \mathbf{90\ cm}$

Die Leiter muss ca. 90 cm lang sein.

Wende den Satz des Pythagoras an und berechne die Länge der Hypotenuse c.
Entnimm die Länge der Katheten aus der Zeichnung.

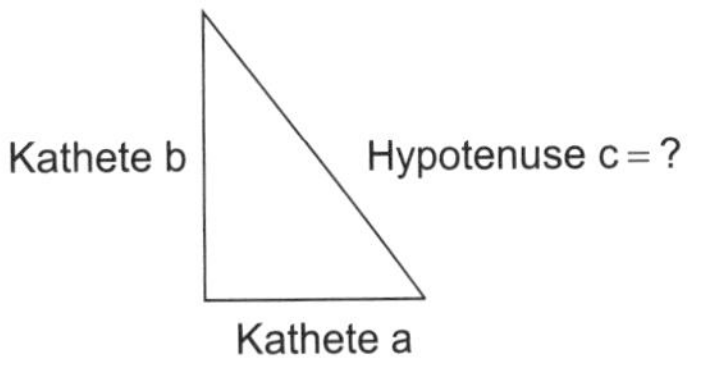

e) $\dfrac{68\text{ cm} + 76\text{ cm} + 72\text{ cm}}{3} = \dfrac{216\text{ cm}}{3} = \mathbf{72\ cm}$

Der Mittelwert ist **richtig** angegeben.

Der Mittelwert berechnet sich als die Summe aller Werte von Lena, dividiert durch die Anzahl der Werte.

f) Die Behauptung von Lena ist **falsch**.

Jens ist der höchste Sprung im Wettbewerb gelungen (108 cm), trotzdem hat Sina den höchsten Mittelwert (94 cm).

Widerlege die Aussage von Lena mithilfe der Daten des Sprungwettbewerbs.

✍ Hinweise und Tipps

Aufgabe 2: Abschlussfahrt

a) Anzahl der Teilnehmer:
30 (Schülerinnen und Schüler) + 2 (Lehrer) = 32

Da jede 10. Person nichts bezahlt, spart sich die Klasse für die 10. Person 176 €, für die 20. Person 176 € und für die 30. Person 176 €.
Insgesamt erhält die Klasse also einen Rabatt von **3 · 176 €**.

Entnimm die Anzahl der Schüler und Lehrer aus dem Text und ermittle die Gesamtzahl der Teilnehmer.

b) Anzahl aller Teilnehmer: 32
Grundpreis pro Teilnehmer: 176 €
Rabatt: 3 · 176 €

Gesamtkosten der Abschlussfahrt:
32 · 176 € − 3 · 176 € = **5 104 €**

Entnimm die Angaben aus dem Angebot und aus Aufgabe a.

Multipliziere den Grundpreis pro Teilnehmer mit der Anzahl der Teilnehmer und subtrahiere davon den Rabatt.

c) Bei bis zu 9 Teilnehmern wird bei diesem Angebot kein Rabatt gewährt. Würde der Preisnachlass immer genau 10 % entsprechen, kämen auf jeden Fall weniger Kosten auf die Schüler zu.
Ulis Behauptung stimmt also nicht.

Es reicht, wenn du hier ein Gegenbeispiel findest. Nur bei 10, 20, 30 Teilnehmern usw. beträgt der Preisnachlass genau 10 %.

d) Bedeutung von x: **Anzahl der Erwachsenen**
Bedeutung von y: **Anzahl der Jugendlichen**

Im ersten Teil des Terms werden die Preise für die Erwachsenen addiert, im zweiten Teil die Preise für Jugendliche.

e) Zelle **D16**

Der Betrag steht in Zeile 16, Spalte D.

f)

Formel	geeignet	nicht geeignet
=D16/30	☐	☒
=E6+E14	☒	☐
=D6/B6+C8+C11	☒	☐

Hier wird der gesamte Preis (einschließlich der Kosten für die Lehrer) durch 30 dividiert. Die Lehrer müssten in diesem Fall überhaupt nichts bezahlen.

Hier werden die Kosten pro Person zu den Kosten für die Hafenrundfahrt und das Miniatur-Wunderland für Schüler addiert.

Hier werden zunächst die Kosten pro Person berechnet, indem der Gesamtpreis der Übernachtung durch die Anzahl der Personen dividiert wird. Dazu werden die Kosten für die Hafenrundfahrt und das Miniatur-Wunderland für Schüler addiert.

Überprüfe deine Vermutung am besten, indem du die Werte aus den jeweiligen Zellen in die Formeln einsetzt und dein Ergebnis mit dem Wert aus Zelle E17 vergleichst.

Hinweise und Tipps

Aufgabe 3: Smart-Home

a)

	Prozent	Haushalte	
: 100	100	1 002	: 100
· 5	1	10,02	· 5
	5	≈ 50	

50 Haushalte planen, Licht mit dem Handy zu steuern.

Entnimm die Daten aus der Aufgabe. Den Prozentwert kannst du mit dem Dreisatz oder mit der Formel berechnen. Hier wird der Dreisatz verwendet.

b)

	trifft zu	trifft nicht zu	nicht zu beantworten
6 % der befragten Haushalte planen, ihre Heizkörper mit dem Handy zu steuern.	☒	☐	☐
27 der 1 002 Haushalte haben Interesse an Informationen, um das Licht mit dem Handy zu steuern.	☐	☒	☐
Alle Haushalte, die das Licht mit dem Handy steuern, haben sich auch eine Webcam gekauft.	☐	☐	☒
Jeder zwanzigste der befragten Haushalte nutzt bereits ein Handy zum Steuern der Heizkörper.	☒	☐	☐

Die Aussage trifft zu, weil die Prozentangabe bei *Planen* im oberen Balkendiagramm 6 % ist.

27 % im zweiten Balkendiagramm entsprechen nicht 27 Haushalten, sondern etwa 271.

Es gibt keine Informationen zur dieser Aussage im Diagramm.

Jeder zwanzigste sind $\frac{1}{20} = \frac{5}{100} = 5\ \%$.

c) **Diagramm 2** stellt dies dar.

Begründung:
32 % sind mehr als 25 % (Viertelkreis) und viel weniger als 50 % (Halbkreis).

Vergiss die Begründung nicht.

d) Anzahl der Jahre: 3

$90\,000 \cdot 3 + 315\,000 = \mathbf{585\,000}$

3 Jahre später steuern 585 000 Haushalte Geräte mit dem Handy.

Setze die Anzahl der Jahre in die gegebene Formel für x ein.

e) Anzahl der Haushalte: 1 000 000

$$1\,000\,000 = 90\,000 \cdot x + 315\,000 \quad |-315\,000$$
$$685\,000 = 90\,000 \cdot x \quad |:90\,000$$
$$x \approx 7{,}6$$

Nach **8 Jahren** werden mehr als 1 Million Haushalte Geräte mit dem Handy steuern.

Setze die Anzahl der Haushalte in die Formel ein und löse die Gleichung nach x auf.

Hier musst du aufrunden, da nach 7 Jahren noch keine Million erreicht ist.

Punkteverteilung:

	Prüfungsteil 1	Prüfungsteil 2			Umgang mit Maßeinheiten	Darstellungsleistung
Aufgabe	1 bis 5	1	2	3		
Punkte	18	13	11	13	2	4

Zentrale Prüfung 2017

Prüfungsteil 1

✎ Hinweise und Tipps

Aufgabe 1

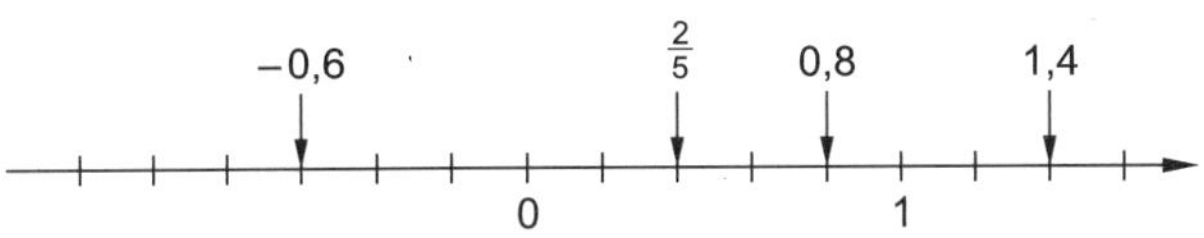

Wandle die Bruchzahl in eine Dezimalzahl um:

$\frac{2}{5} = 0{,}4$

Der Zahlenstrahl besteht zwischen den Zahlen 0 und 1 aus 5 Teilen. Somit beträgt der Abstand zwischen jedem Skalenstrich $\frac{1}{5}$ oder 0,2.

Aufgabe 2

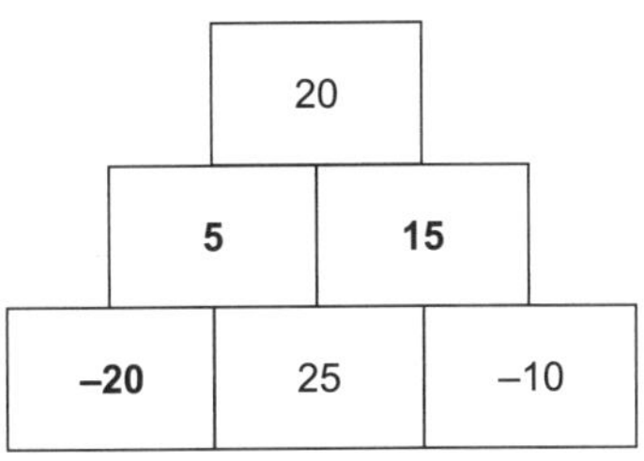

Erkenne das Rechenprinzip am Beispiel:

I: Benachbarte Grundbausteine ergeben durch Addition das Ergebnis des höher liegenden Steins.

II: Höher liegender Stein minus Grundbaustein ergibt den benachbarten Grundbaustein.

Schritt 1: Anwendung von I

$25 + (-10) = 25 - 10 = 15$

Schritt 2: Anwendung von II

$20 - 15 = 5$

Schritt 3: Anwendung von II

$5 - 25 = -20$

Mache am Ende die Probe, indem du benachbarte Steine addierst.

Aufgabe 3

a) Kathete $b = 3\text{ cm}$

Hypotenuse $c = 6{,}5\text{ cm}$

$$a^2 + b^2 = c^2$$

$$a^2 + (3\text{ cm})^2 = (6{,}5\text{ cm})^2 \qquad |-(3\text{ cm})^2$$

$$a^2 = (6{,}5\text{ cm})^2 - (3\text{ cm})^2$$

$$a^2 = 42{,}25\text{ cm}^2 - 9\text{ cm}^2$$

$$a^2 = 33{,}25\text{ cm}^2 \qquad |\sqrt{}$$

$$a \approx \mathbf{5{,}8\text{ cm}}$$

Die Länge der Seite a beträgt gerundet 5,8 cm.

Rechne mit dem Satz des Pythagoras.

Die Hypotenuse c ist die längste Seite im Dreieck und liegt dem rechten Winkel gegenüber.

Die Katheten sind die kürzeren Seiten.

Du musst die Formel nach a auflösen.

b) $a = 5{,}8\text{ cm}$

$b = h = 3\text{ cm}$

$$A = \frac{a \cdot h}{2}$$

$$A = \frac{5{,}8\text{ cm} \cdot 3\text{ cm}}{2}$$

$$A = \mathbf{8{,}7\text{ cm}^2}$$

Die Dreiecksfläche beträgt 8,7 cm^2.

b steht senkrecht auf a und ist somit eine Höhe im Dreieck.

Die Länge der Seite a hast du in Teilaufgabe 3 a berechnet. Die Länge der Seite b ist in der Zeichnung angegeben.

Setze diese Werte in die Formel zur Berechnung der Dreiecksfläche ein.

✎ Hinweise und Tipps

Aufgabe 4

$3 \cdot (2x + 5y) + (-5x) =$
$6x + 15y - 5x =$
$\mathbf{x + 15y}$

Multipliziere die Klammer aus. Jedes Glied in der Klammer wird dabei mit 3 multipliziert.
Fasse die Glieder mit der Variablen x zusammen.

Aufgabe 5

a) Wert in Zelle B4:
55,72 € : 28 = **1,99 €**

Dividiere den Gesamtpreis der Hüllen durch die Anzahl, dann erhältst du den Einzelpreis.

b)

Formel	geeignet	nicht geeignet
=B3+C3	☐	☒
=B3*C3	☒	☐
=D3/C3	☐	☒

Hier wird der Einzelpreis der Taschenrechner zur Anzahl addiert.
Hier wird der Einzelpreis der Taschenrechner mit der bestellten Anzahl multipliziert und somit der Gesamtpreis berechnet.
Hier wird der Wert, der berechnet werden soll, in die Formel eingesetzt.
Überprüfe deine Vermutung jeweils, indem du die Werte aus den Zellen einsetzt und das Ergebnis mit dem Wert aus Zelle D3 vergleichst.

Aufgabe 6

Graph B: $\mathbf{y = 2x + 3}$

Begründung:
Nur der Graph B schneidet die y-Achse bei 3, sodass für den y-Achsenabschnitt $t = 3$ gilt.

Eine lineare Gleichung hat die Form $y = mx + t$.
m entspricht der Steigung und t dem y-Achsenabschnitt.
Du kannst auch verschiedene Werte für x einsetzen und y berechnen. Überprüfe dann, auf welcher Geraden die Punkte liegen.

Hinweise und Tipps

Prüfungsteil 2

Aufgabe 1: Kerzen

a) Gießform A: **Quader**
Gießform B: **Pyramide**

Nutze deine Formelsammlung und ordne den entsprechenden Körpern die Fachbegriffe zu.

b) $a = 7\text{ cm}$
$b = 7\text{ cm}$
$c = 20\text{ cm}$

Entnimm die Maße aus der Abbildung.

Volumen der Gießform A:
$V_A = a \cdot b \cdot c$
$V_A = 7\text{ cm} \cdot 7\text{ cm} \cdot 20\text{ cm}$
$V_A = \mathbf{980\ cm^3}$

Setze die Maße in die Formel zur Volumenberechnung des Quaders ein.

Gewicht (Masse) der Gießform A:

$m = 980\text{ cm}^3 \cdot 0{,}92\,\frac{\text{g}}{\text{cm}^3}$

$m = \mathbf{901{,}6\ g}$

Es werden 901,6 g Wachs für die Gießform benötigt.

1 cm^3 wiegt 0,92 g.
Du erhältst das Gewicht des Wachses, indem du das Volumen mit dem Gewicht pro Kubikzentimeter multiplizierst.

c) $a = b = 7\text{ cm}$
$h = 20\text{ cm}$

In Teilaufgabe b hast du das Volumen der Gießform A bereits berechnet. Entnimm die Werte für Gießform B aus der Abbildung.

Volumen der Gießform B:

$V_B = \frac{1}{3} \cdot A_G \cdot h$

$V_B = \frac{1}{3} \cdot a \cdot b \cdot h$

$V_B = \frac{1}{3} \cdot 7\text{ cm} \cdot 7\text{ cm} \cdot 20\text{ cm}$

$V_B \approx \mathbf{326{,}7\ cm^3}$

Berechne das Volumen der Gießform B. Setze die Maße dazu in die Formel für Pyramiden ein.

Dritter Teil der Gießform A:
$980\text{ cm}^3 : 3 \approx \mathbf{326{,}7\ cm^3}$

Dividiere das Volumen der Gießform A durch 3 und vergleiche die Werte der Gießformen A und B.

Jannik **hat recht**. Der dritte Teil der Gießform A ergibt rechnerisch das Volumen der Gießform B.

Alternative Lösungsmöglichkeit:
Die Höhe h und die Grundflächen der beiden Körper sind gleich.
Für das Pyramidenvolumen gilt:

$V_B = \frac{1}{3} \cdot a \cdot b \cdot h = \frac{1}{3} \cdot a \cdot b \cdot c = \frac{1}{3} \cdot V_A$

Das Volumen der Pyramide entspricht somit einem Drittel des Volumens des Quaders. Jannik **hat recht**.

Die Aufgabe kann auch ohne Rechnung gelöst werden.

Hinweise und Tipps

d) Gesamtvolumen des Kerzenwachses: 16 300 cm^3
Anzahl der Kerzen: 20

Volumen einer Kerze:
16 300 cm^3 : 20 = **815 cm^3**

Kerzenhöhe:
a = 7 cm
b = 7 cm

$$V = a \cdot b \cdot c$$
$$815\ cm^3 = 7\ cm \cdot 7\ cm \cdot c$$
$$815\ cm^3 = 49\ cm^2 \cdot c \qquad |:49\ cm^2$$
$$\mathbf{16{,}6\ cm} \approx c$$

Die Kerzen werden etwa 16,6 cm hoch.

Entnimm die Angaben aus der Fragestellung.

Berechne zunächst das Volumen einer Kerze, indem du das Gesamtvolumen durch die Anzahl der Kerzen dividierst.

Setze das berechnete Volumen in die Formel zur Berechnung des Volumens eines Quaders ein und löse nach c auf.

e)

Zeit in h	0	2	4	6
Länge der Kerze in cm	15	12,5	**10**	**7,5**

Im Text und in der Tabelle ist zu erkennen, dass pro 2 Stunden die Höhe der Kerze um 2,5 cm abnimmt.

Ergänze die Tabelle, indem du jeweils den vorangegangenen Wert der Länge um 2,5 cm verminderst.

f)

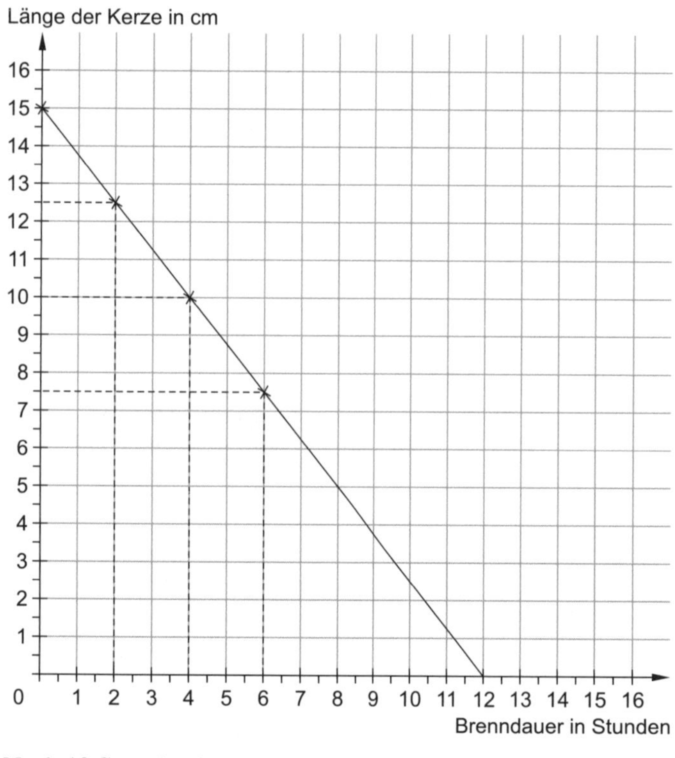

Nach **12 Stunden** ist die Kerze vollständig abgebrannt.

Die Brenndauer ist an der x-Achse und die Kerzenhöhe an der y-Achse abzulesen.

Trage mindestens 2 Wertepaare aus der Tabelle ins Koordinatensystem ein. Verbinde die Punkte mit dem Lineal und verlängere die Gerade bis zur x-Achse.

Am Schnittpunkt der Geraden mit der x-Achse kannst du ablesen, wann die Kerze abgebrannt ist.

Hinweise und Tipps

Aufgabe 2: Pferdetraining

a) Gesamte Rennstrecke (innen): 1 950 m
Zusatzstrecke am Außenrand: 50 m

Entnimm die Informationen aus der Aufgabenstellung.

	Strecke	Prozent	
: 1 950	1 950 m	100 %	: 1 950
	1 m	0,051… %	
· 50	50 m	**≈ 2,6 %**	· 50

Berechne den Prozentsatz mit dem Dreisatz.

Alternative Lösungsmöglichkeit:
Grundwert G = 1 950 m
Prozentwert P = 50 m

$$p = \frac{P \cdot 100}{G}$$

$$p = \frac{50\text{ m} \cdot 100}{1950\text{ m}}$$

$$p\,\% \approx \mathbf{2{,}6\,\%}$$

Der äußere Rand ist um etwa 2,6 % länger.

Du kannst auch mit der Formel rechnen.

b) 2 Geraden der Rennbahn je: 525 m
2 Halbkreise ⇒ 1 Kreis: d = 286,5 m

Bestimme die Länge der Geraden mit der Abbildung. Beachte, dass 2 Halbkreise zusammen einen ganzen Kreis ergeben.

Länge der beiden Geraden:
$2 \cdot 525\text{ m} = \mathbf{1\,050\text{ m}}$

Umfang des Kreises:
$u = \pi \cdot d$
$u = 3{,}14 \cdot 286{,}5\text{ m}$
$u \approx \mathbf{900\text{ m}}$

Benutze die Formel zur Berechnung des Kreisumfangs.

Runde das Ergebnis auf ganze Meter.

Gesamtlänge der Pferderennbahn am inneren Rand:
$1\,050\text{ m} + 900\text{ m} = \mathbf{1\,950\text{ m}}$

Addiere die Länge der beiden Geraden zum Umfang des Kreises.

c) Länge der Rennstrecke: 1 950 m
Zeit: 2 min 45,94 s

Entnimm die Daten aus der Tabelle und dem Text.

Zeit in Sekunden:
2 min = 120 s
120 s + 45,94 s = 165,94 s

1 min = 60 s
Wandle die Minuten in Sekunden um und addiere die Restzeit.

Geschwindigkeit:

$$v = \frac{s}{t}$$

$$v = \frac{1\,950\text{ m}}{165{,}94\text{ s}}$$

$$v \approx \mathbf{11{,}75\,\frac{m}{s}}$$

Die Geschwindigkeit im ersten Trainingslauf betrug $11{,}75\,\frac{\text{m}}{\text{s}}$.

Die Geschwindigkeit berechnet sich als Strecke s dividiert durch die Zeit t. Setze die Werte in die Formel ein.

✎ Hinweise und Tipps

d) Zeit Lauf 1: 2 min 45,94 s
Zeit Lauf 3: 2 min 47,17 s

Die Zeiten findest du in der Tabelle.

Differenz von Lauf 3 und 1:
$47{,}17\text{ s} - 45{,}94\text{ s} = \mathbf{1{,}23\text{ s}}$

Atlantika war im 1. Trainingslauf 1,23 s schneller als in Lauf 3.

Subtrahiere die Zeiten der Trainingsläufe.
Du musst nur die Sekunden beachten, da sich die beiden Läufe nur im Sekundenbereich unterscheiden.

e)

Term	richtig	falsch
$2\text{ min} + \frac{45{,}94 + 46{,}75 + 47{,}17}{3}\text{ s}$	☒	☐
$\frac{45{,}94 + 46{,}75 + 47{,}17}{3}\text{ s} : 2\text{ min}$	☐	☒
$2\text{ min} + \frac{45{,}94 \cdot 46{,}75 \cdot 47{,}17}{3}\text{ s}$	☐	☒

Alle 3 Trainingsläufe dauern 2 Minuten und unterscheiden sich nur im Stellenbereich der Sekunden. Deshalb wird nur der Durchschnittswert für die Sekunden ermittelt, die Minuten werden anschließend addiert.

Wie bei Term 1 wird der Durchschnittswert für die Sekunden ermittelt. Falsch ist, dass dieser Wert durch 2 Minuten dividiert wird.

Um den Durchschnittswert zu berechnen, müssen die Sekunden zunächst addiert werden. Es ist nicht richtig, dass diese Werte multipliziert werden.

Aufgabe 3: Geldscheine

a) Anzahl aller Scheine (in Millionen):
$1\,870 + 2\,260 + 3\,360 + 8\,140 + 2\,060 + 200 + 610 = \mathbf{18\,500}$

Die Angabe **stimmt**. Es gibt 18 500 Millionen Euroscheine.

Lies die Anzahl aller Geldscheine im Diagramm über den Säulen ab und addiere die Werte.

b) Anzahl der Scheine (in Millionen): 8 140
Wert des Geldscheins: 50 €

Lies die Anzahl über der höchsten Säule ab.
Den Wert des Scheins findest du unterhalb der Säule.

Gesamtwert der 50-Euro-Scheine:
50 € · 8 140 Millionen = **407 000 Millionen €**

Der Gesamtwert aller 50-Euro-Scheine beträgt 407 000 Millionen €.

Multipliziere die Anzahl der Scheine mit dem Wert des Euro-Scheins. Achte darauf, dass die Anzahl in Millionen angegeben ist.
407 000 Millionen = 407 000 000 000

c)

Formel	ja	nein
$3 \cdot 10^{11}$ €	☒	☐
$3 \cdot 1^{11}$ €	☐	☒
$300 \cdot 10^{9}$ €	☒	☐
3^{11} €	☐	☒

Der Betrag 300 000 000 000 € ist in ein Produkt aus 3 und einer Zehnerpotenz zerlegt. Die Hochzahl 11 gibt die Anzahl der Nullen an, die an die 3 angehängt werden.

$1^{11} = 1 \Rightarrow 3 \cdot 1^{11} = 3$

Die Hochzahl 9 gibt die Anzahl der Nullen an, die an 300 angehängt werden.

$3^{11} = 3 \cdot 3 \cdot 3 \cdot 3 \cdot 3 \cdot 3 \cdot 3 \cdot 3 \cdot 3 \cdot 3 \cdot 3 = 177\,147$

d) Anzahl der 50-Euro-Scheine (in Millionen): 8 140
Anzahl aller Scheine (in Millionen): 18 500

Entnimm die Angaben aus dem Text und der Fragestellung.

	Scheine	Prozent	
: 18 500	18 500	100 %	: 18 500
· 8 140	1	0,0054… %	· 8 140
	8 140	≈ **44 %**	

Berechne den Prozentsatz mit dem Dreisatz.

Alternative Lösungsmöglichkeit:
Grundwert G = 18 500
Prozentwert P = 8 140

$$p = \frac{P \cdot 100}{G}$$

$$p = \frac{8\,140 \cdot 100}{18\,500}$$

$p\,\% \approx \mathbf{44\ \%}$

Der Anteil der 50-Euro-Scheine beträgt 44 %.

e) Alle Geldscheine ≙ 100 %
50-Euro-Scheine ≙ 44 %

Berechnung der Winkelgröße:

	Prozent	Grad	
: 100	100 %	360°	: 100
· 44	1 %	3,6°	· 44
	44 %	**≈ 158°**	

Die Winkelgröße für das Kreissegment des 50-Euro-Scheins beträgt 158°.

Zeichnen des Kreissegments im Kreisdiagramm:

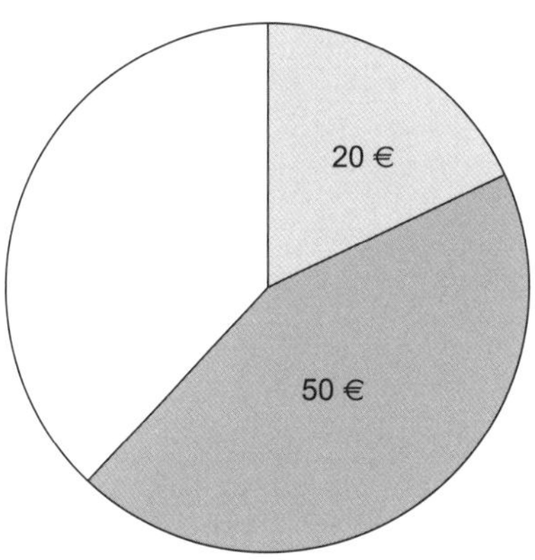

Hinweise und Tipps

Rechne mit der Formel.

Für ein Kreisdiagramm sind die Angaben in Prozent nötig.

Der Vollkreis hat 360°.

Lege das Geodreick so an das bereits vorhandene Kreissegment an, dass die Null des Geodreiecks am Mittelpunkt liegt. Markiere an der Winkelskala 158°. Achte darauf, die richtige Skala zu verwenden. Verbinde den Mittelpunkt mit der Markierung.

Punkteverteilung:

	Prüfungsteil 1	Prüfungsteil 2			Umgang mit Maßeinheiten	Darstellungsleistung
Aufgabe	1 bis 6	1	2	3		
Punkte	18	14	11	11	2	4

Zentrale Prüfung 2018

Prüfungsteil 1

✎ Hinweise und Tipps

Aufgabe 1

$100\,\% - 20\,\% = 80\,\%$

Bestimme den Prozentsatz des neuen Verkaufspreises.

	Prozent	Euro	
: 100	100 %	89,00 €	: 100
· 80	1 %	0,89 €	· 80
	80 %	**71,20 €**	

Berechne den Prozentwert mit dem Dreisatz oder der Formel.
Hier wird mit dem Dreisatz gerechnet.

Alternative Lösungsmöglichkeit:

	Prozent	Euro	
: 100	100 %	89,00 €	: 100
· 20	1 %	0,89 €	· 20
	20 %	17,80 €	

$89{,}00\,€ - 17{,}80\,€ = \mathbf{71{,}20\,€}$

Der neue Verkaufspreis beträgt 71,20 €.

Du kannst auch zuerst berechnen, um wie viel Euro der Preis gesenkt wurde, und diesen Wert vom ursprünglichen Preis subtrahieren.

Aufgabe 2

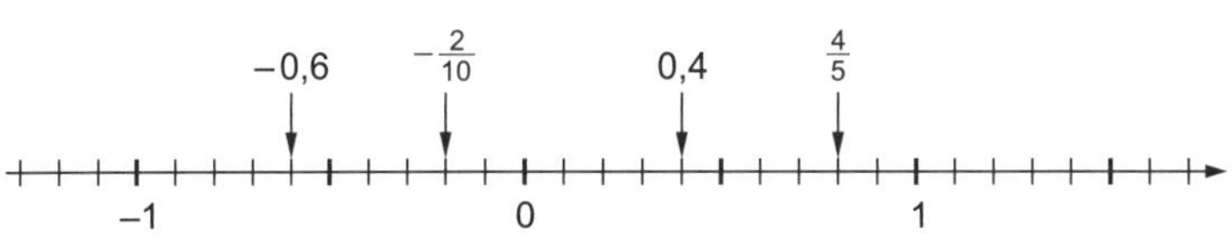

Wandle die Bruchzahlen in Dezimalzahlen um:

$-\frac{2}{10} = -0{,}2;\quad \frac{4}{5} = \frac{8}{10} = 0{,}8$

Ordne die Zahlen am Zahlenstrahl.
Die Zahl, die am weitesten links steht, ist die kleinste Zahl.
Ein Teilstrich entspricht 0,1.

Aufgabe 3

a) Größte Sprungweite: 7,17 m
Kleinste Sprungweite: 6,81 m

Entnimm die Werte aus der Ergebnistabelle.

Spannweite:
$7{,}17\text{ m} - 6{,}81\text{ m} = \mathbf{0{,}36\text{ m}}$

Die Spannweite ist die Differenz zwischen der größten und der kleinsten Sprungweite.

Geordnete Liste der Sprungweiten:
6,81 m; 6,95 m; **7,08 m**; 7,15 m; 7,17 m
Der Median ist 7,08 m.

Es ist hilfreich, die Sprungweiten zu ordnen.
Der mittlere Wert einer geordneten Liste ist der Median.

b) $\overline{x} = \frac{6{,}81 + 6{,}95 + 7{,}08 + 7{,}15 + 7{,}17}{5}\text{ m}$

$\overline{x} = \frac{35{,}16}{5}\text{ m}$

$\overline{x} \approx \mathbf{7{,}03\text{ m}}$

Um die durchschnittliche Sprungweite zu ermitteln, muss die Summe aller Weiten durch ihre Anzahl dividiert werden.

Die 2. Stelle nach dem Komma gibt in diesem Fall die cm an.

✎ Hinweise und Tipps

Aufgabe 4

☐ 16 Tage ☒ 6 Tage ☐ 60 Tage ☐ 1,6 Tage

Bestimme zunächst, wie viele Sekunden ein Tag hat:
$(60 \cdot 60 \cdot 24)\ \text{s} = 86\,400\ \text{s}$
518 400 Sekunden dividiert durch die Sekunden eines Tages (86 400) ergibt 6 Tage.

Aufgabe 5

a) $d = 26\ \text{m} \Rightarrow r = 13\ \text{m}$
$h = 16{,}68\ \text{m}$

$$V_K = \frac{1}{3} \cdot \pi \cdot r^2 \cdot h$$

$$V_K = \frac{1}{3} \cdot 3{,}14 \cdot (13\ \text{m})^2 \cdot 16{,}68\ \text{m}$$

$$V_K \approx \mathbf{2\,950\ m^3}$$

In der Aufgabe ist der Durchmesser angegeben. Für die Volumenformel des Kegels benötigst du den Radius. Halbiere den Durchmesser.

b) $V_K = 2\,950\ \text{m}^3$
1 m^3 Sand wiegt 1,2 t.

$$2\,950\ \text{m}^3 \cdot 1{,}2\ \frac{\text{t}}{\text{m}^3} = 3\,540\ \text{t} \approx 3\,500\ \text{t}$$

Die Angabe **stimmt**.

Multipliziere das Volumen mit der Masse pro m^3 und vergleiche dein Ergebnis mit der Angabe.

Aufgabe 6

a) Anzahl der weißen Kugeln: 3
Anzahl aller Kugeln: 9

Wahrscheinlichkeit:

$$P(\text{weiße Kugel}) = \frac{3}{9} = \mathbf{\frac{1}{3}}$$

Entnimm die Anzahl der Kugeln aus dem Bild.

Die Wahrscheinlichkeit berechnet sich als:

$$P = \frac{\text{Anzahl der weißen Kugeln}}{\text{Anzahl aller Kugeln}}$$

b) Die Wahrscheinlichkeit, eine weiße Kugel zu ziehen, ist bei den beiden Beuteln **nicht** gleich groß.

Begründung:
In beiden Beuteln ist zwar die gleiche Anzahl an weißen Kugeln vorhanden, aber die Menge der schwarzen Kugeln ist verschieden. Dadurch verändern sich die Verhältnisse und ebenfalls die Wahrscheinlichkeit.

Die Anzahl der weißen Kugeln im Verhältnis zu allen Kugeln eines Beutels ergibt die Wahrscheinlichkeit:

Beutel 1: $\frac{3}{9}$

Beutel 2: $\frac{3}{7}$

$\frac{3}{9} \neq \frac{3}{7}$

Prüfungsteil 2

Aufgabe 1: Sandkasten

Hinweise und Tipps

a) Durchmesser des Sandkasten:
$d = 3{,}60\text{ m}$

Umfang des Sandkastens:
$u = \pi \cdot d$
$u = 3{,}14 \cdot 3{,}60\text{ m}$
$u \approx \mathbf{11{,}3\text{ m}}$

Der innere Umfang des Sandkastens ist 11,3 m.

Entnimm den Wert aus Abbildung 1.

Berechne den Kreisumfang mithilfe der Formel.

b) Radius des Sandkastens:
$d = 3{,}60\text{ m} \Rightarrow r = 1{,}80\text{ m}$

Füllhöhe h: 0,45 m

$V_Z = \pi \cdot r^2 \cdot h$
$V_Z = 3{,}14 \cdot (1{,}8\text{ m})^2 \cdot 0{,}45\text{ m}$
$V_Z \approx \mathbf{4{,}58\text{ m}^3}$

Vergleich:
$4{,}58\text{ m}^3 < 5\text{ m}^3$

Es reichen bereits 4,58 m^3 Sand, also erst recht 5 m^3, um den Sandkasten 0,45 m hoch zu füllen.

Halbiere den Durchmesser, dann erhältst du den Radius.

Der zu berechnende Körper ist ein Zylinder. Berechne das Volumen mithilfe der Zylinderformel.

c) Variable x: Sandmenge in m^3
Variable y: Gesamtkosten in €

Pro m^3 Sand werden bei Firma „Schüttgut" 90 € fällig. Dazu kommen einmalig die Lieferkosten in Höhe von 100 €. Kosten für Sandmenge plus feste Lieferkosten ergibt die Gesamtkosten ($y = 90 \cdot x + 100$).

d) Der Graph endet bei $x = 5$, da das Angebot der Firma „Bauschnell" nur Angaben über die Kosten bis 5 m^3 Sand macht. Der Sand kostet bis zu dieser Menge pauschal 400 €.

e)

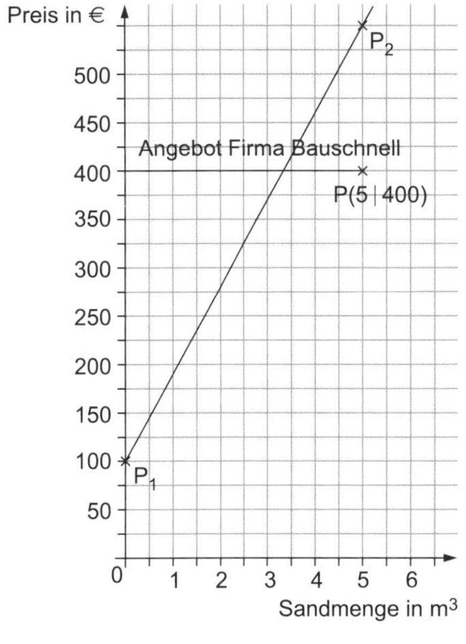

Punkt P_1 bestimmen:
Die Gleichung $y = 90 \cdot x + 100$ entspricht der allgemeinen Funktion $y = m \cdot x + t$.
Der y-Abschnitt ist $t = 100$, somit ist Punkt
$P_1(0 \mid 100)$ (mit $x_1 = 0$, $y_1 = 100$).

Punkt P_2 bestimmen:
Setze den Wert $x = 5$ in die Gleichung $y = 90 \cdot x + 100$ ein:
$y = 90 \cdot 5 + 100$
$y = 550$
$P_2(5 \mid 550)$ (mit $x_2 = 5$, $y_2 = 550$)

Markiere beide Punkte des Graphen im Koordinatenkreuz und verbinde die Punkte.

Hinweise und Tipps

f) Angebot der Firma „Schüttgut“:
Sandmenge: 5 m^3

$y = 90 \cdot x + 100$
$y = 90 \cdot 5 + 100$
$y = 550$

Berechne zunächst die Kosten für Firma „Schüttgut“. Benutze die Gleichung $y = 90 \cdot x + 100$.

Angebot der Firma „Bauschnell“:
5 m^3 kosten 400 €.

Informiere dich im Angebot der Firma „Bauschnell“ über die Kosten und vergleiche die Preise.

Vergleich:
550 € > 400 €

Begründung:
5 m^3 kosten bei Firma „Bauschnell“ 400 € und sind deutlich günstiger als bei Firma „Schüttgut“, die 550 € dafür berechnen.

Benutze die ermittelten Werte als Begründung.

Alternative Lösungsmöglichkeit:
Aus der Grafik kann man ablesen, dass das Angebot der Firma „Bauschnell“ bei 5 m^3 günstiger ist, da der Graph an dieser Stelle unterhalb des Graphen der Firma „Schüttgut“ verläuft.

Du kannst auch mit der Grafik argumentieren.

Hinweise und Tipps

Aufgabe 2: Nördliche Bundesländer

a) Längenmaß für 100 km in Abbildung 1: 1,2 cm

Abstand zwischen Hamburg und Berlin in der Karte: 3 cm

	Kartenmaß in cm	Wirklichkeit in km	
: 1,2	1,2 cm	100 km	: 1,2
· 3	1 cm	83,33… km	· 3
	3 cm	**250 km**	

Der Abstand zwischen den Stadtzentren von Hamburg und Berlin beträgt in der Wirklichkeit 250 km.

Miss mit dem Geodreieck die Länge des Maßstabes in der Karte.
Dann miss den Abstand zwischen beiden Städten. Die Stadtzentren sind die Kreise in den Städten.
Berechne den Abstand der Stadtzentren in Wirklichkeit mit dem Dreisatz.

b) Niedersachsen

Vergleiche die Werte aus Spalte B in der Tabelle.

c) Runden auf Hunderttausenderstelle:
$17\,865\,516 \approx$ **17 900 000** Einwohner

Anzahl als Zehnerpotenz:
$17\,900\,000 = \mathbf{17{,}9 \cdot 10^6}$

Entnimm den Wert aus Feld C8.
Die Zehntausenderstelle ist die Ziffer 6. Somit wird die Hunderttausenderstelle auf die nächsthöhere Ziffer – von 8 auf 9 – gerundet.
Mit Zehnerpotenzen wird die Zahl übersichtlicher. Der Exponent (Hochzahl) gibt an, um wie viele Stellen das Komma nach rechts verschoben wird.
Weitere Möglichkeit: $1{,}79 \cdot 10^7$

d) Einwohner in NRW: 17 865 516
Fläche von NRW: 34 112 km^2
$17\,865\,516 : 34\,112 \approx$ **524**
In NRW leben pro km^2 524 Menschen.

Entnimm die Daten aus der Tabelle.
Einwohneranzahl in NRW geteilt durch die Fläche von NRW ergibt die Anzahl der Einwohner pro km^2.

e) Zelle D4:
=C4/B4

Die Einwohner Hamburgs in Zelle C4 geteilt durch die Fläche Hamburgs in Zelle B4 ergibt die Anzahl Einwohner pro km^2.

f)

	Prozent	Grad	
: 100	100 %	360°	: 100
· 22	1 %	3,6°	· 22
	22 %	79,2° ≈ **79°**	

22 % der Gesamtbevölkerung Deutschlands entspricht etwa 79° im Kreisdiagramm.

Einwohneranteil von NRW in Deutschland:

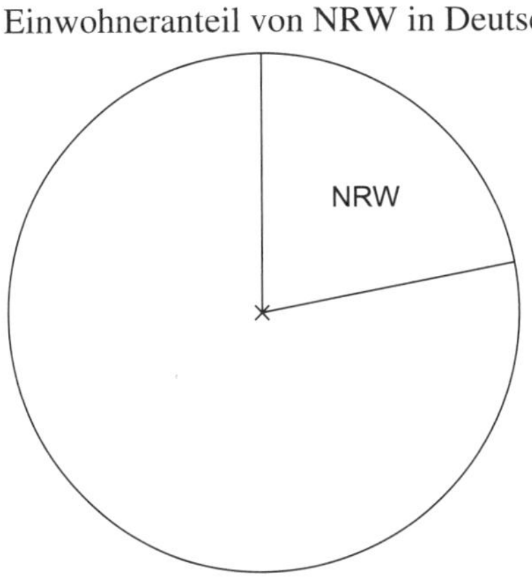

Berechne mit dem Dreisatz die Gradzahl für das Kreissegment.
Der Vollkreis hat 360°.
Zeichne mit dem Geodreieck den Winkel 79° ein.

✎ Hinweise und Tipps

Aufgabe 3: Billard

a) Skizze:

Fertige eine Skizze an, um die Problemstellung zu verdeutlichen.

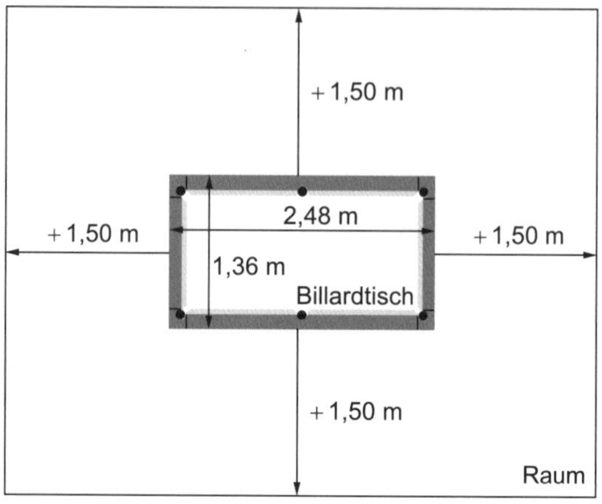

Länge des Raumes:
2,48 m + 1,50 m + 1,50 m = **5,48 m**

Die Länge des Billardtisches plus jeweils 1,50 m Abstand zu beiden Wänden ergibt die Mindestlänge des Raumes.

Breite des Raumes:
1,36 m + 1,50 m + 1,50 m = **4,36 m**

Die Breite des Billardtisches plus jeweils 1,50 m Abstand zu beiden Wänden ergibt die Mindestbreite des Raumes.

Der Raum muss mindestens 5,48 m lang und 4,36 m breit sein.

b) Skizze:

Bestimme in der Skizze die Katheten mithilfe des Textes und der Abbildung 1.

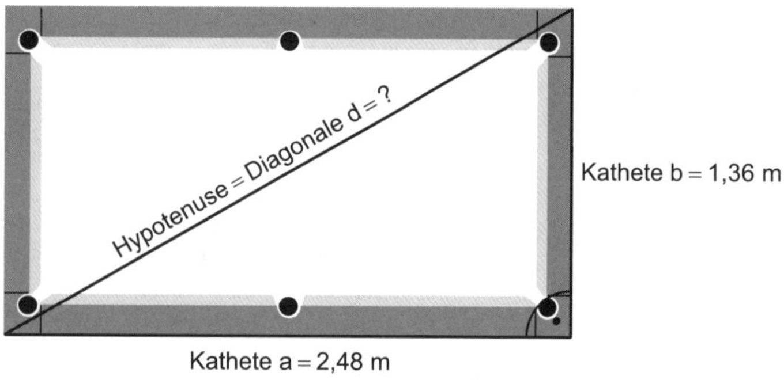

Kathete a = 2,48 m
Kathete b = 1,36 m

Hypotenuse d:

Wende den Satz des Pythagoras an und berechne die Hypotenuse d.

$$a^2 + b^2 = d^2$$
$$(2{,}48\text{ m})^2 + (1{,}36\text{ m})^2 = d^2$$
$$6{,}1504\text{ m}^2 + 1{,}8496\text{ m}^2 = d^2$$
$$8\text{ m}^2 = d^2 \quad |\sqrt{\ }$$
$$\mathbf{2{,}83\text{ m}} \approx d$$

Die Diagonale des Billardtisches ist 2,83 m lang.

Hinweise und Tipps

c) Geschwindigkeit der Kugel: $3\,\frac{m}{s}$

Entnimm die Angabe aus dem Text.

Umrechnungsfaktor: 3,6

Der Umrechnungsfaktor von $\frac{m}{s}$ in $\frac{km}{h}$ ist 3,6.

Geschwindigkeit in $\frac{km}{h}$:

$3\,\frac{m}{s} \cdot 3{,}6 = 10{,}8\,\frac{km}{h}$

Wandle die Geschwindigkeit für den Vergleich in $\frac{km}{h}$ um.

Vergleich:

$10{,}8\,\frac{km}{h} > 10\,\frac{km}{h}$

Die Behauptung von Juri ist **richtig**.

Vergleiche die berechnete Geschwindigkeit mit der Behauptung von Juri.

d) Durchmesser einer Kugel: 5,72 cm
Anzahl der Kugeln in einer äußeren Reihe: 5

Entnimm die Angaben aus dem Text und der Abbildung 2.

Länge von 5 Kugeln in einer Reihe:
$5{,}72\text{ cm} \cdot 5 = 28{,}6\text{ cm}$

Die Behauptung von Juri ist richtig.

Die Seitenlänge des Rahmens muss länger als 28,6 cm sein, da noch weitere Freiräume in den Ecken hinzukommen.

Die Rahmenlänge setzt sich aus den Freiräumen in den Ecken plus der Länge der äußeren Kugelreihe von 28,6 cm zusammen.
Deshalb muss der Rahmen länger als 28,6 cm sein.

e) Aufprallwinkel: $\alpha = 60°$
Abprallwinkel: $\beta = 60°$

Der Text erläutert, dass der Aufprallwinkel gleich dem Abprallwinkel ist.

Zeichne den Abprallwinkel mit dem Geodreieck ein.

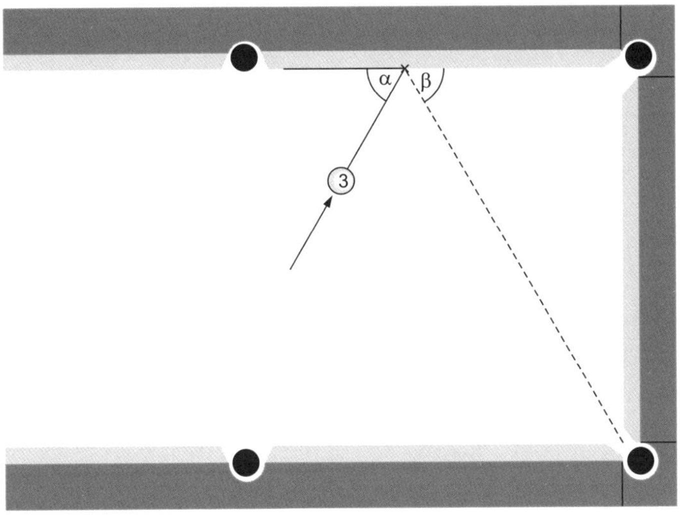

Die Kugel **trifft** das Loch in der unteren rechten Ecke.

Punkteverteilung:

	Prüfungsteil 1	Prüfungsteil 2			Umgang mit Maßeinheiten	Darstellungsleistung
Aufgabe	1 bis 6	1	2	3		
Punkte	18	13	12	11	2	4

Zentrale Prüfung 2019

Prüfungsteil 1

Aufgabe 1

	13		
	1	12	
−2	3	9	
−3	1	2	7

Hinweise und Tipps

Erkenne das Rechenprinzip am Beispiel:

I: Benachbarte Grundbausteine ergeben durch Addition das Ergebnis des höherliegenden Bausteins.

II: Höherliegender Baustein minus Grundbaustein ergibt den benachbarten Grundbaustein.

Schritt 1: Anwendung von II: $9-7=2$

Schritt 2: Anwendung von I: $1+2=3$

Schritt 3: Anwendung von I: $3+9=12$

Schritt 4: Anwendung von II: $13-12=1$

Schritt 5: Anwendung von II: $1-3=-2$

Schritt 6: Anwendung von II: $-2-1=-3$

Mache am Ende die Probe, indem du benachbarte Steine addierst.

Aufgabe 2

	richtig	falsch
0,25 kg = 250 g	✗	
0,06 km = 600 m		✗
1,025 t = 1 250 kg		✗
40 cm² = 0,0040 m²	✗	

Wandle die Maßeinheiten schrittweise um und entscheide.

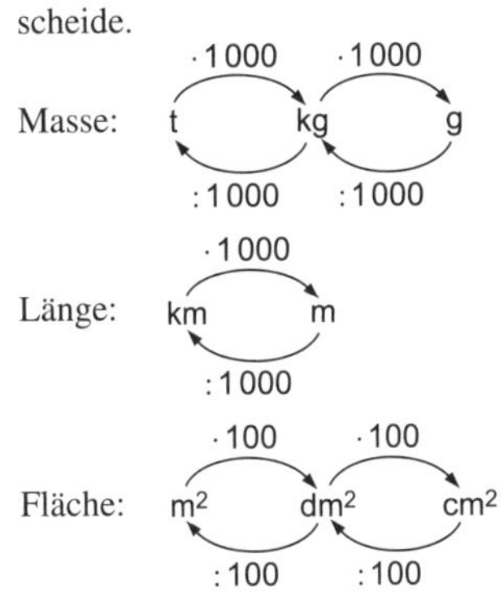

0,25 kg = 250 g

0,06 km = 60 m

1,025 t = 1 025 kg

40 cm² = 0,40 dm² = 0,0040 m²

Aufgabe 3

$$\overline{x} = \frac{619+758+186+256+403+184+481}{7}$$

$$\overline{x} = \frac{2\,887}{7}$$

$$\overline{x} = 412{,}42\ldots$$

$$\overline{x} \approx \mathbf{412}$$

Die durchschnittliche Besucherzahl pro Tag ist 412.

Um die durchschnittliche Besucherzahl pro Tag zu ermitteln, muss die Summe aller Besucher durch die Anzahl der Besuchstage dividiert werden.

Hinweise und Tipps

Aufgabe 4

a) $a = 25\text{ cm}$
$b = 20\text{ cm}$
$c = 70\text{ cm}$

Volumen V_1 des Quaders:
$V_1 = a \cdot b \cdot c$
$V_1 = 25\text{ cm} \cdot 20\text{ cm} \cdot 70\text{ cm}$
$V_1 = \mathbf{35\,000\text{ cm}^3}$

Entnimm die Maße aus dem Text und setze sie in die Formel zur Volumenberechnung eines Quaders ein.

b) Verdoppelte Höhe c: 70 cm → 140 cm
Volumen V_2 des Quaders mit verdoppelter Höhe c:
$V_2 = a \cdot b \cdot c$
$V_2 = 25\text{ cm} \cdot 20\text{ cm} \cdot 140\text{ cm}$
$V_2 = 70\,000\text{ cm}^3$

In Teilaufgabe a hast du bereits das Volumen V_1 des Quaders berechnet.
Verdopple die Höhe c.
Berechne das Volumen V_2 mit der verdoppelten Höhe.

Ermittle den Faktor:
$70\,000\text{ cm}^3 : 35\,000\text{ cm}^3 = 2$

Dividiere das Volumen V_2 durch das Volumen V_1 und vergleiche die Behauptung mit dem Faktor.

Die Behauptung von Michael ist **falsch**.
Wenn die Höhe verdoppelt wird, dann verdoppelt sich rechnerisch das Volumen.

Die Aufgabe kann auch ohne Rechnung gelöst werden: Die Grundflächen beider Körper sind gleich. Bei doppelter Höhe verdoppelt sich somit das Volumen.

Aufgabe 5

a) Anzahl der Hauptgewinne: 3
Anzahl aller Lose: 200

Entnimm die Anzahl der Lose und Hauptgewinne aus der Aufgabenstellung.

Wahrscheinlichkeit:

$$P(\text{Hauptgewinn}) = \frac{3}{200} = 0{,}015 = \mathbf{1{,}5\ \%}$$

Die Wahrscheinlichkeit berechnet sich als:

$$P = \frac{\text{Anzahl der Hauptgewinne}}{\text{Anzahl aller Lose}}$$

Die Wahrscheinlichkeit, einen Hauptgewinn zu ziehen, beträgt 1,5 %.

b) Anzahl der Hauptgewinne: 3
Anzahl der Kleingewinne: 33
Anzahl aller Lose: 200
Anzahl der Nieten: $200 - 33 - 3 = 164$

Die Anzahl aller Lose minus Haupt- und Kleingewinne ergibt die Anzahl der Nieten.

Wahrscheinlichkeit:

$$P(\text{Niete}) = \frac{164}{200} = 0{,}82 = \mathbf{82\ \%}$$

Die Wahrscheinlichkeit berechnet sich als:

$$P = \frac{\text{Anzahl der Nieten}}{\text{Anzahl aller Lose}}$$

Die Wahrscheinlichkeit, eine Niete zu ziehen, beträgt 82 %.

Aufgabe 6

$4 \cdot (2 - x) + 3x$
$= 8 - 4x + 3x$
$= \mathbf{8 - x}$

Multipliziere die Klammer aus. Jedes Glied in der Klammer wird mit 4 multipliziert.
Fasse die Glieder mit der Variablen x zusammen.

Hinweise und Tipps

Prüfungsteil 2

Aufgabe 1: Beruf

a) Radius der Tischplatte:
$d = 1{,}10 \text{ m} \Rightarrow r = 0{,}55 \text{ m}$
Flächeninhalt der Grundfläche:
$G = \pi \cdot r^2$
$G = 3{,}14 \cdot (0{,}55 \text{ m})^2$
$G \approx \mathbf{0{,}95\ m^2}$
Der Flächeninhalt der Grundfläche beträgt $0{,}95 \text{ m}^2$.

Die Grundfläche des Zylinders ist ein Kreis.
Entnimm die Maße aus der Zeichnung. Halbiere den Durchmesser, dann erhältst du den Radius.
Setze den Wert in die Formel zur Flächenberechnung des Kreises ein.

b) Volumen: $28\,500 \text{ cm}^3$
Dichte: $0{,}67 \frac{\text{g}}{\text{cm}^3}$
Gewicht/Masse der Tischplatte aus Eichenholz:
$m = 28\,500 \text{ cm}^3 \cdot 0{,}67 \frac{\text{g}}{\text{cm}^3}$
$m = 19\,095 \text{ g} = \mathbf{19{,}095\ kg}$
Die Tischplatte wiegt 19,095 kg.

1 cm^3 Eichenholz wiegt 0,67 g.

Das Volumen multipliziert mit der Dichte ergibt die Masse.

Wandle Gramm in Kilogramm um:
$19\,095 \text{ g} \overset{:1\,000}{\Rightarrow} 19{,}095 \text{ kg}$

c) Rentenversicherung: 46,50 €
Krankenversicherung: 38,75 €
Pflegeversicherung: 8,90 €
Arbeitslosenversicherung: 6,25 €
Summe der Beiträge:
46,50 € + 38,75 € + 8,90 € + 6,25 € = 100,40 €
Bruttogehalt: 500 €
Berechnung des Nettogehaltes:
500 € – 100,40 € = **399,60 €**
Das Nettogehalt von Maike beträgt 399,60 €.

Entnimm die Werte aus der Spalte C der Tabellenkalkulation.

Addiere die Beiträge zur Sozialversicherung.

Bruttogehalt minus Beiträge zur Sozialversicherung ergibt das Nettogehalt von Maike.

d)

Formel	geeignet	nicht geeignet
=D1/B4*100	☐	☒
=D1*B4/100	☒	☐
=D1-(C3+C5+C6)	☐	☒
=B4*D1-500	☐	☒

Überprüfe deine Vermutung jeweils, indem du die Werte aus den Zellen einsetzt und das Ergebnis mit dem Wert aus Zelle C4 vergleichst.

I: Hier wird das Bruttogehalt durch den Beitrag in % geteilt; die Formel ist somit ungeeignet.
II: Hier wird das Bruttogehalt mit dem Beitrag in % multipliziert und durch 100 dividiert. Dies ergibt den Beitrag in € für die Krankenversicherung in Zelle C4.
III: Bruttogehalt minus RV, minus PV, minus AV ergibt nicht die KV und ist somit ungeeignet.
IV: Beitrag in % mal Bruttogehalt minus Bruttogehalt ist falsch.

e) Bruttogehalt: 2 010 €
Sozialversicherungen in Prozent: 20,08 %
Steuern in Prozent: 9 %

Abzüge in Prozent:
$20{,}08\,\% + 9\,\% = 29{,}08\,\%$

Abzüge:

	Prozent	Euro	
: 100	100 %	2 010 €	: 100
	1 %	20,10 €	
· 29,08	29,08 %	584,51 €	· 29,08

Nettogehalt:
2 010 € – 584,51 € = **1425,49 €**

Das monatliche Nettogehalt der Tischlerin beträgt 1 425,49 €.

Hinweise und Tipps

Entnimm die Angaben aus der Aufgabe.

Sozialversicherungsbeiträge in Prozent plus Steuern in Prozent ergibt die gesamten Abzüge in Prozent.

Rechne mit dem Dreisatz.

Bruttogehalt minus Abzüge ist das Nettogehalt.

Hinweise und Tipps

Aufgabe 2: Fahrradweg

a) Seite a: 160 m
Seite c: 120 m
Höhe h: 80 m

Entnimm die Maße aus der Abbildung.

Fläche der trapezförmigen Wiese:

$A_T = \frac{a+c}{2} \cdot h$

$A_T = \frac{160\text{ m}+120\text{ m}}{2} \cdot 80\text{ m}$

$A_T = \mathbf{11\,200\ m^2}$

Die Wiese ist ein Trapez.
Setze die Werte in die Flächenformel für Trapeze ein und berechne.

b) Grundwert G: 11 200 m^2
Prozentwert P: 320 m^2

Entnimm die Werte aus der Aufgabe.

$p = \frac{P \cdot 100}{G}$

$p = \frac{320\text{ m}^2 \cdot 100}{11\,200\text{ m}^2}$

$p\,\% \approx \mathbf{2{,}9\ \%}$

Berechne den Prozentsatz mit dem Dreisatz oder der Formel. Hier wird mit der Formel gerechnet.

Der Fahrradweg entspricht 2,9 % der gesamten Wiesenfläche.

c) Preis pro Quadratmeter: 4,90 €
Fläche: 320 m^2

Kaufpreis der Fläche:

$320\text{ m}^2 \cdot 4{,}90\,\frac{€}{\text{m}^2} = \mathbf{1\,568\ €}$

Fläche des Fahrradweges mal Preis pro Quadratmeter ergibt den Kaufpreis.

Herr Albertz erhält 1 568 €.

d) Kathete h = 80 m
Kathete b = 160 m – 120 m = 40 m

Die lange Seite des Trapezes minus die kurze Seite ergibt die Länge der Kathete b.

Berechnung der Hypotenuse s:

$s^2 = h^2 + b^2$

$s^2 = (80\text{ m})^2 + (40\text{ m})^2$

$s^2 = 6\,400\text{ m}^2 + 1\,600\text{ m}^2$

$s^2 = 8\,000\text{ m}^2 \quad |\sqrt{\ }$

$s \approx \mathbf{89{,}4\ m}$

Rechne mit dem Satz des Pythagoras.
Die Hypotenuse s ist die längste Seite im Dreieck und liegt dem rechten Winkel gegenüber. Die Katheten sind die kürzeren Seiten.

Die Seite s ist ungefähr 89,4 m lang.

e)

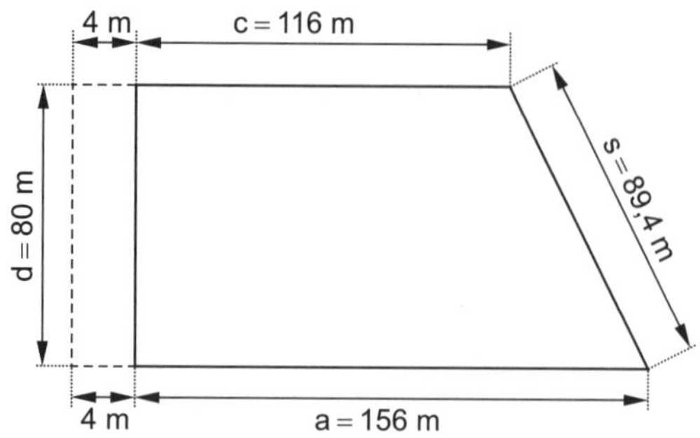

Seite a: 160 m − 4 m = 156 m
Seite s: 89,4 m
Seite c: 120 m − 4 m = 116 m
Seite d: 80 m

Umfang der restlichen Wiese:
$u = a + s + c + d$
$u = 156\text{ m} + 89{,}4\text{ m} + 116\text{ m} + 80\text{ m}$
$u = 441{,}4\text{ m}$

Paketkosten: 16,50 €
Zaunlänge pro Paket: 5 m

Anzahl der Pakete:
$441{,}4\text{ m} : 5\text{ m} = 88{,}28 \approx 89$

Gesamtkosten:
16,50 € · 89 = **1 468,50 €**

Der Zaun kostet 1 468,50 €.

Hinweise und Tipps

Verdeutliche durch eine Skizze die Aufgabenstellung mit den verkürzten Seiten a und c.

Die ursprünglichen Längen der Seiten a und c minus jeweils die Breite des Fahrradweges ergibt die jetzigen Längen der Seiten a und c.

Addiere die vier Seiten, dann erhältst du die gesamte Zaunlänge.

Die Gesamtlänge des Zauns durch die Zaunlänge pro Paket ergibt die Anzahl der Pakete.
Achtung: Runde auf die höhere Zahl.

Paketkosten mal Anzahl der Pakete ergibt die Gesamtkosten des Zauns.

Aufgabe 3: Stromanbieter

Hinweise und Tipps

a) Anzahl der kWh im Jahr: 3 500 kWh
Preis pro 1 kWh: 0,19 €
Grundgebühr: 140 €

Entnimm die Angaben aus dem Text.

Stromkosten ohne Grundgebühr:

$$3\,500\ \text{kWh} \cdot 0{,}19\ \frac{€}{\text{kWh}} = 665\ €$$

Anzahl der kWh im Jahr mal die Kosten für 1 kWh ergibt die Jahreskosten ohne Grundgebühr.

Gesamtkosten (mit Grundgebühr):
665 € + 140 € = **805 €**

Stromkosten plus Grundgebühr ergibt die Gesamtkosten.

Die jährlichen Gesamtkosten beim Anbieter „Klassik-Strom“ betragen 805 €.

b) Stromanbieter „Greenpower“:
Grundgebühr: **150 €**
Preis pro kWh: **0,20 €**

Die Kosten der Grundgebühr stehen in Zelle C4. Der Preis pro kWh ist in Zelle C5.

c) Die Werte ändern sich in den **Zellen B6 und C6**.

Das Tabellenkalkulationsprogramm berechnet mit Formeln die Werte für die Zellen B6 und C6.
B6 = B4 + B2 * B5
C6 = C4 + B2 * C5

d) Die Grundgebühr ist beim Anbieter „Windkraft“ **50 €**.

Lies am entsprechenden Graphen an der y-Achse die Grundgebühr ab.

e) Koordinaten des Schnittpunkts:
S(2 000 | 550)

Lies den Schnittpunkt im Koordinatensystem ab.

Saras Eltern würden bei beiden Stromanbietern für 2 000 kWh denselben Betrag bezahlen, nämlich 550 €.

Schneiden sich zwei Graphen in einem Punkt, sind die Werte an den Achsen jeweils identisch.

f) Preis für 3 500 kWh bei
Anbieter „Greenpower“: 850 €
Anbieter „Windkraft“: 925 €

Lies den jeweiligen Wert an der Stelle x = 3 500 bei beiden Graphen ab.

Vergleich:
925 € – 850 € = 75 €

Vergleiche beide Werte und wähle den günstigeren Preis.

Anbieter **„Greenpower“** ist um 75 € preiswerter. Saras Eltern sollten sich für diesen Anbieter entscheiden.

Alternative Lösungsmöglichkeit:
Aus der Grafik kann man ablesen, dass der Preis für 3 500 kWh bei Anbieter „Greenpower“ günstiger ist, da der Graph an dieser Stelle unterhalb des Graphen von Anbieter „Windkraft“ verläuft.

Du kannst auch ohne Rechnung mit der Grafik argumentieren.

Punkteverteilung:

	Prüfungsteil 1	Prüfungsteil 2			Umgang mit Maßeinheiten	Darstellungsleistung
Aufgabe	1 bis 6	1	2	3		
Punkte	19	13	13	12	2	4

Zentrale Prüfung 2021

Prüfungsteil 1 – Wahlmöglichkeit 1

Hinweise und Tipps

Aufgabe 1

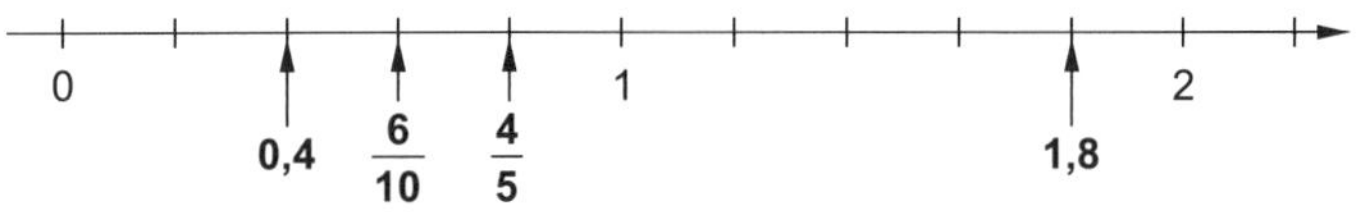

Wandle die Brüche in Dezimalzahlen um, dann sind die Zahlen leichter am Zahlenstrahl zuzuordnen:

$\frac{6}{10} = 0{,}6; \quad \frac{4}{5} = 0{,}8$

Beachte: Eine Einheit am Zahlenstrahl entspricht 0,2.

Aufgabe 2

250 cm = **2,5** m

Wandle die Maßeinheiten schrittweise um:

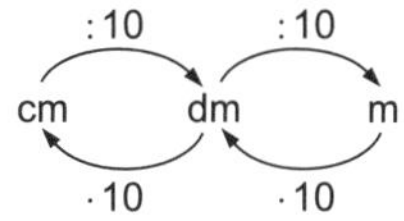

0,75 ℓ = **0,75** dm^3

Wandle das Hohlmaß in das Raummaß um.
1 ℓ = 1 dm^3

2,5 h = **150** min

Wandle zunächst die beiden vollen Stunden in Minuten um, anschließend die halbe Stunde.
1 h = 60 min

Aufgabe 3

a) Gegeben: x = 6

$(x+19)\cdot 3$ — Setze den Wert 6 für x ein.

$(6+19)\cdot 3$ — Berechne zuerst den Klammerinhalt.

$= 25\cdot 3$ — Multipliziere die Faktoren.

$= \mathbf{75}$

b) Fehlersuche:

Prüfe schrittweise jede Rechenzeile.

$(x+19)\cdot 3 = 63 \quad |:3$

$x+19 = \boxed{63} \quad |-19$

$x = 44$

Die Rechenanweisung „: 3“ in Zeile 1 gilt für beide Seiten; der Fehler ist also in Zeile 2.

Korrekte Berechnung:

$(x+19)\cdot 3 = 63 \quad |:3$ — Dividiere beide Seiten der Gleichung durch 3.

$x+19 = 21 \quad |-19$ — Stelle die Variable x durch Subtraktion allein.

$x = 2$

Pias Zahl ist **2**.

Aufgabe 4

a) Anzahl der blauen Kugeln: 5
Anzahl aller Kugeln: 8 + 7 + 5 = 20

Entnimm die Anzahl der Kugeln aus dem Text.

Wahrscheinlichkeit:

$P(\text{blaue Kugel}) = \frac{5}{20} = \mathbf{\frac{1}{4}}$

Die Wahrscheinlichkeit berechnet sich als:

$P = \frac{\text{Anzahl der blauen Kugeln}}{\text{Anzahl aller Kugeln}}$

b) Anzahl der schwarzen und blauen Kugeln: $8+5=13$
Anzahl aller Kugeln: $8+7+5=20$

Wahrscheinlichkeit:

P(schwarze oder blaue Kugel) $= \mathbf{\frac{13}{20} = 0{,}65 = 65\ \%}$

Die Wahrscheinlichkeit, eine schwarze oder blaue Kugel zu ziehen, beträgt 65 %.

✎ Hinweise und Tipps

Lies die Aufgabenstellung genau!
Als günstiges Ergebnis sind schwarze und blaue Kugeln zu addieren.

Dadurch steigt im Ergebnis die Wahrscheinlichkeit im Vergleich zu Teilaufgabe a.

Aufgabe 5

a) Öffentliche Verkehrsmittel:

	Prozent	Personen	
: 100	100 %	550	: 100
· 34	1 %	5,5	· 34
	34 %	187	

Es fahren **187 Personen** mit öffentlichen Verkehrsmitteln.

Berechne die Personenzahl mit dem Dreisatz.
Der Grundwert sind die 550 Personen.
Du kannst auch mit der Formel rechnen:
$P = \frac{G \cdot p}{100}$

b) Verkehrsmittel für den Arbeitsweg:

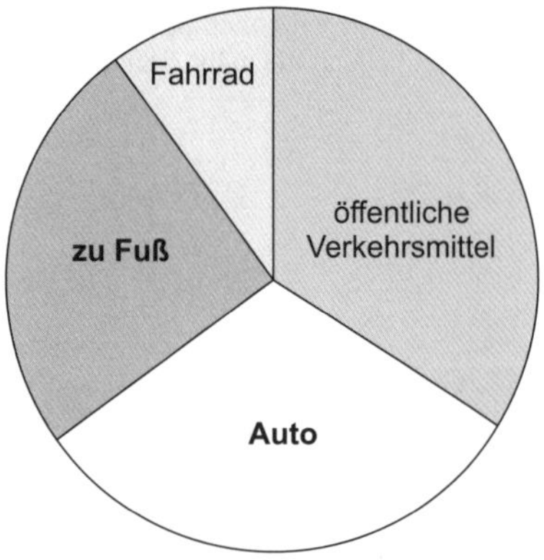

Der Vollkreis entspricht 100 % und hat 360°, also entspricht 1 % einem Winkel von 3,6°.
Multipliziere die Prozentangaben für die fehlenden Verkehrsmittel mit dem Faktor 3,6, um die jeweilige Winkelgröße zu ermitteln.
zu Fuß: $25\ \% \cdot 3{,}6° = 90°$
Auto: $31\ \% \cdot 3{,}6° \approx 112°$
Trage die Winkel ein und beschrifte die Segmente.

Hinweise und Tipps

Prüfungsteil 1 – Wahlmöglichkeit 2

Aufgaben 1 bis 3

siehe Lösungen zu den Aufgaben 1 bis 3 bei Wahlmöglichkeit 1 auf Seite 2021-1

Aufgabe 4

a) Oberer Quader:

$a = 8\text{ cm} - 6\text{ cm} = 2\text{ cm}$

$b = 3\text{ cm}$

$c = 10\text{ cm} - 5\text{ cm} = 5\text{ cm}$

Volumen V_1 des oberen Quaders:

$V_1 = a \cdot b \cdot c$

$V_1 = 2\text{ cm} \cdot 3\text{ cm} \cdot 5\text{ cm}$

$V_1 = 30\text{ cm}^3$

Unterer Quader:

$a = 8\text{ cm}$

$b = 3\text{ cm}$

$c = 5\text{ cm}$

Volumen V_2 des unteren Quaders:

$V_2 = a \cdot b \cdot c$

$V_2 = 8\text{ cm} \cdot 3\text{ cm} \cdot 5\text{ cm}$

$V_2 = 120\text{ cm}^3$

Gesamtvolumen:

$V_{ges} = V_1 + V_2$

$V_{ges} = 30\text{ cm}^3 + 120\text{ cm}^3 = \mathbf{150\text{ cm}^3}$

Überlege, wie der zusammengesetzte Körper zerlegt werden kann.

Zerlege den Körper in zwei Quader, z. B.:

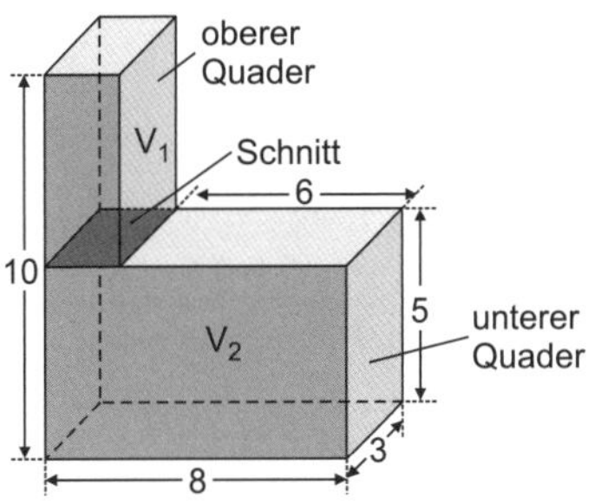

Lies die Längenmaße in der Skizze ab oder berechne diese durch Subtraktion.

Berechne beide Volumina der Quader mithilfe der Formel:

$V = a \cdot b \cdot c$

Addiere die Teilvolumina der Quader; das ergibt das Gesamtvolumen.

b) ☒ B

Blicke von oben auf die Würfelkörper und zähle die Würfelstapel.

A: ein Dreierstapel plus 4 einzelne Würfel, also 7 Würfel

B: ein Dreierstapel plus ein Zweierstapel plus 3 einzelne Würfel, also 8 Würfel

Aufgabe 5

a) Ausgefüllte Tabelle:

Gold [g]	0,5	1	**2**	1 000
Preis [€]	**24,23**	48,46	96,92	**48 460**

Rechne geschickt:

1. Spalte: 1 g Gold kostete 48,46 €, somit kosteten 0,5 g Gold die Hälfte, also : 2.

3. Spalte: 48,46 € entsprachen 1 g Gold, dann erhielt man für 96,92 € das Doppelte, also · 2.

4. Spalte: 1 g Gold kostete 48,46 €, somit kosteten 1 000 g Gold das Tausendfache, also · 1 000.

b) $r = 2{,}5\text{ cm}$

$$V_K = \frac{4}{3} \cdot \pi \cdot r^3$$

$$V_K = \frac{4}{3} \cdot 3{,}14 \cdot (2{,}5\text{ cm})^3$$

$$V_K \approx \mathbf{65{,}4\text{ cm}^3}$$

Das Volumen der Kugel aus Gold beträgt ca. $65{,}4\text{ cm}^3$.

Berechne mithilfe der Formel das Volumen der Kugel:

$V = \frac{4}{3} \cdot \pi \cdot r^3$

Beachte die Hochzahl des Radius!

$r^3 = r \cdot r \cdot r \Rightarrow 2{,}5\text{ cm} \cdot 2{,}5\text{ cm} \cdot 2{,}5\text{ cm}$

Die angegebene Masse von 1 cm^3 Gold (die Dichte) wird für die Rechnung nicht benötigt.

Hinweise und Tipps

Prüfungsteil 2

Aufgabe 1: Roller-Tour

a) Gemessene Strecke auf der Karte: 15 cm
1 cm des Maßstabs: 2 km

Strecke:
$15 \cdot 2\ \text{km} = 30\ \text{km}$

Die Strecke ist **ca. 30 km** lang.

Um die Aussage zu bestätigen, miss die Strecke mit dem Geodreieck auf der Karte.
1 cm entspricht beim Maßstab der Karte 2 km.
Multipliziere die gemessene Strecke auf der Karte mit dem Maßstab der Karte.

b) Strecke s: 30 km
Geschwindigkeit v: $24\ \frac{\text{km}}{\text{h}}$

Entnimm die Angaben aus der Aufgabenstellung.

Fahrzeit in Stunden:

$$v = \frac{s}{t}$$

$$24\ \frac{\text{km}}{\text{h}} = \frac{30\ \text{km}}{t} \quad \Big|\cdot t$$

$$t \cdot 24\ \frac{\text{km}}{\text{h}} = 30\ \text{km} \quad \Big|: 24\ \frac{\text{km}}{\text{h}}$$

$$t = \frac{30\ \text{km}}{24\ \frac{\text{km}}{\text{h}}}$$

$$t = 1{,}25\ \text{h}$$

Setze zunächst die Werte in die Formel für die Geschwindigkeit ein und stelle die Formel nach der gesuchten Größe t um.

Um die Fahrzeit zu berechnen, musst du die Strecke durch die Geschwindigkeit dividieren.

Im Ergebnis ist die Fahrzeit in der Einheit Stunden (h) angegeben.

Fahrzeit in Minuten:
$1\ \text{h} = 60\ \text{min}$
$0{,}25\ \text{h} = 15\ \text{min}$

Wandle Stunden in Minuten um.

$60\ \text{min} + 15\ \text{min} = 75\ \text{min}$
Die Fahrzeit beträgt **75 min**.

Addiere die Teilzeiten, um die gesamte Fahrzeit in der Einheit Minuten (min) zu erhalten.

c) Bedeutung der drei Bestandteile:

Versuche zuerst durch Einsetzen verschiedener Werte, z. B. 0, 1, 10, den Term $0{,}2 \cdot x + 80$ besser zu verstehen. Dadurch lassen sich die drei Bestandteile des Terms leichter beschreiben.

0,2: Kosten pro gefahrenen Kilometer in €

Der Faktor 0,2 entspricht somit 0,20 €, also den Kosten pro Kilometer.

x: Anzahl der gefahrenen Kilometer

Die Variable x wird durch das Testen als Anzahl der gefahrenen Kilometer erkennbar.

80: Grundgebühr pro Woche in €

80 ist der dritte Bestandteil und entspricht der Grundgebühr von 80 €.

d) Der erste Abschnitt des Graphen zum Angebot von „Rollerverleih24" verläuft waagerecht, weil in den 90 € Grundgebühr 100 Freikilometer enthalten sind.

Das Angebot von „Rollerverleih24" wird durch den gestrichelten Graphen dargestellt.
Achte beim Untersuchen des Graphen auf die Startkoordinate (0 km | 90 €) sowie die Anstiegskoordinate (1 km | 90 €). Im Abschnitt 0 km bis 100 km bleibt die Steigung 0, der Graph verläuft also waagerecht bei 90 €, wie im Angebot angegeben.

e) Schnittpunkte der beiden Graphen:
$\mathbf{S_1(50\,|\,90)}$
$\mathbf{S_2(150\,|\,110)}$

Bei der Angabe der Koordinaten eines Punktes $S(x\,|\,y)$ wird stets der x-Wert zuerst genannt!
Lies den x-Wert an der x-Achse, also an der waagerechten Achse ab.
Lies den y-Wert an der y-Achse, also an der Hochachse ab.

f) Vergleich der Angebote in der Grafik:
„Easy Rent" ist günstiger.

Berechnung: Angebot „Easy Rent"
Gefahrene Kilometer x: 170

$0,2 \cdot 170 + 80$
$= 34 + 80$
$= 114$

Die Kosten des günstigeren Angebots betragen **114 €**.

Hinweise und Tipps

Ermittle zuerst in der Grafik am x-Achsenwert 170 das günstigere Angebot. Der Graph zum Angebot von „Easy Rent" verläuft an dieser Stelle unterhalb des Graphen zum Angebot von „Rollerverleih24".

Die Kosten von „Easy Rent" sind für diese Strecke niedriger.

Somit kannst du die Kosten mit dem Term aus Teilaufgabe c berechnen.
Setze dazu für x den Wert 170 ein.

Aufgabe 2: Blumenbeet

a) Kathete a = 120 cm
Kathete b = 120 cm

$c^2 = a^2 + b^2$
$c^2 = (120\text{ cm})^2 + (120\text{ cm})^2$ | Quadrieren
$c^2 = 14\,400\text{ cm}^2 + 14\,400\text{ cm}^2$ | Addieren
$c^2 = 28\,800\text{ cm}^2$ | $\sqrt{}$
$c \approx \mathbf{170\text{ cm}}$

Wende den Satz des Pythagoras an und berechne die Hypotenuse c.
Beim quadratischen Beet sind alle Seiten 120 cm lang, somit auch die Katheten a und b.

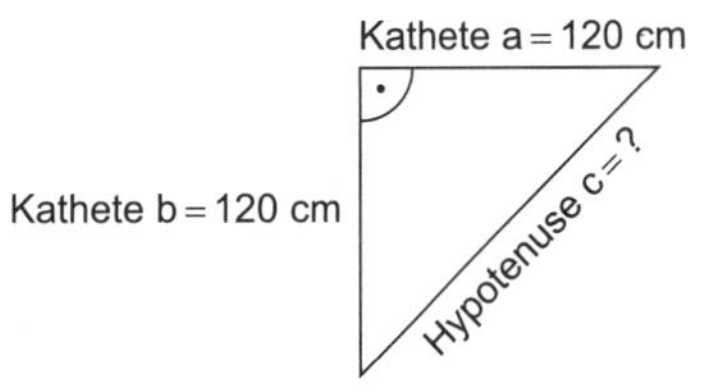

b) $a = b = 120\text{ cm} = 1,2\text{ m}$

$A = \frac{a \cdot b}{2}$
$A = \frac{1,2\text{ m} \cdot 1,2\text{ m}}{2}$
$A = \frac{1,44\text{ m}^2}{2}$
$A = 0,72\text{ m}^2$

Vergleich:
$0,72\text{ m}^2 < 4\text{ m}^2$

Das obere Dreieck ist $0,72\text{ m}^2$ groß, somit reicht eine Packung Samen aus.

Wandle die Längeneinheit schrittweise in Meter um:
$120\text{ cm} \xrightarrow{:10} 12\text{ dm} \xrightarrow{:10} 1,2\text{ m}$
Setze die umgewandelten Werte in die Flächenformel für das rechtwinklige Dreieck ein.

Der Vergleich zeigt, dass die Packung ausreicht.

c) $d = 170\text{ cm} = 1,7\text{ m}$

$u_K = \pi \cdot d$
$u_K = 3,14 \cdot 1,7\text{ m}$
$u_K \approx \mathbf{5,34\text{ m}}$

Das Metallband muss ca. 5,34 m lang sein.

Wandle die Längeneinheit schrittweise um:
$170\text{ cm} \xrightarrow{:10} 17\text{ dm} \xrightarrow{:10} 1,7\text{ m}$
Setze den Wert in die Formel zur Berechnung des Kreisumfangs ein.

d) $d = 170\text{ cm} = 1,7\text{ m} \Rightarrow r = 0,85\text{ m}$

Kreisfläche:
$A_K = \pi \cdot r^2$
$A_K = 3,14 \cdot (0,85\text{ m})^2$
$A_K \approx 2,27\text{ m}^2$

Bestimme den Radius aus dem Durchmesser.

Setze den Wert in die Formel zur Berechnung der Kreisfläche ein.

✐ Hinweise und Tipps

Quadratfläche:
$a = 120\ \text{cm} = 1{,}2\ \text{m}$

$A_Q = a \cdot a$
$A_Q = 1{,}2\ \text{m} \cdot 1{,}2\ \text{m}$
$A_Q = 1{,}44\ \text{m}^2$

Setze den Wert der Seite a aus Abbildung 1 in die Formel zur Berechnung des Flächeninhalts des Quadrats ein.

Kieselsteinfläche:
$A_K - A_Q = 2{,}27\ \text{m}^2 - 1{,}44\ \text{m}^2 = 0{,}83\ \text{m}^2$

Die Kieselsteinfläche ist **0,83 m²** groß.

Kreisfläche minus Quadratfläche ergibt die Kieselsteinfläche.

e) Kosten für 1 m Metallband: 3,80 €
Länge: 6 m

Entnimm die Daten aus Abbildung 3 und dem Text.

Kosten für das Metallband:
$6 \cdot 3{,}80\ € = 22{,}80\ €$

Die Kosten für 1 m Metallband mal die Länge ergibt den Preis.

Kosten für 1 Sack Kieselsteine: 5,79 €
Anzahl der Säcke: 2

Kosten für die Kieselsteine:
$2 \cdot 5{,}79\ € = 11{,}58\ €$

Anzahl der Säcke multipliziert mit den Kosten eines Sacks ergibt den Preis.

Gesamtkosten:
$22{,}80\ € + 11{,}58\ € = 34{,}38\ €$

Addiere die Teilkosten, dann erhältst du den Gesamtpreis.

Rabattgutschein für 5 %:
$100\ \% - 5\ \% = 95\ \%$

Subtrahiere den Rabatt von 100 %.

	Prozent	Euro	
: 100	100 %	34,38 €	: 100
· 95	1 %	0,3438 €	· 95
	95 %	32,66 €	

Berechne den Prozentwert mit dem Dreisatz.
Alternativ kann der Prozentwert mit der Formel berechnet werden.

Maria und Leon bezahlen **32,66 €**.

Aufgabe 3: Kasimir bastelt

a) $a = g = 10\ \text{cm}$
$h = 8{,}7\ \text{cm}$

Die benötigten Maße und Angaben findest du im Text und in der Abbildung 1.
h steht senkrecht auf a, ist also die Höhe im Dreieck.

Flächeninhalt des Dreiecks:

$$A_D = \frac{g \cdot h}{2}$$

$$A_D = \frac{10\ \text{cm} \cdot 8{,}7\ \text{cm}}{2}$$

$$A_D = \frac{87\ \text{cm}^2}{2}$$

$$A_D = \mathbf{43{,}5\ cm^2}$$

Setze die gegebenen Werte in die Formel zur Berechnung der Dreiecksfläche ein.

Der Flächeninhalt des Dreiecks beträgt 43,5 cm².

b)

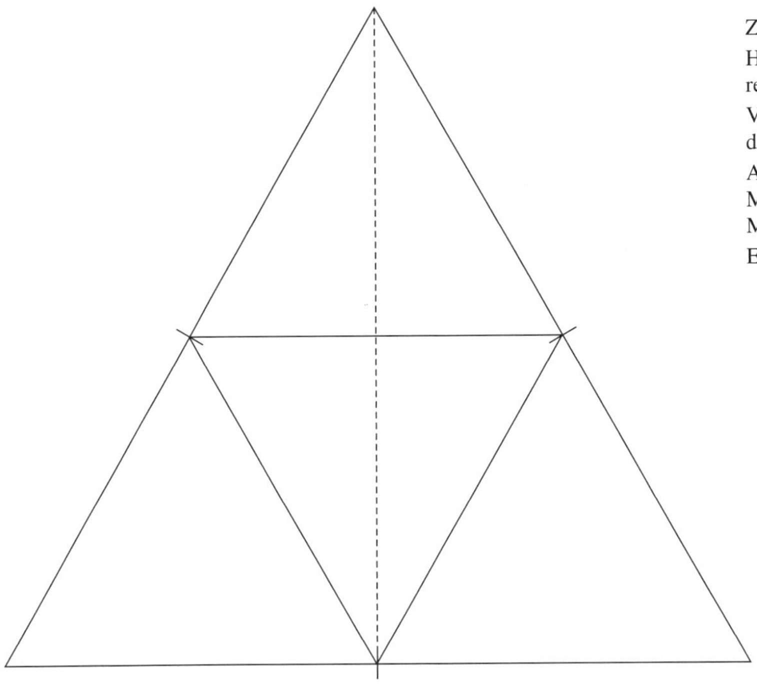

Hinweise und Tipps

Zeichne die Grundseite $g = a = 10$ cm.
Halbiere die Grundseite und errichte die Mittelsenkrechte von 8,7 cm (gestrichelte Linie).
Verbinde die Spitze der gestrichelten Senkrechten mit den Endpunkten der Grundseite.
Achte auf das Vorgehen von Kasimir im Text! Markiere die Mittelpunkte der Seiten und verbinde die Markierungspunkte zu einem kleinen Innendreieck.
Es entstehen 4 deckungsgleiche Dreiecke.

c) Fläche des großen Dreiecks: 43,5 cm^2
Anzahl der deckungsgleichen Dreiecke: 4
Fläche eines kleinen Dreiecks:
$43{,}5\ cm^2 : 4 \approx \mathbf{10{,}9\ cm^2}$
Die Fläche eines kleinen Dreiecks beträgt ca. 10,9 cm^2.

Entnimm die Daten aus Teilaufgabe a und aus Abbildung 2.

Der Flächeninhalt des großen Dreiecks geteilt durch die Anzahl 4 ergibt die Fläche eines kleinen Dreiecks.

d) $b = 5$ cm
Körperhöhe h_K des Tetraeders:

$$h_K = \frac{\sqrt{6}}{3} \cdot b$$

$$h_K = \frac{\sqrt{6}}{3} \cdot 5\ cm$$

$$h_K \approx \mathbf{4{,}1\ cm}$$

Entnimm die Formel aus der Aufgabenstellung und setze den Wert aus Abbildung 3 ein.

Nutze die Kontrollmöglichkeit und vergleiche dein Ergebnis mit dem zu zeigenden Wert aus der Aufgabe.

e) $G = 10{,}9\ cm^2$
$h_K = 4{,}1$ cm

$$V = \frac{1}{3} \cdot G \cdot h_K$$

$$V = \frac{1}{3} \cdot 10{,}9\ cm^2 \cdot 4{,}1\ cm$$

$$V \approx \mathbf{14{,}9\ cm^3}$$

Das Volumen des Tetraeders beträgt ca. 14,9 cm^3.

Bei spitzen Körpern gilt die allgemeine Formel:

$$V = \frac{1}{3} \cdot G \cdot h_K$$

Setze die entsprechenden Werte aus Teilaufgabe c und d ein und berechne das Volumen des Tetraeders.

f) Netz 3 ☒

Netz 1 hat 5 Flächen, somit stellt dieses Netz keinen Tetraeder dar.
Bei Netz 2 ergibt sich beim Zusammenbau eine Überlappung von zwei Dreiecken. Damit ist auch dieses Netz falsch.
Netz 3 lässt sich zu einem Tetraeder zusammenfügen.

Punkteverteilung:

	Prüfungsteil 1	**Prüfungsteil 2**			Umgang mit Maßeinheiten	Darstellungsleistung
Aufgabe	1 bis 5	1	2	3		
Punkte	19	14	12	12	2	4

Zentrale Prüfung 2022

Um dir die Lösungen zur Prüfung 2022 schnellstmöglich zur Verfügung stellen zu können, bringen wir sie in digitaler Form heraus.

Sobald die Original-Prüfungsaufgaben 2022 freigegeben sind, können die dazugehörigen Lösungen als PDF auf der Plattform **MyStark** heruntergeladen werden (Zugangscode vgl. Umschlaginnenseite).

Prüfung 2022

www.stark-verlag.de/mystark

Bist du bereit für deinen Einstellungstest?

Hier kannst du testen, wie gut du in einem Einstellungstest zurechtkommen würdest.

1. Allgemeinwissen
Der Baustil des Kölner Doms ist dem/der … zuzuordnen.

a) Klassizismus b) Romantizismus
c) Gotik d) Barock

2. Wortschatz
Welches Wort ist das?

N O R I N E T K T A Z N O

3. Grundrechnen
-11 + 23 - (-1) =

a) 10 b) 11 c) 12 d) 13

4. Zahlenreihen
Welche Zahl ergänzt die Reihe logisch?

17 14 7 21 18 9 ?

5. Buchstabenreihen
Welche Auswahlmöglichkeit ergänzt die Reihe logisch?

e d f f e g g f h ? ? ?

a) h i j b) h g i c) f g h d) g h i

Lösungen: 1 c; 2 Konzentration; 3 d; 4 27; 5 b

PRÜFUNGS-ANGST

STOPP DIE PANIK

Mit der Fußsohlen-Methode

Prüfungen können Angst- und Fluchtsituationen sein. Dein Körper schüttet Adrenalin aus und dämpft das Gefühl in den Füßen. Z. B. beim Weglaufen ist es gut, wenn man die Füße nicht spürt. Eine Prüfung ist aber **keine Gefahrensituation**. Signalisiere deinem Körper, dass du nicht weglaufen musst, und bring das Gefühl in deine Füße zurück:

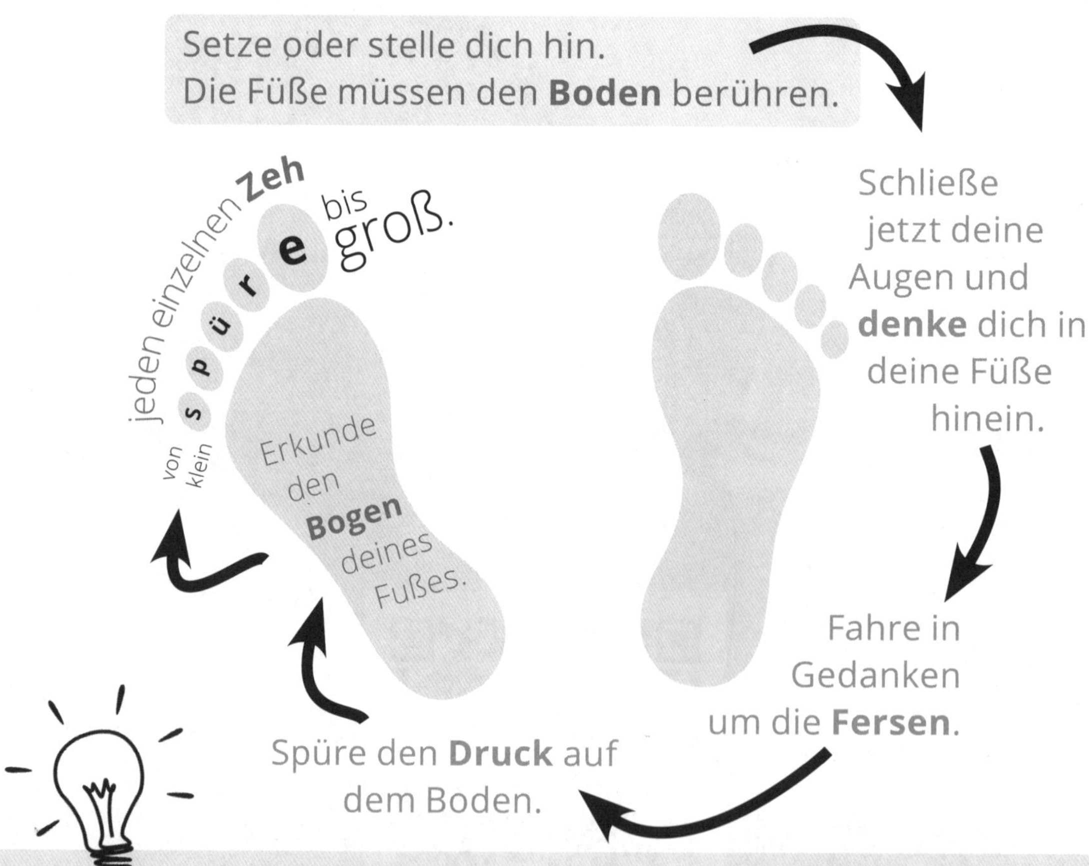

Dein Körper **fühlt** die Füße wieder und denkt, er sei in keiner Panik-Situation, sondern in **Sicherheit**.